U0223780

国家出版基金资助项目/“十三五”国家重点出版物
绿色再制造工程著作
总主编　徐滨士

装备再制造拆解与清洗技术

DISASSEMBLY AND CLEANING TECHNOLOGY FOR REMANUFACTURING

张 伟　于鹤龙　史佩京　等编著

哈爾濱工業大學出版社
HARBIN INSTITUTE OF TECHNOLOGY PRESS

内容简介

再制造是机电产品资源化循环利用的最佳途径之一，是推进资源节约和循环利用的重要途径。再制造过程中的拆解和清洗是影响机电产品再制造质量和生产效率的重要因素。本书综合国内外研究成果及作者近期的研究和实践，介绍了再制造拆解的技术基础、主要工艺、专用设备和质量保证措施，阐述了不同材质和规格零部件的再制造清洗技术、高效物理清洗方法及清洗效果评价理论与方法，结合企业再制造实施案例介绍了汽车、航空装备和工程机械等典型废旧机电产品拆解和清洗的工艺流程及相关管理措施，分析了现阶段我国再制造产业发展过程中拆解和清洗技术存在的主要问题，系统地提出了面向2030年我国再制造拆解与清洗技术的发展路线图。

本书可供从事机电产品再制造或相关行业的工程技术人员及生产管理人员阅读，也可供高等院校及科研院所开展再制造研究或教学的技术人员参考使用。

图书在版编目(CIP)数据

装备再制造拆解与清洗技术/张伟等编著. —哈尔滨：哈尔滨工业大学出版社，2019.6
绿色再制造工程著作
ISBN 978－7－5603－8144－2

Ⅰ.①装…　Ⅱ.①张…　Ⅲ.①机械制造工艺-研究
Ⅳ.①TH16

中国版本图书馆 CIP 数据核字(2019)第073071号

策划编辑　杨　桦　许雅莹　张秀华
责任编辑　李长波　庞　雪　佟　馨
封面设计　卞秉利
出版发行　哈尔滨工业大学出版社
社　　址　哈尔滨市南岗区复华四道街10号　邮编150006
传　　真　0451－86414749
网　　址　http://hitpress.hit.edu.cn
印　　刷　黑龙江艺德印刷有限责任公司
开　　本　660mm×980mm　1/16　印张14　字数250千字
版　　次　2019年6月第1版　2019年6月第1次印刷
书　　号　ISBN 978－7－5603－8144－2
定　　价　88.00元

《绿色再制造工程著作》

《绿色再制造工程著作》

丛 书 书 目

1. 绿色再制造工程导论　　徐滨士　等编著
2. 再制造设计基础　　朱　胜　等著
3. 装备再制造拆解与清洗技术　　张　伟　等编著
4. 再制造零件无损评价技术及应用　　董丽虹　等编著
5. 纳米颗粒复合电刷镀技术及应用　　徐滨士　等著
6. 热喷涂技术及其在再制造中的应用　　魏世丞　等编著
7. 轻质合金表面功能化技术及应用　　吴晓宏　等著
8. 等离子弧熔覆再制造技术及应用　　吕耀辉　等编著
9. 激光增材再制造技术　　董世运　等编著
10. 再制造零件与产品的疲劳寿命评估技术　　王海斗　等著
11. 再制造效益分析理论与方法　　徐滨士　等编著
12. 再制造工程管理与实践　　徐滨士　等编著

序　言

推进绿色发展,保护生态环境,事关经济社会的可持续发展,事关国家的长治久安。习近平总书记提出“创新、协调、绿色、开放、共享”五大发展理念,党的十八大报告也明确了中国特色社会主义事业的“五位一体”的总体布局,强调“把生态文明建设放在突出地位,融入经济建设、政治建设、文化建设、社会建设各方面和全过程,努力建设美丽中国,实现中华民族永续发展”,并将绿色发展阐述为关系我国发展全局的重要理念。党的十九大报告继续强调推进绿色发展、牢固树立社会主义生态文明观。建设生态文明是关系人民福祉、关乎民族未来的大计,生态环境保护是功在当代、利在千秋的事业。推进生态文明建设是解决新时代我国社会主要矛盾的重要战略突破,是把我国建设成社会主义现代化强国的需要。发展再制造产业正是促进制造业绿色发展、建设生态文明的有效途径,而《绿色再制造工程著作》丛书正是树立和践行绿色发展理念、切实推进绿色发展的思想自觉和行动自觉。

再制造是制造产业链的延伸,也是先进制造和绿色制造的重要组成部分。国家标准《再制造　术语》(GB/T 28619—2012)对“再制造”的定义为:“对再制造毛坯进行专业化修复或升级改造,使其质量特性(包括产品功能、技术性能、绿色性、经济性等)不低于原型新品水平的过程。”并且再制造产品的成本仅是新品的50%左右,可实现节能60%、节材70%、污染物排放量降低80%,经济效益、社会效益和生态效益显著。

我国的再制造工程是在维修工程、表面工程基础上发展起来的,采取了不同于欧美的以“尺寸恢复和性能提升”为主要特征的再制造模式,大量应用了零件寿命评估、表面工程、增材制造等先进技术,使旧件尺寸精度恢复到原设计要求,并提升其质量和性能,同时还可以大幅度提高旧件的再制造率。

我国的再制造产业经过将近20年的发展,历经了产业萌生、科学论证和政府推进三个阶段,取得了一系列成绩。其持续稳定的发展,离不开国家政策的支撑与法律法规的有效规范。我国再制造政策、法律法规经历了一个从无到有、不断完善、不断优化的过程。《循环经济促进法》《中共中央关于制定国民经济和社会发展第十三个五年规划的建议》《战略性新兴产业重点产品和服务指导目录(2016 版)》《关于加快推进生态文明建设的意见》和《高端智能再制造行动计划(2018—2020 年)》等明确提出支持再制造产业的发展,再制造被列入国家"十三五"战略性新兴产业,《中国制造 2025》也提出:"大力发展再制造产业,实施高端再制造、智能再制造、在役再制造,推进产品认定,促进再制造产业持续健康发展。"

再制造作为战略性新兴产业,已成为国家发展循环经济、建设生态文明社会的最有活力的技术途径,从事再制造工程与理论研究的科技人员队伍不断壮大,再制造企业数量不断增多,再制造理念和技术成果已推广应用到国民经济和国防建设各个领域。同时,再制造工程已成为重要的学科方向,国内一些高校已开始招收再制造工程专业的本科生和研究生,培养的年轻人才和从业人员数量增长迅速。但是,再制造工程作为新兴学科和产业领域,国内外均缺乏系统的关于再制造工程的著作丛书。

我们清楚编撰再制造工程著作丛书的重大意义,也感到应为国家再制造产业发展和人才培养承担一份责任,适逢哈尔滨工业大学出版社的邀请,我们组织科研团队成员及国内一些年轻学者共同撰写了《绿色再制造工程著作》丛书。丛书的撰写,一方面可以系统梳理和总结团队多年来在绿色再制造工程领域的研究成果,同时进一步深入学习和吸纳相关领域的知识与新成果,为我们的进一步发展夯实基础;另一方面,希望能够吸引更多的人更系统地了解再制造,为学科人才培养和领域从业人员业务水平的提高做出贡献。

本丛书由 12 部著作组成,综合考虑了再制造工程学科体系构成、再制造生产流程和再制造产业发展的需要。各著作内容主要是基于作者及其团队多年来取得的科研与教学成果。在丛书构架等方面,力求体现丛书内容的系统性、基础性、创新性、前沿性和实用性,涵盖了绿色再制造生产流程中的绿色清洗、无损检测评价、再制造工程设计、再制造成形技术、再制造零件与产品的寿命评估、再制造工程管理以及再制造经济效益分析等方面。

在丛书撰写过程中,我们注意突出以下几方面的特色:

1. 紧密结合国家循环经济、生态文明和制造强国等国家战略和发展规划,系统归纳、总结和提炼绿色再制造工程的理论、技术、工程实践等方面的研究成果,同时突出重点,体现丛书整体内容的体系完整性及各著作的相对独立性。

2.注重内容的先进性和新颖性。丛书内容主要基于作者完成的国家、部委、企业等的科研项目,且其成果已获得多项国家级科技成果奖和部委级科技成果奖,所以著作内容先进,其中多部著作填补领域空白,例如《纳米颗粒复合电刷镀技术及应用》《再制造零件与产品的疲劳寿命评估技术》和《再制造工程管理与实践》等。同时,各著作兼顾了再制造工程领域国内外的最新研究进展和成果。

3.体现以下几方面的"融合":(1)再制造与环境保护、生态文明建设相融合,力求突出再制造工艺流程和关键技术的"绿色"特性;(2)再制造与先进制造相融合,力求从再制造基础理论、关键技术和应用实现等多方面系统阐述再制造技术及其产品性能和效益的优越性;(3)再制造与现代服务相融合,力求体现再制造物流、再制造标准、再制造效益等现代装备服务业及装备后市场特色。

在此,感谢国家发展改革委、科技部、工信部等国家部委和中国工程院、国家自然科学基金委员会及国内多家企业在科研项目方面的大力支持,这些科研项目的成果构成了丛书的主体内容,也正是基于这些项目成果,我们才能够撰写本丛书。同时,感谢国家出版基金管理委员会对本丛书出版的大力支持。

本丛书适于再制造领域的科研人员、技术人员、企业管理人员参考,也可供政府相关部门领导参阅;同时,本丛书可以作为材料科学与工程、机械工程、装备维修等相关专业的研究生和高年级本科生的教材。

中国工程院院士

徐滨士

2019年5月18日

前　言

再制造是指以废旧产品作为生产毛坯，通过专业化修复或升级改造的方法来使其质量特性不低于原型新品水平的制造过程。再制造不同于产品维修或大修，是先进制造和绿色制造的重要组成部分，是实现节能减排的重要技术途径。再制造产品在产品功能、技术性能、绿色性、经济性等质量特性方面要不低于原型新品，再制造产品的成本仅是新品成本的 50% 左右，可实现节能 60% 左右、节材 70% 左右，对环境的不良影响显著降低，对建设资源节约型、环境友好型社会具有重要的促进作用。

拆解和清洗是产品再制造过程中的重要工序，是对废旧机电产品及其零部件进行检测和再制造加工的前提，也是影响再制造质量和效率的重要因素。再制造无损拆解是通过产品可拆解性设计、无损拆解工具和软件开发，实现废旧零部件的无损、高效、绿色拆解。再制造清洗是指借助清洗设备或清洗液，采用机械、物理、化学或电化学的方法，去除废旧零部件表面附着的油脂、锈蚀、泥垢、积炭和其他污染物，使零部件表面达到检测分析、再制造加工及装配所要求的清洁度的过程。零部件的无损拆解和表面清洗质量直接影响零部件的分析检测、再制造加工及装配等工艺过程，进而影响再制造产品的成本、质量和性能。

随着经济的增长，汽车等废旧机电产品及关键零部件等高附加值产品的需求日益增大。国家出台汽车以旧换新政策，鼓励汽车提前报废，今后每年报废车辆将快速增多。对废旧汽车、工程机械等机电产品零部件进行拆解和清洗，是对其进行再利用、再制造和循环处理的前提。开发先进的无损拆解和绿色清洗技术和装备，对于提高废旧零部件的利用率、提升再制造企业的市场竞争力具有重要意义，已成为当前再制造产业发展的迫切需求。党的十九大报告提出“推进资源全面节约和循环利用”。《中国制造 2025》指出“要大力发展再制造产业，实施高端再制造、智能再制造、在役再制造”。从长期来看，发电、煤炭、冶金、钻井、采油、纺织、铁路、掘进等领域的大型工业装备及高端数控机床、医疗影像设备、服务器等高端智能装备和电子产品均面临再制造的问题，同样对拆解和清洗提出了技术与装备需求。

本书结合装备再制造批量化生产流程，分析废旧装备拆解与清洗的基本要求及其技术和专用设备的国内外现状，综合作者的多年研究和实践及国内外研究成果，介绍再制造前废旧机电装备无损拆解的主要技术方法、专用设备和质量保证措施，介绍不同材质和规格零部件的高效清洗技术方法、专用设备及零部件清洗效果的评价理论和方法，结合企业实例介绍废旧装备拆解和清洗的工艺流程和相关管理措施，提出我国再制造产业发展中拆解和清洗技术存在的主要问题及今后的发展方向。

全书共分 6 章，第 1 章介绍再制造拆解和清洗技术基础、发展现状与趋势，便于读者较清晰地认识再制造拆解与清洗技术的概念、内涵和基本要求，掌握再制造拆解和清洗技术的总体概况；第 2 章介绍再制造拆解技术与工艺，内容包括再制造拆解技术与分类、再制造拆解序列规划、再制造拆解的质量控制等内容；第 3 章介绍再制造清洗技术与工艺，内容包括再制造清洗的对象、再制造毛坯表面污染物的组成、再制造清洗技术的分类、再制造清洗的效果评价与质量管理等；第 4 章从绿色、优质和高效的角度出发，重点介绍再制造物理清洗技术的研究及应用；第 5 章结合汽车发动机、航空装备和工程机械等领域的工程实际，介绍再制造拆解与清洗技术在典型装备再制造过程中的应用；第 6 章围绕未来市场需求及产品、关键技术挑战与目标，以及未来发展趋势，系统地阐述面向 2030 年我国再制造拆解与清洗技术的发展路线图。

本书由张伟、于鹤龙、史佩京和乔玉林负责撰写，由张伟负责统稿。书中各章参与撰写的人员为：第 1 章，张伟、于鹤龙、姚巨坤；第 2 章，张伟、宋占永、李恩重、周克兵、尹艳丽、陈茜；第 3 章，于鹤龙、吉小超、魏敏、王红美、张梦清、郑汉东；第 4 章，乔玉林、蔡志海、史佩京、王思捷、王文宇、许艺；第 5 章，史佩京、周新远、汪勇、刘欢、韩红兵、侯廷红、刘晓亭；第 6 章，于鹤龙、张伟、史佩京、魏敏、时小军。本书由徐滨士院士担任主审。

本书可供从事再制造或相关行业的工程技术人员及生产管理人员阅读，也可供高等院校及科研院所开展再制造研究或教学的技术人员、教师参考。

本书内容建立在国家科技支撑计划项目"废旧机电产品典型零部件高值化利用关键技术与设备(2008BAC46B01)""废旧采煤机械设备绿色清洗及关键零部件再制造技术开发及示范(2011BAC10B05)""汽车零部件再制造关键技术与装备(2011BAF11B07)",以及国家重点研发计划"再制造关键共性技术标准研究(2017YFF0207905)"基础之上。同时,向为本书撰写提供素材的以下国家级再制造试点企业和研究单位表示衷心感谢:装备再制造技术国防科技重点实验室、机械产品再制造国家工程研究中心、京津冀再制造产业技术研究院、中国重汽集团济南复强动力有限公司、山东能源重型装备制造集团有限公司、中国人民解放军第5719工厂、中国人民解放军第6456工厂及其他相关机电产品再制造试点企业。

限于作者水平,书中难免存在疏漏及不足之处,恳请广大读者提出宝贵意见。

作　者

2018年11月

目　　录

第1章　绪　　论

拆解和清洗是产品再制造过程中的重要工序,是对废旧机电产品及其零部件进行检测和再制造加工的前提,也是影响再制造质量和效率的重要因素[1]。无损拆解和绿色清洗是进行再利用、再制造和循环处理的基础,对提高废旧零部件的利用率、提升再制造企业的市场竞争力具有重要意义,已成为当前再制造产业发展的迫切需求[2]。根据产品零部件不同的工作状态和使用状态,以及零部件的材料特性,研究其拆解、清洁预处理工艺技术,可以实现对废旧零部件的高效清洁和低成本预处理,为零部件的进一步再制造和循环处理奠定良好的基础[3-6]。本章重点介绍再制造拆解与清洗的技术基础、研究与发展现状及发展需求。

1.1　再制造拆解技术基础

1.1.1　基本概念

再制造拆解(Remanufacturing Disassembly)是指对再制造毛坯进行拆卸、解体的活动[7,8]。再制造拆解技术是在废旧产品的拆解过程中所用到的工艺技术与方法的统称。科学的再制造拆解工艺技术能够有效地保证再制造产品的质量,提高旧件利用率,减少再制造生产的时间和费用,提高再制造的环保效益。再制造拆解工艺技术的基本要求是将废旧产品及其部件有规律地按顺序分解成零件并保证其性能不受到进一步损坏。

1.1.2　再制造拆解的分类

(1)按拆解工艺分为顺序拆解和并行拆解。

(2)按拆解深度分为完全拆解、部分拆解和目标拆解。

(3)按拆解损伤程度分为破坏性拆解、部分破坏性拆解和无损拆解。

(4)按拆解自动化程度分为自动化拆解、半自动化拆解和手工拆解。

1.1.3　再制造拆解的基本要求

(1)一般要求。

在产品设计过程中应进行可拆解性设计(Design for Disassembly),即使机械产品能够或易于拆解成零部件的设计。

针对拆解对象的特点，制定合理的拆解方案，保证拆解的经济性、环保性和安全性。

拆解前，应检查零部件的密封、破损情况，进行必要的清洗和初步检测，合理存放，避免存放不当造成产品锈蚀、变形或使产品受到其他损伤。

拆解过程中应剔除易损件和密封件，选择合理的拆解工艺和拆解工具以提高拆解效率，根据零部件状态保留最小的总成单元。

对拆解后的零部件进行状态标识，将可直接使用件、可再制造件和弃用件分类存放，并记录相关信息。

对拆解完成的零部件进行检测并记录，对弃用件按要求进行处理。

(2)特殊要求。

对含有危险品的拆解对象，拆解后的危险废物应按类别进行收集、存储并设置危险废物警示标志。在拆解悬臂零部件时，最上部的紧固件应最后取出，以免造成安全事故。在拆解紧固件时，应注意紧固件的拆解顺序。在拆解紧密结合面时，宜采用振动或者顶出的方式进行拆解，避免损伤结合面。拆解后的耦合件和非互换件，按原装配顺序分组存放并标记。对螺栓断裂、结合面咬合等难以拆解的零部件采用合理方法处理，避免损伤其他零部件。

(3)环保要求。

拆解场地应设有通风、除尘、防渗等设施。宜采用环保型拆解处理设备和工具，避免对人体和环境的影响。拆解产生的各种固态、气态、液态等废弃物的分类收集，按国家相关的法律、法规、标准的规定处置。拆解噪声应满足《声环境质量标准》(GB 3096—2008)相关要求。

(4)安全要求。

应进行拆解培训，明确拆解流程及注意事项，并制定安全的拆解方案，确定安全的专用场地。拆解过程可采用必要的防护措施，防止发生人身伤害。对存在危险的拆解操作，应设有应急预案，保证发生意外时人员能及时得到救治。

1.1.4 拆解后零部件的分类

对于废旧装备经再制造拆解后的零部件，进行清洗检测后可分为3类：第1类是可直接利用的零部件，经过清洗检测后不需再制造加工就可直接在再制造装配中应用；第2类是可再制造的零部件，可通过再制造加工后达到再制造装配的质量标准；第3类是报废件，无法直接再利用和进行再制造,而需要进行材料再循环处理或者其他无害化处理。

再制造拆解工具除了常用的扳手、螺钉旋具等普通机械拆装工具外,针对不同的再制造产品还需设计或购置部分专用设备。例如在发动机再制造拆解时,可采用台式液压机来快速压入或压出缸体里的销子(尤其是过盈配合的活塞销);采用连杆加热器进行连杆的拆装;采用专用发动机支座固定被拆装发动机。

1.2 再制造清洗技术基础

1.2.1 基本概念

再制造清洗(Remanufacturing Cleaning)是指对再制造毛坯及其零部件去除锈蚀、毛刺及表面各种污渍的过程[7,9],是产品再制造过程中的重要工序,是对废旧机电产品及其零部件进行检测和再制造加工的前提和基础[1]。再制造清洗是借助清洗设备或清洗液,采用机械、物理、化学或电化学方法,去除废旧零部件表面附着的油脂、锈蚀、泥垢、积炭和其他污染物,使零部件表面达到分析检测、再制造加工及装配要求的工艺过程,对再制造产品的质量、成本和性能具有重要影响。

废旧产品拆解后的零部件根据形状、材料、类别、损坏情况等分类后应采用相应的方法进行清洗。产品的清洁度是再制造产品的一项主要质量指标,清洁度不良不但会影响产品的再制造加工,而且会造成产品性能的下降,产品运行中会产生过度磨损、精度下降、寿命缩短等现象。而良好的产品清洁度除了能提高再制造产品的质量,还能增加消费者对再制造产品质量的信心。与拆解过程一样,清洗过程也不能直接从普通的制造过程借鉴经验,这就需要再制造商和再制造设备供应商研究新的技术方法,开发新的再制造清洗设备。根据零部件清洗的位置、复杂程度和零部件材料等的不同,在清洗这些不同零部件的过程中,所使用的清洗技术和方法也会不同,常常需要连续或者同时应用多种清洗方法。为了完成各道清洗工序,可使用一整套各种专用的清洗设备,包括喷淋清洗机、浸浴清洗机、综合清洗机、环流清洗机、专用清洗机等,对设备的选用需要根据再制造的标准、要求、环保、费用及再制造场所来确定。

再制造过程包括废旧产品的回收、拆解前产品的外观清洗、拆解、零部件的粗测、零部件的清洗、清洗后零部件的精确检测、再制造加工、再制造产品的装配等过程。图1.1所示为机械产品再制造工艺流程[10],由图可知,清洗包括拆解前对废旧产品外观的整体清洗和拆解后对零部件的清洗,前者主要是清除产品外观的灰尘等污物,后者主要是除去零部件表面的油污、水垢、锈蚀、积炭及表面的油漆层等,检查零部件的磨损情况、表面微裂纹或其他失效情况,以决定零部件能否再用或者是否需要再制造。再制造清洗也不同于维修过程的清洗,维修主要是对故障部位及相关零部件进行维修前的清洗,而再制造要求对所有的废旧产品零部件进行全部清洗,使得再制造后零部件的质量达到新品的标准。因此清洗活动在再制造过程中占有重要的地位,而且具有很大的工作量,直接影响再制造产品的成本,需要给予高度重视。

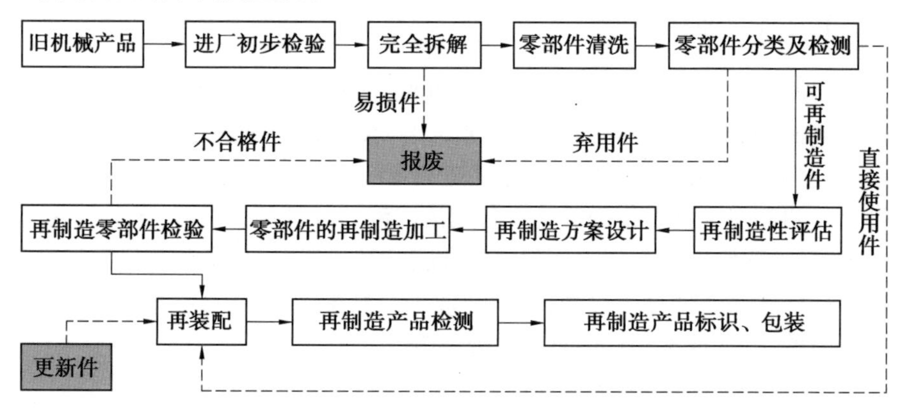

图1.1 机械产品再制造工艺流程[10]

注:实线表示肯定,相当于流程图中的“是”;虚线表示否定,相当于流程图中的“否”

1.2.2 再制造清洗的基本要素

待清洗的废旧零部件都存在于特定的介质环境,一个清洗体系包括4个要素,即清洗对象、零部件污垢、清洗介质及清洗力。

(1)清洗对象。

清洗对象指待清洗的物体,如组成机器及各种设备的零部件、电子元件等。而制造这些零部件和电子元件等的材料主要有金属材料、陶瓷(含硅化合物)、塑料等,针对不同清洗对象要采取不同的清洗方法。

(2)零部件污垢。

污垢是指物体受到外界物理、化学或生物作用,在表面上形成的污染层或覆盖层。清洗是指从物体表面上清除污垢的过程,通常都是指将污垢从固体表面上除去。

(3)清洗介质。

在清洗过程中,提供清洗环境的物质称为清洗介质,又称为清洗媒体。清洗媒体在清洗过程中起重要的作用,一是对清洗力起传输作用,二是防止解离下来的污垢再吸附。

(4)清洗力。

清洗对象、污垢及清洗介质三者间必须存在一种作用力,才能使污垢从清洗对象的表面得以清除,并将它们稳定地分散在清洗介质中,从而完成清洗过程,这个作用力即是清洗力。在不同的清洗过程中,起作用的清洗力也有不同,大致可分为溶解力和分散力、表面活性力、化学反应力、吸附力、物理力及酶力。

1.2.3　再制造清洗的分类

(1)按照再制造工艺过程,再制造清洗可分为拆解前清洗、拆解后清洗、再制造加工过程清洗、装配前清洗、表面涂装前清洗等。

(2)按照清洗对象,再制造清洗可分为零件清洗、部件清洗和总成清洗。

(3)按照表面污染物类型,再制造清洗可分为油污清洗、积炭清洗、水垢清洗、涂装物清洗、杂质清洗、锈蚀清洗和其他污染物清洗。

(4)按照清洗技术原理,再制造清洗可分为物理清洗、化学清洗和电化学清洗。

(5)按照清洗手段,再制造清洗可分为热能清洗、溶液清洗、超声波清洗、振动研磨清洗、抛丸清洗、喷砂清洗、高温清洗、干冰清洗、高压清洗等。

1.2.4　废旧毛坯的清洗内容

1. 主要污染物

机电产品长期服役之后,零部件表面会附着各种各样的污染物。再制造毛坯表面的主要污染物包括油污、锈层、无机垢层、表面涂覆层及各种有机涂层。

(1)油污。工件在制造、运输、保存和使用过程中,往往都会沾上各种各样的油脂和油污,主要有防锈油、润滑油、密封油等,与基体主要以物理方式结合,结合强度为弱到中等,可皂化的油可用碱液去除,其他油脂需利用相似相溶原理选用合适的溶解剂。

(2)锈层。工件被腐蚀和氧化后表面会产生浮锈、黄锈、黑锈等各种锈层。锈层与工件表面为化学结合,结合牢固,结合强度为中等到强。

(3)无机垢层。无机垢层是由于零部件设备在使用过程中与外部介质接触沉积而产生的,主要有各种钙沉积物(水垢)、积炭、水泥块、搪瓷块等。无机垢层与零部件表面为机械结合,结合强度大,如积炭的附着力高达5～70 MPa,而且无机垢层通常难溶于各种溶剂,去除难度比较大。

(4)表面涂覆层。机械零部件表面通常都经过电化学沉积、喷涂、熔覆等加工过程,这些加工会在零部件表面产生金属镀层或涂层,零部件长期服役之后,表面涂覆层会磨损缺失,产生不良镀层,镀膜与金属表面结合强度大,较难去除。

(5)有机涂层。零部件涂装时产生的清漆、油漆、胶漆及密封胶等也应当进行彻底清除。有机涂层与工件表面为机械结合,结合强度较大。

2. 污染物的清洗方法

(1)清除油污。

凡是和各种油料接触的零部件在解体后都要进行清除油污的工作,即除油。油可以分为两类:一类是可皂化的油,即能与强碱起作用生成肥皂的油,如动物油、植物油;另一类是不可皂化的油,它不能与强碱起作用,如各种矿物油、润滑油、凡士林和石蜡等。这两类油都不溶于水,但可溶于有机溶剂。去除这些油类,主要用化学方法和电化学方法。有机溶剂、碱性溶液和化学清洗液是常用的清洗液。清洗方式有人工方式和机械方式两种,包括擦洗、煮洗、喷洗、振动清洗、超声波清洗等。

(2)清除水垢。

机械产品的冷却系统经过长期使用硬水或含杂质较多的水后,在冷却器及管道内壁上会沉积一层黄白色的水垢,主要成分是碳酸盐、硫酸盐,部分还含有二氧化硅(SiO_2)等。水垢使水管截面缩小、导热系数降低,严重影响冷却效果并影响冷却系统的正常工作,因此在再制造过程中必须给予清除。水垢的清除方法一般采用化学去除法,包括磷酸盐清除法、碱溶液清除法、酸洗清除法等。对于铝合金零部件表面的水垢,可用质量分数为5%的硝酸溶液,或质量分数为10%～15%的醋酸溶液清除。清除水垢用的化学清洗液要根据水垢成分与零部件材料慎重选用。

(3)清除锈蚀。

锈蚀是金属表面与空气中氧、水分子及酸类物质接触而生成的氧化物,如最常用的金属铁(Fe),会生成氧化亚铁(FeO)、四氧化三铁(Fe_3O_4)、三氧化二铁(Fe_2O_3)等,通常称为铁锈。清除锈蚀的主要方法有机械法、化学酸洗法和电化学酸蚀法等。机械法主要是利用机械摩擦、切削等作用清除零部件表面锈层,常用的方法有刷、磨、抛光、喷砂等。化学酸洗法主要是利用酸对金属表面锈蚀产物进行溶解，以及化学反应中生成的氢对锈层产生机械作用并使其脱落，常用的酸包括盐酸、硫酸、磷酸等。电化学酸蚀法主要是利用零部件在电解液中通以直流电后发生的化学反应而达到除锈的目的，包括将被除锈的零部件作为阳极或者阴极两种方式。

（4）清除积炭。

积炭是燃料和润滑油在燃烧过程中燃烧不充分，并在高温作用下形成的一种由胶质、沥青质、润滑油和炭质等组成的复杂混合物。发动机中的积炭大部分积聚在气门、活塞、气缸盖等零部件表面上，这些积炭会影响这些零部件的散热效果，恶化传热条件，甚至会导致零部件过热，形成裂纹。因此，在此类零部件再制造过程中，必须将其表面积炭清除干净。

积炭的成分与发动机结构、零部件部位、燃油和润滑油种类、工作条件及工作时间等有关。清除积炭目前常使用机械法、化学法和电解法等。机械法用金属丝刷与刮刀去除积炭，方法简单，但效率较低，不易清除干净，并易损伤表面；用压缩空气喷射磨料清除积炭能够明显提高效率。化学法指将零部件浸入氢氧化钠（$NaOH$）、碳酸钠（Na_2CO_3）等清洗液中，温度为80～95 ℃，使附在零部件表面上的油脂溶解或乳化、积炭变软，再用毛刷刷去积炭并清洗干净。电解法指将碱溶液作为电解液，工件接于阴极，使其在化学反应和氢气的共同剥离作用力下去除积炭，其去除效率高，但要掌握好工艺规范。

（5）清除油漆。

拆解后零部件表面的原保护漆层一般都需要全部清除，并冲洗干净后再重新喷漆。对油漆的清除可先用已配制好的有机溶剂、碱性溶液等作为退漆剂涂刷在零部件的漆层上，使之溶解软化，再用手工工具或通过机械法去除漆层。

1.2.5 再制造毛坯的清洗要求

再制造毛坯清洗的总体要求是针对清洗对象及其表面污染物的特点，结合后续再制造加工工艺要求，制定合理的清洗方案，保证清洗的经济性、环保性和安全性，避免对清洗对象、操作人员和外部环境产生负面影响。

再制造毛坯清洗的一般要求包括清洁度要求、材料表面状态与组织结构要求、安全环保要求等。

（1）清洁度要求。

对于拆解前清洗的清洁度要求，应确保再制造毛坯外部积存的尘土、油污、泥沙等脏物基本除去，便于后续拆解，并避免将尘土、油污等污染物带入厂房工序内部;对于再制造加工前清洗,应根据后续再制造加工工艺要求确定相应的清洁度等级。对于气相沉积、电沉积等再制造加工技术,应确保清洗后获得较高的清洁度;对于装配前清洗,应确保清洗后的清洁度满足后续装配的工艺要求;对于表面涂装前清洗的清洁度要求,应满足《钢铁件涂装前除油程度检验方法(验油试纸法)》(GB/T 13312—1991)、《涂覆涂料前钢材表面处理　表面清洁度的目视评定　第1部分:未涂覆过的钢材表面和全面清除原有涂层后的钢材表面的锈蚀等级和处理等级》(GB/T 8923.1—2011)等规定的除油和除锈要求。

(2)材料表面状态与组织结构要求。

应根据零部件类型、清洗方法和再制造加工工艺合理控制零部件的表面腐蚀状态和表面粗糙度。对于应用热喷涂等厚成形再制造加工工艺的再制造毛坯,可放宽对表面腐蚀和表面粗糙度的要求;清洗过程应避免造成再制造毛坯的组织结构变化、应力变形和表面损伤,不影响后续再制造加工和装配要求;清洗完毕后,要采取措施防止零部件存放或运输过程中的污染、腐蚀或其他损伤。

(3)安全环保要求。

清洗场地应根据不同清洗工艺要求设有必要的通风、降噪、除尘、防渗等设施;应对清洗操作人员进行必要的劳动保护,防止产生伤害;应优先选用环保的清洗工艺、设备、材料和方法,并符合国家相关政策规定;对清洗产生的各种固态、液态、气态废弃物进行分类收集,按国家相关法律、法规和标准的规定处置。

1.3　再制造拆解技术的研究与发展现状

1.3.1　可拆解性设计技术

拆解性能是评价产品再制造性优劣的重要指标之一,产品的可拆解性设计(Design for Disassembly,DFD)已成为产品再制造设计的重要内容[6]。可拆解性设计是指使机械产品能够或易于拆解成零部件的设计。可拆解性作为产品结构设计的一个评价标准,通过产品可拆解性研究实现产品高效率、低成本地进行组件、零部件的目标拆解或材料的分类拆解,以便废旧产品充分有效地回收和重用,达到节约资源和能源、保护环境的目的[4]。现代化装备多是机电结合的技术密集型装备,其零部件在设计过程中大多侧重其使用功能、加工工艺与装配性能，很少考虑装备的可拆解性，从而导致整个装备或产品在报废或失效后，可再制造的零部件由于拆解困难而难以再制造，或者由于拆解过程费时、费力、经济性差，因此再制造价值不大[11]。因此，开展可拆解性设计研究是装备再制造工程的重要研究内容之一。面向装备再制造的可拆解性设计，要求对装备功能、性能、可靠性、可回收性及可拆解性等进行统筹评估，把可拆解性作为产品具体结构设计的一项评价准则，使再制造毛坯能够高效无损地被拆解下来，最大限度地满足再制造要求。国外军用装备维修保障经验表明，通过快速拆解与再制造，5 台战损坦克可以重新拼装组合出 3 台实战坦克，从而确保了战斗力的快速再生[12]。

产品可拆解性设计的合理性对拆解过程影响很大，也是保证产品具有良好再制造性能的主要途径和手段。可拆解性设计原则就是为了将产品的可拆解性要求转化为具体的产品再制造设计而确定的通用或专用设计准则和原则，针对不同目标的产品可拆解性设计原则一直是设计领域研究的重点。国际再制造专家预言：未来所有产品都是可以拆解和再利用的[13]。

面向再制造的可拆解性设计要求，在装备设计的初期将可拆解性和可再制造性作为结构设计的指标之一，使产品的连接结构易于拆解，维护方便，并在装备废弃后能够充分有效地回收利用。表 1.1 给出了面向装备再制造的可拆解性设计准则，但是由于废旧机电产品的处理方式不同，所以这些可拆解性设计准则必须根据具体的目标有选择地使用。例如，面向材料回收的可拆解性设计要求材料尽可能地单一，从而保证材料回收的方便[13]。

表 1.1　面向装备再制造的可拆解性设计准则

与材料有关的设计准则	减少不同种材料的种类数
	尽可能地使用可回收的材料
	使用回收后的材料生产零部件
	减少危险、有毒、有害材料的数量
	对有毒、有害的材料进行标识
	对塑料和相似零部件的材料进行标识
	相互连接的零部件材料尽可能地兼容
	黏结与连接的零部件材料不兼容时应易于分离

续表 1.1

与连接件有关的设计准则	减少连接件数目
	减少连接件型号
	减小拆解距离
	拆解方向一致
	避免破坏被连接零部件
	拆解空间应便于拆解操作
	采用相同的装配和拆解操作方法
	采用易拆和可破坏性拆解的连接件
与装备结构有关的设计准则	应保证拆解过程中的稳定性
	采用模块化设计,减少零部件数量
	减少电线和电缆的数量并缩短其长度
	连接点、折断点和切割分离线应明显
	将不能回收的零部件集中在便于分离的某个区域
	将高价值的零部件布置在易于拆解的位置
	将有毒有害材料的零部件布置在易于分离的位置
	避免嵌入塑料中的金属件和塑料零部件中的金属加强件

国外在可拆解性设计的研究和应用方面开展得较早,相关理论体系已经相对完善,一些研究成果在产品设计中得到实际应用。例如,德国西门子公司在 20 世纪 70 年代就开发了新一代环境资源友好型的机电产品,该类产品不需要借助任何拆解工具,仅用双手就可以在几分钟之内实现产品的完全拆解。T. Suga 等[14]研究将拆解过程的能和熵作为评价产品可拆解性的指标,认为可拆解性与消耗的能和熵成反比,即熵越大,可拆解性越差,反之,熵越小,产品越容易拆解,并据此提出了可拆解性的量化评估方法。

国内关于可拆解性设计的研究起步较晚,相关研究主要集中在高等院校和科学研究所等单位。例如,装甲兵工程学院的史佩京等[13]结合重载柴油车辆发动机的拆解实例提出了面向再制造的可拆解性设计原则,结合装备拆解实例分析了可拆解性设计对再制造的影响。相关结果表明,装备拆解是实施再制造的前提和关键步骤之一,装备的可拆解性设计直接影响再制造的可行性和费效比①。可拆解性设计的原则包括非破坏性拆解设计、模块化设计、耐磨损设计和结构可预测设计。吉林大学的张桐柱[15]对利用无向图构建拆解模型进行了汽车产品拆解的自由度分析,建立了可拆解性设计准则,基于Unigraphics(UG)软件利用微软VC工具进行二次开发构建了计算机辅助可拆解性设计软件基本框架,并基于概率方法建立了产品可拆解性评价体系。总体上,国内在产品可拆解性设计的研究方面主要集中在理论和概念阶段,实际应用很少。

1.3.2 拆解规划技术

拆解规划技术包括拆解序列的生成与优化、拆解建模、拆解工艺设计、拆解生产线设计等多方面的内容。对产品目标零部件拆解进行准确建模是进行拆解规划和决策的重要前提。目前国内外对拆解规划的研究方向众多,但总结起来主要集中在拆解建模、拆解序列规划、拆解序列评价3个方面[16]。拆解建模是拆解规划研究过程的信息基础和逻辑基础,是拆解规划的最初步骤。拆解模型包含了产品的各类信息数据,包括实体信息、物理信息、装配关系信息及约束关系信息等,完整的拆解模型可体现产品的功能与工作原理。拆解序列是在拆解过程中将零部件依次从产品主体上拆解分离的先后次序,拆解序列规划是拆解规划的核心内容。不同的拆解序列对应的拆解时间、拆解能等显然是有所差别的,同样也导致拆解工具使用顺序、拆解效率和拆解成本的差异。好的拆解序列可减少拆解时间,提高拆解效率,降低拆解成本。拆解序列评价的目标是提高产品的拆解性。评价目标函数对拆解性的量化表达,在反馈设计阶段使产品易于装配和拆解,提高拆解工艺的可行性,使更换零部件操作方便快捷,直接提高了拆解过程的效率[17]。

目前已建立了多种拆解模型,如基于图论的无向图和有向图、AND/OR图(与或图)、层次模型等[18],建模的出发点是零部件节点的拆解而非零部件之间对应的约束的拆除,对拆解过程中的空间约束、干涉,复杂的并发、组合等拆解过程的描述缺乏有效手段。同时,对零部件的不完全拆解问题和目标拆解问题难以进行准确的建模分析。另一种常用的分析模型是产品拆解树[17],将产品零部件作为树的节点,以节点的父子关系表示零部件之间的拆解约束。产品拆解树可以方便地在产品数据管理(PDM)和

① 费效比:投入费用和产出效益的比值。

计算机辅助设计(CAD)中导入产品结构树,然后按照拆解问题的特殊要求对其进行修改,生成产品拆解树。该方法直观、简单,但难以描述产品复杂的拆解结构约束关系。上述方法都着重描述了以零部件间的几何拓扑信息为主的零部件拆解研究,而对零部件拆解的经济性能、拆解成本等因素未加考虑,实际上对最大回收效益的考虑是其研究的一个重要方面,因此在产品拆解过程规划时,必须考虑零部件的回收价值及影响零部件拆解的关键因素。Petri 网理论因此被引入到产品的拆解回收研究中,张东生[19]建立了包含零部件回收价值及拆解成本的产品拆解 Petri 网模型,并实现了拆解 Petri 网的自动生成,最后运用 Petri 网基于不变量的性能分析方法对产品的拆解序列进行了优化,得到了满足约束条件的产品最优拆解序列。

合肥工业大学刘光复、刘志峰团队多年来围绕拆解评价理论与方法、可拆解性设计、拆解序列生成算法及其优化、拆解性评价等方面开展了大量原创性的工作,系统地提出了可拆解性框架、评价指标、设计原则等,对智能材料相关拆解方法进行了研究。清华大学段广洪团队近年来针对拆解序列生成、拆解序列评价及优化等方向进行了大量探索性的研究,对产品拆解序列生成方法和序列优化方法进行了深入阐述,填补了国内相关研究领域的空白。此外,山东大学、重庆大学、装甲兵工程学院、哈尔滨工程大学、上海交通大学、华中科技大学等众多国内高校和相关科研单位也对产品拆解规划技术和理论进行了大量研究,并取得了对再制造产业发展具有指导意义的一系列重要成果。

1.3.3 拆解工艺与装备

常用的再制造拆解工艺方法可分为击卸法、拉卸法、压卸法、温差法及破坏性拆解法。在拆解中应根据实际情况选用。

(1)击卸法。击卸法是指利用工具或其他重物在敲击或撞击零部件时产生的冲击能量把零部件拆解分离,是最常用的一种拆解方法。击卸法具有使用工具简单、操作灵活方便、不需特殊工具与设备、适用范围广等优点,但常会造成零部件损伤或破坏。

(2)拉卸法。拉卸法是使用专用顶拔器把零部件拆解下来的一种静力拆解方法。它具有拆解件不受冲击力、拆解较安全、零部件不易损坏等优点,但需要制作专用拉具。该方法适用于拆解精度要求较高、不许敲击或无法敲击的零部件。

(3)压卸法。压卸法是利用手压机、油压机进行的一种静力拆解方法，适用于拆解形状简单的过盈配合件。

（4）温差法。温差法是利用材料热胀冷缩的性能加热包容件，使配合件在温差条件下失去过盈量，实现拆解，常用于拆解尺寸较大的零部件和热装的零部件。例如，液压压力机或千斤顶等设备中尺寸较大、配合过盈量较大、精度较高的配合件或无法用击卸、顶压等方法拆解时，可用温差法拆解。

（5）破坏性拆解法。在拆解焊接、铆接等固定连接件时，或轴与套已互相咬死，或为保存核心价值件而必须破坏低价值件时，可采用车、锯、錾、钻、割等方法进行破坏性拆解。这种拆解需要注意保证核心价值件或主体部位不受损坏，而对其附件则可采用破坏方法拆离。

目前再制造拆解在国内外主要借助工具及设备进行的手工拆解，是再制造过程中劳动密集型工序，存在效率低、费用高、周期长等问题，影响了再制造的自动化生产程度。国外已经开发了部分自动拆解设备，如德国埃尔兰根-纽伦堡大学的工厂自动化和生产系统（FAPS）研究所一直在研究废旧线路板的自动拆解方法，采用与线路板自动装配方式相反的原则进行拆解。国内关于拆解装备的研究和应用还仅局限于个别行业的典型产品和部件，更多的是开发各种拆解工装和卡具，距离智能化、自动化深度拆解装备的成功研发和规模化应用还存在较大差距。

1.4　再制造清洗技术的研究与发展现状

1.4.1　溶液清洗技术

溶液清洗是目前工业和再制造领域应用最为广泛的清洗方式，几乎涵盖了化学清洗的全部内容，其基本原理是以水或溶剂为清洗介质，利用水、溶剂、表面活性剂及酸、碱等化学清洗剂的去污作用，借助工具或设备实现零部件表面油污、颗粒等污染物的有效清洗。清洗手段包括：溶剂清洗、酸洗和碱洗等。对于大多数无机酸、碱、盐，水是良好的、成本低廉且应用极广的溶剂和清洗介质，但单纯以水为溶剂的某些清洗液是难以渗透到被清洗零件的整个表面的，因此必须借助溶剂、酸、碱及助剂对复杂污染物进行清洗。

目前溶液清洗中常用的化学试剂，特别是溶剂类清洗液中，除了 C、H 元素，仅有 O、N、Si、S 以及卤族元素 F、Cl、Br、I，共 8 种元素可以构成溶剂分子。其中,S元素由于通常具有刺激性气味,且构成溶剂通常具有毒性和腐蚀性,因此不适合作为清洗用溶剂。I元素由于具有较高的化学活性,稳定的含I溶剂难以实现规模的商品化应用。因此,可以用于清洗的溶剂元素仅限于C、H、O、N、Si、F、Cl、Br,共8种。当前工业领域常用的清洗介质主要包括溶剂、表面活性剂及化学清洗剂等。

在烃类溶剂中,芳香烃纯溶剂主要有苯、甲苯和二甲苯,它们贝壳松脂丁醇值(KB值)高,苯胺点低,对油溶性污垢的溶解能力很强;但毒性强,会造成大气污染与光化学烟雾,尤其是苯的毒性更强,且容易燃烧和爆炸(当空气中苯的体积分数大于1.5%时,即可能引起爆炸)。醇类溶剂可以和水以任何比例混溶,高浓度的醇类水溶液对油脂有较好的溶解能力,对某些表面活性剂也有较强的溶解能力,可用于清除被清洗零件表面的活性剂残留物,此外还有很强的杀菌能力,常用于消毒。酯类溶剂属于中性物质,毒性较小,有芳香气味,不溶于水,可溶解油脂,因此可用作油脂的溶剂。常用于油污清洗的酯类溶剂有乙酸甲酯、乙酸乙酯、乙酸正丙酯等。

在清洗过程中,利用表面活性剂的水溶液,从固体表面清除各类污垢的基本步骤,都是先对被清洗固体表面进行润湿,从基底上去除污垢;再利用清洗剂的分散作用,使污垢稳定地分散于溶液中。这两步的效果均取决于被清洗材料和污垢间界面的性质。

清洗效率取决于表面活性剂的化学结构、被清洗材料及表面状态、污垢的组成和性质、清洗剂的组成及各组分之间的相互作用,以及清洗工艺条件和水质状况等。一般有下述规律:疏水基的链增长,表面活性剂的吸附性和对油污的清除效果增大。烷基中没有支链的表面活性剂的润湿性较差,但是清洗性能较好;多支链的表面活性剂有较好的润湿性,而清洗性欠佳。烷基中碳原子数相同的表面活性剂,当疏水基移向碳链的中心时,其吸附性和清洗性明显降低,润湿性显著增加。链长对离子型表面活性剂的清洗性、吸附性和润湿性的影响远大于对非离子型表面活性剂相关性能的影响。具有较高表面活性和较低表面张力的清洗剂溶液,对油污有较强的增溶、乳化作用,有利于油污的清除。

化学清洗常用无机酸和有机酸作为清洗主剂。无机酸有盐酸、硫酸、硝酸、磷酸、氢氟酸和氨基磺酸等,其溶解力强,速度快,效果明显,费用低。但即使有缓蚀剂存在,无机酸性清洗剂对金属材料的腐蚀性仍很大,易产生氢脆和应力腐蚀,并在清洗过程中产生大量酸雾,造成环境污染。有机酸有柠檬酸、甲酸、草酸、羟基乙酸、酒石酸、乙二胺四乙酸(EDTA)、聚马来酸(PMA)、聚丙烯酸(PAA)、羟基乙叉二膦酸(HEDP)及乙二胺四甲叉膦酸(EDTMP)等。有机酸大多为弱酸,不含有害的氯离子成分,对设备本体腐蚀倾向小。有机酸对污垢的溶解速度较慢,清洗温度要在80 ℃以上,清洗时间要长一些,因此成本高,适用于清洗贵重设备。

碱性清洗法是一种以碱性物质为主剂的化学清洗方法,比较古老,清洗成本低,被广泛应用。碱性清洗剂可以单独使用,也可以和其他清洗剂交替或混合使用。主要用于清除油脂垢,也用于清除无机盐、金属氧化物、有机涂层和蛋白质垢等。用碱性清洗法除锈、除垢等,比采用酸性清洗法的成本高,除锈、除垢的速度慢。但是,除两性金属的设备以外,不会造成金属的严重腐蚀,不会引起工件尺寸的明显改变,不存在因清洗过程中析氢而造成对金属的损伤,金属表面在清洗后与钝化之前,也不会快速返锈等。

显然,目前常用的溶液清洗材料大多对环境、人体具有负面影响,特别是一些有毒试剂、酸液、碱液的废液排放是造成人类疾病、大气污染、水污染、土壤污染和环境破坏的主要原因,也使清洗成为再制造过程中的重要污染环节,削弱了再制造节能减排的重要作用。另一方面,目前常用化学试剂的清洗效率还有待进一步提高,特别是对于一些新兴的再制造领域,如电子和航空航天领域,对零部件表面的清洗质量要求高;而石油化工、矿山机械等领域废旧零部件表面污染物种类多,表面重度油污去除难度大,要求清洗剂具有优异的污染物去除能力。

1.4.2　物理清洗技术

利用热、力、声、电、光、磁等原理的表面去污方法,都可以称为物理清洗。与化学清洗技术相比,物理清洗技术对环境和工人的健康损害都较小,而且物理清洗对清洗物基体没有腐蚀破坏作用。目前常用的物理清洗技术主要包括吸附清洗、热能清洗、喷射清洗、摩擦与研磨清洗、超声波清洗、光清洗及等离子体清洗等。

(1)吸附清洗。

吸附清洗利用材料表面污染物对不同物质表面亲和力的差别,在气体或流体介质中将污垢从原来附着的物体表面转移到另一物质表面,达到去除污垢的目的。适合这种目的而使用的物质称为吸附剂,被吸附的物质(去除的污垢)为吸附物。吸附按作用力的性质可分为物理吸附与化学吸附。作为吸附剂,要求其具备的基本特性是与污垢有很强的亲和力而且本身有很大的吸附表面积。吸附剂的表面与污垢之间可能存在物理和化学亲和力,这种亲和力包括分子间作用力、氢键力、静电引力及化学键力。通常吸附剂表面分子与被吸附物之间是借助分子作用力而吸附的,因为分子之间的作用力是普遍存在于物质之间的。但根据吸附剂与吸附物的种类不同,它们之间的分子间作用力的大小也不同。因此,同种吸附剂对不同物质的吸附能力的差别很大。在再制造清洗领域中使用的多孔性吸附剂有活性炭、沸石、膨润土、硅藻土、酸性白土、活性白土等。

(2)热能清洗。

热能清洗应用广泛。热能的受体有清洗液、被清洗基体和污垢本身,其清洗作用机理主要表现在以下方面:

①对清洗过程的促进作用,主要体现在溶液清洗中。促进作用主要包括促进化学反应和提高污垢在清洗液中的溶解分散性。清洗液对污垢的溶解速度和溶解量随着温度升高而成比例地提高,所以,升温有利于洗涤过程的进行。在某些高压水射流的管道清洗设备中,备有加热设备,用于那些水溶性不太好的污垢清洗。热水增大污垢的溶解性,防止不溶污垢堵塞管道,影响清洗效果。又如在所有表面处理中,除油以后都需用热水漂洗或冲洗,这有利于把吸附在清洗对象表面的碱和表面活性剂溶解清除。

②使污垢的物理化学状态发生变化,主要体现在高温分解炉清洗中对零部件表面和内部油污的清洗。温度的变化常会引起污垢的物理化学状态发生变化,使它变得容易被去除。污垢物理状态的改变指固体污垢被熔化、溶化或汽化;化学状态的变化是指固体污垢被热能裂解和分解,污垢改变了原有的分子结构。用加热或燃烧的方法去除工件表面有机物的污垢,使它分解成 CO_2 等气体,这是一种简单的方法。缺点是易留下灰分残留物,易造成金属的氧化。此外,某些物理强化清洗方法如激光清洗,其清洗机理在本质上也是热能作用的结果。当高能激光照射在污垢上时,在短时间内迅速将光能转变为超高热能,使表面污垢熔化、汽化而被除去,可在不熔化金属的前提下,把金属表面的氧化物锈垢除去。

③使清洗对象的物理性质发生变化,主要体现在高压饱和蒸汽清洗中。当温度变化时,清洗对象的物理性质也会变化,有时有利于清洗的进行。例如,人们在洗衣服时,用温水就比较容易洗净,其原因除了提高清洗剂的效能外,另一个原因是布料中的纤维在较高的温度下浸泡,容易吸水膨胀,使污垢对纤维的吸附力下降,从而变得容易被清洗。

(3)喷射清洗。

喷射清洗技术属于典型的物理清洗技术,包括喷砂清洗、高压水射流清洗、干冰清洗、抛丸/喷丸清洗等,其基本原理是利用压缩空气、高压水或机械力,将水、砂粒、丸粒或干冰等以较高的速度冲击清洗表面,通过机械作用将表面污染物去除。

喷砂清洗通常可分为干式和湿式两种。干式喷砂清洗的磨料主要有不同粒径尺度的钢丸、玻璃丸、陶瓷颗粒、细沙等,湿式喷砂清洗的洗液包括常温的水、热水、酸、碱等溶液,还可以通过砂粒与溶剂复合形成浆料喷射,以获得更好的清洗效果。

高压水射流清洗技术利用高压水的冲刷、楔劈、剪切、磨削等复合破碎作用,将结垢物打碎使其脱落,与传统的化学方法、喷砂抛丸方法、简单机械及手工方法相比,具有速度快、成本低、清洗率高、不损坏被清洗物、应用范围广、不污染环境等诸多优点。在再制造领域,高压水射流技术可以实现对水垢、发动机积炭、零部件表面漆膜、油污等多种污染物的快速有效清洗。目前,在船舶、电站锅炉、换热器、轧钢带除磷、城市地下排水管道等清洗上都得到了广泛应用。

干冰清洗技术是将液态 CO_2 通过干冰制备机(造粒机)制作成一定规格(直径 2 ~ 14 mm)的干冰球状颗粒,以压缩空气为动力源,通过喷射清洗机将干冰球状颗粒以较高速度喷射到被清洗物体表面。其工作原理与喷砂工艺原理相似,干冰颗粒不但对污垢表面有磨削、冲击作用,低温(-78 ℃)的干冰颗粒用高压喷射到被清洁物表面,使污垢冷却以至脆化,进而与其所接触的材质产生不同的冷收缩效果,从而使污垢缩小。目前干冰清洗主要应用于轮胎、石化和铸造行业。

抛丸喷丸清理依靠电机驱动抛丸器的叶轮旋转,在气体或离心力作用下将料(钢丸或砂粒)以极高的速度和一定的抛射角度抛打到工件上,让丸料冲击工件表面,对工件进行除锈、除砂、表面强化等,以达到清理、强化、光饰的目的。抛丸技术主要用于铸件除砂、金属表面除锈、表面强化、改善表面质量等。用抛丸方法对材料表面进行清理,可以使材料表面产生冷硬层、表面残余压应力,从而提高材料的承载能力,延长其使用寿命。

喷射清洗技术具有环境污染低、清洗效果好的优点,但在实际应用中应当注意以下问题:一是在清洗过程中应控制压力和时间,减少对清洗表面的机械损伤;二是清洗后零部件表面露出新鲜基体,活性高,需要采取必要的防护措施,防止表面锈蚀,通常采用快速烘干或在高压水中添加缓蚀剂的方法;三是要注意清洗后废液、废料的回收和环保处理。

(4)摩擦与研磨清洗。

在工业清洗领域中,借助摩擦力和研磨作用进行清洗往往能取得较好的效果。例如,在汽车自动清洗装置中,向汽车喷射清洗液的同时,使用合成纤维材料做成的旋转刷子帮助擦拭汽车的表面。用喷射清洗液清洗工厂的大型设备或机器的表面时,配合用刷子擦洗往往能取得更好的清洗效果。

但使用摩擦力去污也存在一些问题,需要注意使用的刷子要经常保持清洁,防止刷子对清洗对象的再污染。当清洗对象是不良导体时,使用摩擦力有时会产生静电而使清洗对象表面容易吸附污垢。在使用易燃的有机溶剂时要注意防止静电引起的火灾。

(5)超声波清洗。

超声波清洗是清除物体表面异物和污垢最有效的方法,其清洗效率高、质量好,具有许多其他清洗方法所不能替代的优点,而且能够高效地清洗物体的外表面和内表面。超声波清洗不仅清洗的污物种类广泛,包括尘埃、油污等普通污染物和研磨膏类带放射性的特种污染物,而且清洗速度快,清洗后污垢的残留物比其他方法清洗后污垢的残留物要少很多。超声波清洗还可以清洗复杂零部件及深孔、盲孔、狭缝中的污物,并且对物体表面没有伤害或只引起轻微损伤,对环境的污染小,成本相对来说不高,而且对操作人员没有伤害。在实际应用中,超声波清洗常配合溶液清洗使用,需要采取适当措施对废液进行环保处理,同时要减少有害化学试剂的使用。

(6)光清洗。

光是一种电磁波,具有各自的波长和相应的能量。它应用于物体的清洗是近年来发展起来的,但应用面仍比较窄,设备成本较高。目前,应用于实际的光清洗有激光清洗和紫外线清洗两种。激光具有单色性、方向性、相干性好等特点,因此激光清洗成为新兴的高效物理清洗技术。

①激光清洗。图 1.2 所示为激光清洗过程示意图[20]。激光清洗的原理正是基于激光束的高能量密度、高方向性并能瞬间转化为热能的特性,将工件表面的污垢熔化或汽化而去除,同时可在不熔化金属的前提下把金属表面的氧化物锈垢除去。与传统清洗工艺相比,激光清洗技术是一种“干式”清洗,不需要清洁液或其他化学溶液,清除污染物的种类和适用范围较广泛,目前主要应用于微电子行业中光刻胶等绝缘材料的污垢去除和光学基片表面外来颗粒的清洗。通过调控激光工艺参数,可以在不损伤基材表面的基础上有效去除污染物,方便地实现自动化操作。目前,国外有研究将激光清洗应用于铝合金等金属材料表面焊接前的清洗。

②紫外线清洗。在石英、玻璃、陶瓷及硅片和带有氧化膜的金属等材料上的有机污垢物的去除常用到紫外线清洗。紫外线引起有机物的分解:紫外线对微生物有很强的杀灭作用,因此在制备超纯水时要利用紫外线进行杀菌处理。紫外线促进臭氧分子的生成:当空气中的氧分子吸收240 nm

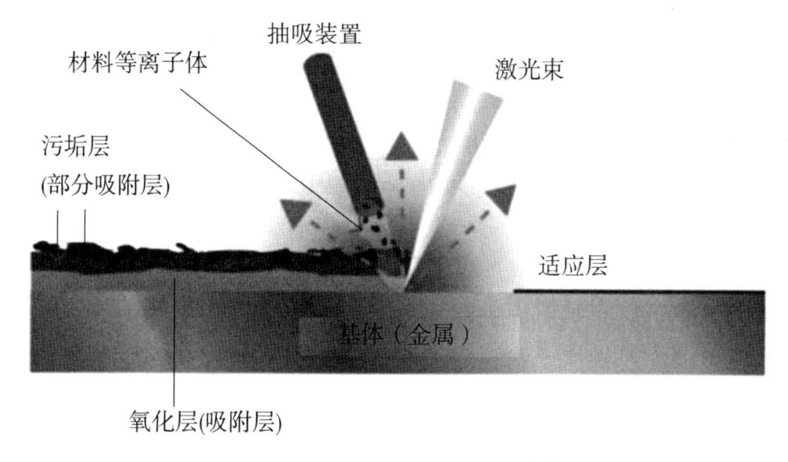

图 1.2 激光清洗过程示意图[20]

以下波长的紫外线后会生成臭氧分子，在生成臭氧的同时也生成有强氧化力的激发状态的氧气分子。由于紫外线既可使组成污垢的有机物分子处于激发状态，又能产生臭氧这种具有强氧化力的物质，所以人们研究出利用紫外线-臭氧协同作用的清洗方法：紫外线-臭氧并用法（UV-O_3法），它是干式清洗方法中重要的一种，也同时属于绿色化学清洗工艺。

（7）等离子体清洗。

等离子体清洗是一种干法物理清洗技术，利用等离子体清洗可以对金属、塑料、玻璃等材料进行除油、清洗、活化等处理，并且可以省去通常采用湿法工艺所必需的干燥工序及废水处理装置，因此它比湿法清洗工艺的工艺流程短、费用低，而且不会污染环境。等离子体的清洗作用机理比较复杂，至今还不十分清楚，一般认为是等离子体的高动能和其放电产生的紫外线等对污垢共同作用的结果。

1.5 再制造拆解与清洗技术的发展需求

科学无损的再制造拆解工艺技术能够有效地保证再制造产品的质量，提高旧件利用率，减少再制造生产的时间和费用，提高再制造的环保效益。而高效绿色的表面清洗技术则为再制造分析检测、加工成形及装配等工艺过程提供良好表面，进而影响再制造产品的成本、质量和环境效益。

再制造拆解技术由传统的拆解工具开发逐步向产品可拆解性设计与拆解路径规划技术、虚拟拆解技术和自动化深度高效拆解技术与装备研发等方面转变。清洗技术发展趋势目前已由环境污染较严重的化学清洗方法向更加多元、更加环保的物理清洗方法转变。目前,尽管不断有新型清洗技术开发并应用到再制造过程,但是再制造清洗领域仍然面临着粗放型操作、工序多、难以集成自动化、清洗介质浪费严重及环境污染等问题。清洗是当前再制造工艺流程中环境污染最为严重的环节,因为它会涉及有危害性清洗介质的使用,而且生产企业中的再制造清洗目前还只是停留在经验水平而非知识水平,应该通过优化研究综合考虑清洗力、化学性质、温度和时间等因素,获得耗时短、成本低、清洗效果好的最佳工艺,实现多工序清洗集中进行,避免多级操作,从而节省清洗时间、降低清洗成本。在再制造拆解技术方面,可拆解性设计尚处于起步阶段,拆解规划仅限于研究单位开展建模、拆解序列生成与优化等研究,缺少有效的自动化深度、无损拆解技术与装备研究,导致企业再制造过程中拆解效率低、拆解劳动强度大、无损拆解率低,制约了产业的快速发展。

随着再制造研究与应用领域由传统的机械产品逐步向机电复合产品和电子信息产品扩展,产业发展由传统优势的汽车、矿山、工程机械、机床等领域逐步向医疗设备、IT 装备、航空航天装备等高端装备领域拓展,再制造模式由基地再制造向现场再制造发展,再制造拆解和清洗技术面临新的要求和挑战,未来拆解与清洗技术将逐渐向高效、绿色和智能化的方向发展。

拆解和清洗作为再制造流程中的重要环节,对提高废旧零部件的利用率、提高再制造产品质量、提升再制造企业的市场竞争力等方面都具有重要意义。因此再制造企业将逐步认识到再制造拆解与清洗的重要性,并加强对再制造拆解与清洗技术与工艺的研究,加大对再制造拆解与清洗设备的投入。同时,随着再制造产业的飞速发展,再制造拆解与清洗技术的不断创新突破,再制造拆解与清洗设备的研发和应用,相应的技术标准与规范将由再制造技术研究机构和再制造企业逐步提出、修改并完善。

本章参考文献

[1] 徐滨士. 再制造工程基础及其应用[M]. 哈尔滨:哈尔滨工业大学出版社,2005.
[2] 中国机械工程学会. 中国机械工程技术路线图[M]. 北京:中国科学技术出版社,2011.
[3] 吉小超,张伟,于鹤龙,等. 面向机电产品再制造的绿色清洗技术研究

进展[J]. 材料导报,2012,26(20):114-117.

[4] 崔培枝,姚巨坤. 再制造清洗工艺与技术[J]. 新技术新工艺,2009(3):25-27.

[5] 任工昌,于峰海,陈红柳. 绿色再制造清洗技术的现状及发展趋势研究[J]. 机床与液压,2014,42(3):158-161.

[6] 魏培,刘光复,黄海鸿,等. 面向再制造的基于 Pro/Toolki 的拆卸仿真[J]. 机械设计与制造,2012(5):144-146.

[7] 全国绿色制造技术标准化委员会. 再制造术语:GB/T 28619—2012[S]. 北京:中国标准出版社,2012.

[8] 全国绿色制造技术标准化委员会. 再制造机械产品拆解技术规范:GB/T 32810—2016[S]. 北京:中国标准出版社,2016.

[9] 全国绿色制造技术标准化委员会. 再制造机械产品清洗技术规范:GB/T 32809—2016[S]. 北京:中国标准出版社,2016.

[10] 全国绿色制造技术标准化委员会. 机械产品再制造通用技术要求:GB/T 28618—2012[S]. 北京:中国标准出版社,2012.

[11] 傅浩,蔡建国. 面向拆卸与回收的设计指南[J]. 机械科学与技术,2001,20(4):603-606.

[12] 总装备部装备维修工程技术专业组. 外军装备保障与启示研究技术总结报告[R]. 北京:总装备部科技信息研究中心,2004.

[13] 史佩京,徐滨士,刘世参,等. 面向装备再制造工程的可拆卸性设计[J]. 装甲兵工程学院学报,2007,21 (5): 12-15,40.

[14] SUGA T,SANESHIGE K,FUJIMOTO J. Quantitative disassembly evaluation[C]. Dallas: Proceedings of the 1996 IEEE International Symposium on Electronics and the Environment,1996.

[15] 张桐柱. 基于无向图的发动机可拆解性设计方法研究[D]. 长春:吉林大学,2007.

[16] 王伟琳. 产品零部件拆卸工艺规划及评价[D]. 哈尔滨:哈尔滨工程大学,2011.

[17] LI J Z,PUNEET S,ZHANG H C. A Web-based system for reverse manufacturing and product environmental impact assessment considering end of life dispositions[J]. Annals of CIRP: Manufacturing Technology,2004,53(1): 5-8.

[18] 李方义,李剑峰,李建志,等. 面向目标拆卸的产品复合有向图建模[J]. 中国机械工程,2009,20(5) : 553-558.

[19] 张东生. Petri 网在产品拆卸序列规划中的应用研究[J]. 机械设计与制造,2009 (9):23-25.

[20] KANE D M. Laser cleaning Ⅱ [M]. Sydney: World Scientific Publishing Co. Pte. Ltd. ,2006.

第2章　再制造拆解技术与工艺

拆解是产品再制造过程中的重要工序，是对废旧机电产品及其零部件进行检测和再制造加工的前提，也是影响再制造产品质量和效益的重要因素。再制造零部件的拆解质量将直接影响零部件的分析检测、再制造加工及装配等工艺过程，进而影响再制造产品的成本、质量和性能。本章重点介绍再制造拆解技术的分类、再制造拆解的序列规划、再制造拆解的质量控制等内容。显然，再制造产业的不断发展将使未来拆解技术逐渐向高效、绿色和智能化的方向发展，并最终达到再制造过程的无损拆解和深度拆解[1]。

2.1　再制造拆解技术与分类

2.1.1　再制造拆解技术的内涵

再制造拆解是指将废旧产品及其部件有规律地按顺序分解成零部件，并保证在执行过程中最大化预防零部件性能进一步损坏的过程[2]。再制造拆解是实现废旧产品高效回收策略的重要手段，是再制造过程中的重要工序，科学的再制造拆解工艺能够有效保证再制造零部件的质量和性能、几何精度，并显著缩短再制造周期，降低再制造费用，提高再制造产品质量。废旧产品只有拆解后才能实现完全的材料回收，并且有可能实现零部件的再利用和再制造。再制造拆解作为实现有效再制造的重要手段，不仅有助于零部件的重新使用和再制造，而且有助于材料的再生利用，实现废旧产品的高品质回收策略[3]。

拆解过程主要包括解除约束和从某方向拆下，要实现产品拆解，拆解人员需获得尽可能多的待拆解产品的拆解信息。首先，确定待拆零部件的阻碍或约束关系，并确定这种阻碍或约束关系采用的是何种连接方式；其次，需要了解待拆零部件在产品整体中的空间位置信息，以及需要使用什么样的拆解工具、所需要的拆解时间等；最后，要衡量待拆零部件的拆解难易程度及经济性等相关的信息。

拆解序列是指在拆解产品过程中，组成产品的零部件从产品上拆解分离出的先后顺序。一般产品由多个零部件构成,所以同一产品进行拆解时,存在多个可行的拆解序列,且随着零部件数目的增加,产品的拆解序列数目呈指数级增长。由于不同的拆解序列对应的拆解时间和拆解成本不同,在进行产品拆解时需要在众多拆解序列中优选出最佳的产品拆解序列,即针对不同的优化目标,在众多的可行拆解序列中挑选出最接近优化目标的拆解序列。

拆解的经济性:拆解产生的收益与拆解过程产生的成本支出之间的差值代表拆解的经济性。在计算拆解成本的情况下,拆解的目的在于获取收益,当拆解进行到一定程度,支出大于收益时,就没有必要再进行拆解作业。影响拆解的经济性的因素有很多,包括拆解程度、废物的处理、零部件拆解的难易程度等。因此,在拆解过程中要权衡拆解收益与拆解成本之间的关系,进行拆解的经济性分析,若拆解到一定程度时拆解的经济性开始降低,那么就停止对产品的拆解[4]。

拆解的不确定性:由于产品在报废后,其结构特性与其初始状态相比可能会发生很大的改变,在对产品进行拆解之前拆解人员对产品不能完全掌握清楚,在产品拆解过程中会遇到诸多无法预料的难题,这便是拆解过程中的不确定性问题[5]。在服役过程中产品会发生零部件的磨损、腐蚀,在维修过程中可能存在零部件的更换或者连接结构的改变,另外产品中的部分零部件采用焊接、锻造及其他连接方式,在解除这些连接关系时,不可避免地要破坏某些零部件等,这些情况都增加了产品拆解的不确定性。

导致产品拆解过程不确定性问题产生的因素主要有以下几方面[6]:

(1)连接件的老化。如螺纹连接处生锈了,则拆解复杂性会大大增加,这样拆解人员在评估各拆解步骤的拆解时间时便会有一些误差,可能会影响拆解序列规划。

(2)零部件的更换。例如,在维修期间对失效零部件进行更换,同时所用更换件与原始型号不同。

(3)连接结构的改变。例如,维修过程中将原来的螺纹连接改为焊接,这样在拆解中便不能做到无损拆解。

(4)零部件发生损坏或变形。若连接件发生损坏或变形,有可能影响非破坏性拆解;若非连接件发生损坏或变形,则可能影响零部件间的运动阻碍关系。

废旧产品再制造拆解后,零部件可分为3类:①可直接利用的零部件,指经过清洗检测后不需要再制造加工即可直接在再制造装配中应用的零部件;②可再制造的零部件,指通过再制造加工可以达到再制造装配质量标准的零部件;③报废件,指无法进行再制造或直接再利用,需要进行材料再循环处理或者其他无害化处理的零部件[7]。

再制造拆解工具是指在进行产品拆解作业时需要借助的工具或设备。常用的拆解工具为螺钉旋具、扳手等。除这些常用的拆解工具外,针对不同的再制造产品,还需要一些能够满足其零部件特点的专用拆解工具和设备。以发动机再制造拆解为例,通常采用台式液压机来快速拆解缸体里的销子,特别是过盈配合活塞销;采用连杆加热器拆解连杆;采用专用支座固定被拆解的发动机。

2.1.2 再制造拆解技术的分类

再制造拆解按照拆解目的、方式、程度及顺序等有多种分类方法。

1. 破坏性拆解和非破坏性拆解

根据在产品的拆解过程中是否会对构成该产品的总成或零部件等造成损伤或损坏,可以把再制造拆解分成破坏性拆解和非破坏性拆解两类。

①破坏性拆解。当再制造产品拆解时,相关零部件受到了损伤或损坏,最终使得零部件的形状或功能发生了改变且不能恢复,这就是破坏性拆解。因为破坏性拆解过程是不可逆的,所以要根据零部件的实际情况或状态来判断是否采用破坏性拆解方式。例如,长时间使用的螺母由于受到外界环境因素的腐蚀产生了锈死且不能正常拆解,这种情况必须采用破坏性拆解。

②非破坏性拆解。当再制造产品拆解时,采用某种拆解方式能够进行拆解且拆解下来的零部件都没有受到破坏性损伤,这种拆解就是非破坏性拆解。因此一般情况下,非破坏性拆解都具有可逆性。与破坏性拆解相比,非破坏性拆解具有更高的资源回收利用率,所以进行再制造拆解时应尽量采用非破坏性拆解。

2. 完全拆解和选择拆解

再制造拆解并不是完全将产品分解成构成该产品的单个零部件状态的过程,而是根据再制造的实际需求将旧品拆解成其任一可能的形态,如总成、部件、零件或材料等。因此,根据该产品的再制造需要,判定产品的每个零部件是否都被拆解,可将再制造拆解分为完全拆解和选择拆解。

①完全拆解。完全拆解是指对构成该产品的所有零部件都进行拆解的拆解方式。一般情况下这种拆解方式耗费的拆解时间较长,拆解成本费用也较多,因此,完全拆解适用于拆解具有高附加值的零部件等。

②选择拆解。基于拆解的实际情况,有时候对构成产品的某个或某些

高附加值的零部件进行拆解的方式称为选择拆解。在再制造拆解的实际应用中，通常会采用选择拆解。例如，仅将受损伤的零部件进行拆解，而保留其他未损伤零部件。

3. 并行拆解和顺序拆解

再制造拆解并不完全要求将构成产品的各个总成或零部件等逐个从废旧产品上拆解下来。因此，根据装配体中的每个零部件是否需要同时进行拆解，将拆解分为并行拆解和顺序拆解。

①并行拆解。当对某个废旧产品进行拆解时，对构成产品的两个或多个零部件同时进行拆解的方式，称为并行拆解。并行拆解有利于提高产品的拆解效率，与顺序拆解相比，并行拆解所需的拆解时间较短。

②顺序拆解。当对某个废旧产品进行拆解时，对构成产品的各个零部件采用逐个拆解的方式，称为顺序拆解。顺序拆解适用于受空间可达性较差或拆解优先约束等条件限制的一些零部件的拆解，这些约束条件的存在限定了顺序拆解的方式，进而实现了预先设定的零部件的拆解。

在产品拆解的实际过程中，为了提高产品的拆解效率，应尽量采用并行拆解的方式或并行及串行混用的拆解方式，应根据拆解产品的实际状况及拆解需要决定拆解方式。

4. 多维拆解和一维拆解

再制造拆解并不完全要求将构成产品的各个总成或零部件等沿着某个特定的方向拆解下来，因此，基于装配体中的某个或某些零部件是否沿某个特定的方向拆解，可以将拆解分为多维拆解和一维拆解。

①多维拆解。在产品拆解过程中，可以对构成该产品的单个或多个零部件沿多个方向进行拆解的拆解方式，称为多维拆解。在实际过程中，零部件的拆解沿哪个方向取决于产品的结构特性和设计特性。

②一维拆解。在产品拆解过程中，对构成产品的某个零部件只能沿某一个方向进行拆解的拆解方式，称为一维拆解。该拆解方式主要适用于受结构特性序列约束的特定零部件的拆解。

在实际的产品拆解过程中，根据产品的结构特性及序列优先约束顺序，为提高产品的拆解效率，可以根据需要采用多维或一维的拆解方式。对于某些产品的拆解，由于其结构特性，为了提高拆解效率，可以沿多个方向对构成该产品的零部件进行同时拆解；而对于不能沿多个方向进行拆解的产品，则只能采用一维拆解的方式。

2.1.3　再制造拆解的工艺方法

再制造拆解的工艺方法可分为击卸法、拉卸法、压卸法、温差法及破坏法[3]，可根据实际情况在拆解中具体选用。

1. 击卸法

击卸法是指利用锤子或其他重物的敲击或撞击使零部件拆解分离，是最常用的一种拆解方法。该方法具有工具简单、操作灵活方便、适用范围广等优点，但击卸法操作不当时会造成零部件损伤或破坏。击卸法按操作方式主要分为3类：

①用锤子击卸。在拆解中，由于拆解件种类繁多，运输分类不方便，一般采用就地拆解，使用锤子击卸操作十分方便。

②利用零部件自重冲击拆解。在某些特殊场合可利用零部件自重冲击能量来进行拆解，如锻压设备通常利用锤头的自重冲击能量对锤头与锤杆进行拆解分离。

③利用其他重物冲击拆解。一般采用重型撞锤来拆解结合牢固的大中型轴类零部件。

2. 拉卸法

拉卸法是使用专用工具（如顶拔器等）将待拆零部件拆解下来的一种静力拆解方法。它具有拆解件不受冲击力、安全性高、不易损坏零部件等优点；但需要专用工具。该方法适用于拆解精度要求较高、不许敲击或无法敲击的零部件。拉卸法常用于下列5种场合：

①轴端零部件的拉卸。它是利用各种顶拔器拉卸装于轴端的带轮、齿轮及轴承等零部件。拉卸时，首先将顶拔器拉钩扣紧被拆解件端面，顶拔器螺杆顶在轴端，然后手柄旋转带动螺杆旋转而使带内螺纹的支臂移动，从而带动拉钩移动而将轴端的带轮、齿轮及轴承等零部件拉卸。拉拔时，顶拔器拉钩与拉卸件接触要平整，各拉钩之间应保持平行，不然容易打滑；为了防止打滑，可使用具有防滑装置的顶拔器，如图2.1所示。这种顶拔器的螺纹套内孔与螺杆空套。使用时，将螺纹套退出若干转，旋转螺杆带动螺母外移，通过防滑板使拉钩扣紧轴承后，再将螺纹套旋转抵住螺母端面，转动螺杆便可将轴承拉出。

②轴的拉卸应使用专用顶拔器，如图2.2所示。使用时，将有外螺纹的拉杆1穿过主轴内孔，旋紧螺母3，转动手把2，其上面的内螺纹与拉杆外螺纹相对转动，就可将主轴拉出。也常用拔销器拉卸有中心螺孔的传动轴，使用中应将连接螺栓拧紧。

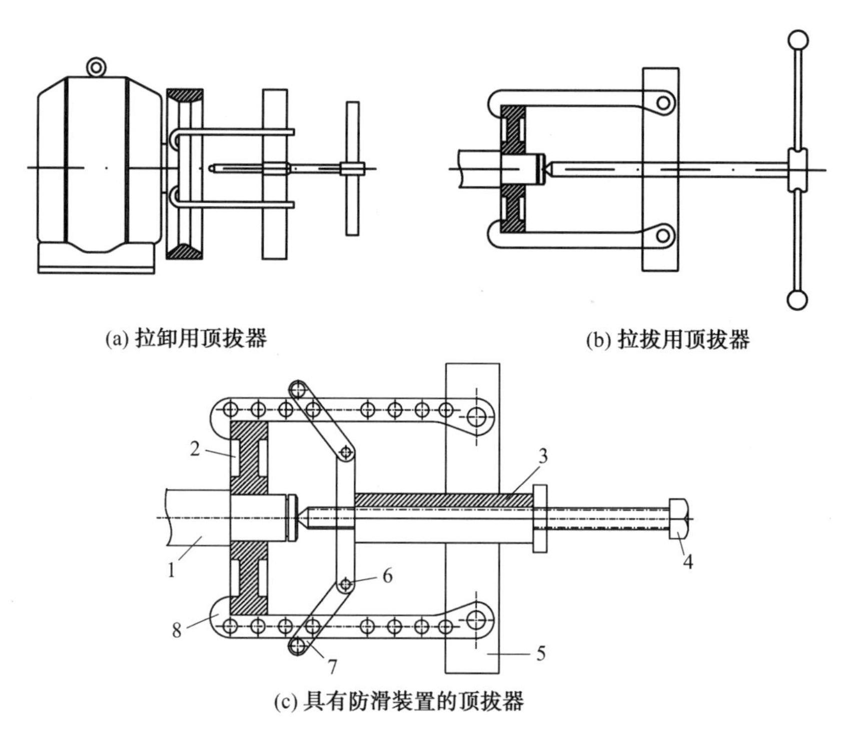

(a) 拉卸用顶拔器　　(b) 拉拔用顶拔器

(c) 具有防滑装置的顶拔器

图2.1　轴端零部件的拉卸

1—轴;2—轴承;3—螺纹套;4—螺杆;5—支臂;6—螺母;7—防滑板;8—拉钩

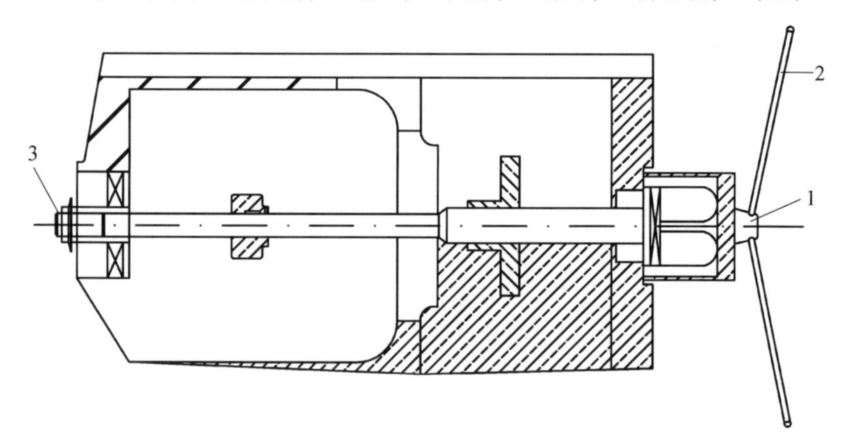

图2.2　专用顶拔器

1—拉杆;2—手把;3—螺母

③轴套的拉卸需用一种特殊的拉具,可以拉卸一般轴套,也可拉卸两端孔径不相等的轴套。

④钩头键在拉卸时常用锤子、錾子将键挤出,但容易损坏零部件,若用专用拉具,拆解较为可靠,不易损坏零部件。

⑤绞击拉卸法适用于某些大型零部件的拆解,必要时可以利用吊车、绞车等结合锤击进行拉卸。拉卸广泛应用于轴和轴套的拆解,在其应用中应注意以下事项:

(a)仔细检查轴、轴套上的定位件和紧固件是否完全拆开。

(b)查清轴的拆出方向。拆出方向一般总是轴的大端、孔的大端及花键轴的不通端。

(c)防止毛刺、污物落入配合孔内卡死零部件。

(d)不需要更换的轴套一般不拆解,这样做可避免拆解的零部件变形。

(e)需要更换的轴套,拆解时不能任意冲击,防止套端打毛后破坏配合表面。

3. 压卸法

压卸法是利用压力机进行的一种静力拆解方法,适用于拆解形状简单的过盈配合件。图2.3所示为压力机拆解轴承。一般来说,这种方法可比较顺利和容易地将零部件拆解下来,只要加压的方向和着力点位置选择合适,再加以必要的润滑就可以。

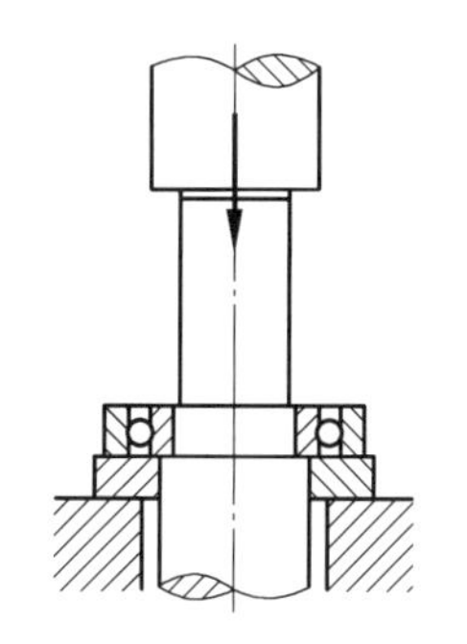

图2.3　压力机拆解轴承

4. 温差法

温差法是利用材料热胀冷缩的物理性能,加热包容件,或冷却被包容件,使配合件在温差条件下失去过盈量,实现拆解,此法适用于拆解尺寸较大的零部件和热装的零部件。对于液压压力机或千斤顶等设备中尺寸大、配合过盈量大、精度要求高的配合件或无法用击卸、顶压等其他方法拆解的零部件,可采用温差法拆解。在工程实际应用中,加热或冷却温差一般控制在100～120 ℃,以防止零部件变形或影响精度。有时,也利用加热和拉卸两种组合的方法对配合件进行拆解。

5. 破坏法

对焊接、铆接等固定连接件进行拆解时,或轴与轴套已互相咬死无法拆卸时,为保存核心价值件,必须破坏低价值件,通常采用车、锯、钻、錾、割等方法进行破坏性拆解,这种拆解需要注意保证核心价值件或主体部位不受损坏,而对其他附件采用破坏方法拆离。

拆解方法的优缺点比较见表2.1。

拆解的实施过程会对资源和环境产生影响。例如,击卸法是利用重物的冲击作用实现拆解,在实施过程中会产生很大的噪声污染;温差法需要加热某一零部件或是零部件的某一部位,由于温度升高,在特定的工作环境可能会对人体产生一定程度的热辐射影响;破坏法是通过破坏零部件的外形实现拆解,拆解过程难免产生一定量的废铁屑,甚至由于操作不当可能引发安全事故。除此之外,一些半自动化拆解方法由于采用了电气化设备,还需消耗一定的电能。表2.2为上述5种拆解工艺方法的资源环境属性。

表2.1　拆解方法的优缺点比较

拆解方法	优点	缺点
击卸法	使用工具简单,操作灵活多变,不需要特殊工具与设备,适用范围广	容易造成零部件的损伤或破坏
拉卸法	不受冲击力,拆解较为安全,零部件小易损坏,拆解精度较高	需要制作专用拉具
压卸法	不受冲击力,拆解较为安全,零部件小易损坏	不适用于复杂结构的零部件拆解
温差法	对于有过盈配合的零部件能做到非破坏性拆解	消耗能源较多,拆解环境恶劣
破坏法	核心组件能得到完好保留	拆解过程中部分零部件遭到破坏

表2.2　拆解工艺方法的资源环境属性

拆卸方法	资源/能源消耗及对环境的影响							
	原材料	辅助材料	能源消耗	空气	水	废物	其他	安全
击卸法	无	工具损耗	无	少量粉尘	无	无	噪声	避免砸伤
拉卸法	无	工具损耗	无	有微弱的刺激性气味	少量油雾	无	无	较安全
压卸法	无	压力机损耗	消耗大	无	少量油雾	无	无	较安全
温差法	无	无	消耗大	无	无	无	热辐射	避免烫伤
破坏法	无	工具损耗	有消耗	少量粉尘或有微弱的刺激性气味	无	铁屑	噪声	注意操作安全

2.1.4　典型连接件的再制造拆解

1. 螺纹连接件的拆解

螺纹连接是应用最为广泛的连接形式之一，它具有操作简单、可调节和可多次拆解装配等优点。虽然其拆解较容易，但有时因重视不够或工具选用不当、拆解方法不正确而易造成损坏，应特别引起注意。一般情况下在拆解时，首先要认清螺纹旋向，然后尽量选用合适的扳手或螺钉旋具、双头螺栓专用扳手等，少用活动扳手。拆解时用力要均匀，只有受力大的特殊螺纹才允许使用加长杆。在特殊情况下，可采用下面的拆解方法：

①断头螺钉的拆解。机械设备中的螺钉头有时会被打断，断头螺钉在机体表面以上时，可在螺钉上钻孔，打入多角淬火钢杆，再把螺钉拧出；断头螺钉在机体表面以下时，可在断头端的中心钻孔，攻反向螺纹，拧入反向螺钉旋出；也可在断头上锯出沟槽，用一字形螺钉旋具拧出；或用工具在断头上加工出扁头或方头，用扳手拧出；或在断头上加焊弯杆拧出；也可在断头上加焊螺母拧出；当螺钉较粗时，可用扁錾沿圆周剔出。

②打滑内六角螺钉的拆解。当内六角磨圆后出现打滑现象时，可用一个孔径比螺钉头外径稍小一点的六方螺母，放在内六角螺钉头上，将螺母和螺钉焊接成一体，用扳手拧螺母即可将螺钉拧出。

③锈死螺纹的拆解。用煤油浸润，或者用布头浸上煤油包在螺钉或螺母上，浸泡 20 min 左右，使煤油渗入连接处。一方面可以浸润铁锈，使它松软，另一方面可以起润滑作用，便于拆解；或用锤子敲击螺钉头或螺母，使连接受到振动而自动松开少许，以便于拆解；或把螺钉向拧紧方向拧动一下，再旋松，如此反复，逐步拧出；若上述方法均不可行，而零部件又允许，可快速加热包容件，使其膨胀，软化锈层也能拧出；还可用錾、锯、钻等方法破坏螺纹件。

④成组螺纹连接件的拆解。它的拆解顺序一般为先四周后中间，对角线方向轮换。先将其拧松少许或半周，然后再顺序拧下，以免应力集中到最后的螺钉上，损坏零部件或使结合件变形，造成难以拆解的困难。要注意先拆难以拆解部位的螺纹件。

⑤过盈配合螺纹连接件的拆解。拆解时，可将带内螺纹的零部件加热，使其直径增大后再将其旋出。

2. 键连接的拆解

①平键连接的拆解。轴与轮毂的配合常采用过渡配合或间隙配合。拆去轮毂后，键一般保留在轴上，如果键的工作面良好且不需更换，可不必

拆解;如果键已经损坏,可用扁錾将键錾出;当键松动时,可用尖嘴钳将键拔出。滑键上一般都有专门供拆解用的螺纹孔,可用适合的螺钉旋入孔中,顶住键槽底面,把键顶出来。当键在槽中配合很紧而又必须拆出且需要保存完好时,可在键上钻孔、攻螺纹,然后用螺钉将其顶出来。

②斜键连接的拆解。斜键的上下面均为工作面,装入后会使轴产生偏心,因此在精密装配中很少采用。拆解斜键时,必须注意拆解方向,用冲子从键较薄的一端向外冲出。如果斜键带有钩头,可用钩子将键拉出来;如果没有钩头,可在端面加工螺纹孔,拧上螺钉将键拉出来。

3. 轴类零部件的拆解

拆解轴类零部件时,首先应了解轴的阶梯方向,再根据轴的阶梯方向决定轴拆解时的移出方向;拆出轴两端轴承盖和轴上的定位零部件,如紧定螺钉、弹性挡圈及保险弹簧等零部件;松开装在轴上且不能穿过轴承孔的零部件(如齿轮、轴套等),并注意轴上的键是否能随轴通过各孔;用木锤击打轴端,拆解轴;也可在轴端加保护垫块后再将轴击卸下来。下面以拆解卧式车床主轴箱中的主轴(图2.4)为例来说明拆解主轴的方法。

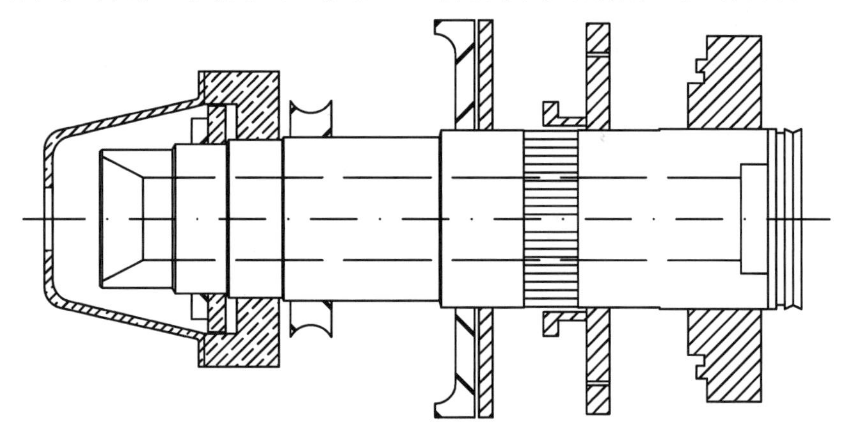

图2.4　卧式车床主轴

①由于主轴上各直径向右成阶梯状,因此主轴的拆解方向应向右。

②将连接端盖与主轴箱的螺钉松开,拆解前端盖及后端盖。

③松开主轴上的螺母,将齿轮向左侧滑移,用相应尺寸的钳子将轴向定位的轴端挡圈撑开取出。

④当主轴向右移动至完全没有阻碍时,才能用击卸法敲击主轴(敲击时应加防护垫块),待其松动后,即能从主轴箱右端把它抽出,然后从主轴箱中拿出齿轮、垫圈及推力轴承等。法兰在松卸其锁紧螺钉后,可垫铜棒

向左敲出；主轴上的双列圆柱滚子轴承的外圈垫上铜套后向右敲出，也可用专用拉具将其拉卸出。

4. 静止连接件的拆解

拆解静止连接件常用的方法是拉卸，利用拉出器将被拆解件拉卸出来；在某些情况下，也可用局部加热或局部冷却的方法将被拆解件拆解出来。拆解尺寸较大的轴承或过盈配合件时，为使轴和轴承免遭破坏，可利用加热方法来拆解。

5. 销连接的拆解

拆解销钉时可用冲子冲出（冲锥销时须冲小头）。冲子的直径要比销钉直径稍小，打冲时要猛而有力。当销钉弯曲打不出来时，可用钻头钻掉销钉，所用钻头的直径应比销钉稍小，以免钻伤孔壁。圆柱定位销在拆去被定位的零部件后，它常保留在本体上，必须拆下时，可用尖嘴钳拔出。

6. 过盈连接件的拆解

拆解过盈连接件，应按零部件配合尺寸和过盈量大小，选择合适的拆解工具和方法。松紧程度由松至紧依次用木锤、铜棒、手锤或大锤、拉器、机械式压力机、液压压力机、水压机等进行拆解。过盈量过大或为保护配合面，可加热包容件或冷却被包容件后再迅速压出。无论使用何种方法拆解，都要检查有无定位销、螺钉等附加固定或定位装置，若有，则必须先拆下。施力部位要正确，受力要均匀且方向正确。

7. 滚动轴承的拆解

拆解滚动轴承时，除按过盈连接件的拆解要点进行外，还应注意尽量不用滚动体传递力；拆解轴末端的轴承时，可用小于轴承内径的铜棒或软金属、木棒抵住轴端，在轴承下面放置垫铁，再用手锤敲击。

8. 不可拆连接的拆解

不可拆连接主要是指通过焊接、铆接等方式进行的连接。焊接件的拆解可用锯割、用扁錾切割、用小钻头钻一排孔后再錾或锯及气割等。铆接件的拆解可錾掉、锯掉、气割铆钉头，或用钻头钻掉铆钉等。

2.2 再制造拆解序列规划

再制造拆解序列规划是产品拆解设计的重要环节，在进行拆解设计和路径规划之前，首先建立待拆产品的拆解模型，提取重要的拆解信息，为产品拆解的工艺设计提供信息基础。拆解模型蕴含了待拆解产品中所有零部件的基础信息及各零部件之间的关系，反映了产品拆解过程需要解决的相关因素及关系。建立正确的产品拆解模型是实现拆解序列合理规划的前提,拆解序列规划的好坏会对产品的再制造成本及资源回收率产生直接影响。

2.2.1　再制造拆解信息的构成及含义

再制造拆解是产品再制造过程中的重要工序,是实现零部件的重用、材料回收等问题的前提。尽可能多地掌握再制造过程中所需要的一系列信息,对优化再制造拆解设计尤为重要。回收的零部件由于经受的工况不同,所以在性能状态上存在差异,因而采用的再制造手段也不同。对于整体性能良好的零部件,可以直接对整个零部件进行重用,而对于破损严重的零部件,且零部件的可再制造性不高,则直接予以报废。对于部分损伤的零部件,其自身经济附加值较高,符合再制造成本需求,可对其进行再制造。因此基于再制造的经济利益考虑,对回收来的产品零部件有不同的再制造策略[8]。但是通常情况下,零部件再制造前其收益是不确定的,在实际实施过程中,需要借助产品的拆解信息来判断。

为了准确地描述产品拆解信息,首先要对产品的各零部件信息进行正确描述,还要了解各零部件间的约束信息、层次信息及拆解过程信息等。因此拆解信息主要由零部件信息、约束信息、层次信息和拆解过程信息这4个方面的基础信息构成,如图2.5所示[9]。

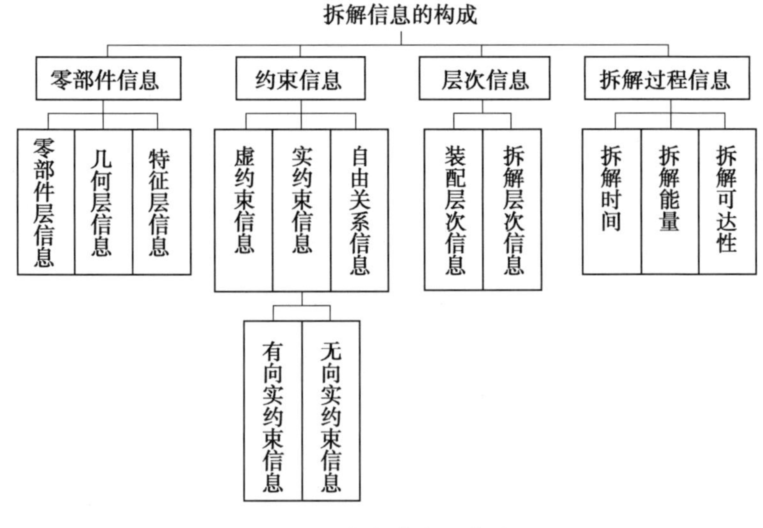

图2.5　拆解信息的构成

1. 零部件信息

在产品拆解模型中，零部件层信息、几何层信息和特征层信息共同构成了零部件信息。零部件层信息是指各零部件的索引指针或地址信息。几何层信息是描述零部件几何特征的信息，包括零部件的尺寸、形状及在产品或装配体中所处的位置信息等[10]。这些信息不仅会对产品的拆解序列规划产生影响，还会对产品的回收规划产生影响。特征层信息主要包括以下6种[8]：

①管理信息。管理信息主要是指构成产品或装配体的各零部件的类型名称、代号、材料、质量、相关技术规范与要求等信息。管理信息是产品设计的基本依据，也是废旧产品回收后过程管理中的重要参考数据。

②材料信息。材料信息主要是指产品中各组成零部件的材料组成成分、物化特性、材料的加工过程信息（加工工艺和热处理状态等）及材料的环境友好性等信息。

③工艺技术信息。工艺技术信息主要是指描述产品生产、产品装配及报废产品回收等过程中的工艺信息。其中，产品生产工艺技术信息主要由在生产过程中确定合适加工工艺时的决策信息和零部件的各类加工方法信息组成。产品装配中的工艺技术信息与实际产品装配过程紧密相连，主要由装配中的资源信息和工艺过程信息等组成；报废产品回收工艺技术信息主要包括各零部件的拆解先后顺序、拆解工位的规划与部署及拆解过程中工具和夹具的使用等信息。

④精度信息。精度信息主要用来描述产品中各零部件的几何形状误差及尺寸误差大小，主要包括形位公差、尺寸公差及表面粗糙度等。

⑤资源信息。资源信息用来描述产品生命周期中的资源利用情况，主要包括产品生产中的材料使用率及耗费的能源等。

⑥环境信息。环境信息在很大程度上体现了产品的环境友好性，主要包括产品在其整个生命周期中对环境的各种影响指标，如大气污染程度及水污染程度等。

2. 约束信息

约束信息主要指在待拆解产品中的各零部件间的相互约束信息，分为实约束信息、虚约束信息和自由关系信息。拆解约束信息的分类是由邻接接触关系决定的，当零部件间有邻接接触时，零部件之间便会存在相互的约束关系。邻接接触关系是指产品中的各个零部件的装配关系，也就是零部件装配在一起的方式。

①实约束信息。实约束是指在产品或装配体的拆解过程中，拆解某一

特定零部件时，产品或装配体中其他零部件对该零部件存在物理上的邻接接触关系约束。

②虚约束信息。虚约束是指在产品或装配体的拆解过程中，拆解某一特定零部件时，产品或装配体中的某零部件与该零部件不存在邻接接触，但是在拆解顺序或空间上对该零部件有约束作用。

③自由关系信息。自由关系指两个零部件之间既不存在实约束也不存在虚约束的关系。

装配关系信息是建立产品拆解模型的重要信息，通常将装配关系分为定位类、连接类和传动类[11]。装配关系分类见表2.3。

表2.3　装配关系分类

定位类		连接类		传动类	
对齐	直线对齐 平面对齐	使用连接件	铆钉连接 键、销连接 螺纹连接 联轴器	传动方式	带传动 齿轮传动 螺旋传动 链传动
配合	平面配合 柱面配合				
相切	平面-柱面相切 平面-球面相切 柱面-柱面相切	不使用连接件	焊接胶接 过盈连接 咬口卷边	运动形式	直线或螺旋 滑动或滚动 复合运动

邻接接触关系依据零部件的装配次序可分为有先后次序的装配关系和没有先后次序的装配关系。一般情况下对齐、相切定位类是没有先后装配次序的装配关系，而使用连接件的连接类大多数属于有先后次序的装配关系。

3. 层次信息

层次信息主要分为装配层次信息和拆解层次信息两类。前者描述的是产品装配过程中各零部件的装配顺序关系的层次信息，而后者描述的是产品在拆解过程中各零部件间约束关系的层次信息。

①装配层次信息。装配层次信息指组成产品或装配体的各子装配体或零部件间的从属关系信息。一般采用装配树的形式来展现这种从属关系。在装配树中，根节点代表最终的产品或装配体，中间节点代表组成产品或装配体的子装配体或部件，叶节点代表组成子装配体或部件的各个零部件。

②拆解层次信息。拆解层次信息具有广义和狭义两层含义。广义的拆解层次信息是指在产品拆解过程中，按照“产品（装配体）—子装配体—零部件”的方式将产品拆解到目标零部件的层次信息，一般用于目标拆解。

狭义的拆解层次信息是指按照零部件间的约束信息,按批次拆除处于可拆状态零部件的层次信息,一般用于完全拆解。

4. 拆解过程信息

拆解过程信息主要包括拆解时间、拆解能量和拆解可达性等基础信息。

① 拆解时间。产品或装配体的拆解时间指解除所有连接关系所耗费的总时间,包括基本拆解时间和辅助拆解时间。拆解时间的长短直观地反映了产品或装配体的拆解复杂性,一般来说,拆解时间越长,说明该产品或装配体拆解复杂性越高,拆解性越差。

② 拆解能量。产品或装配体的拆解能量指完成产品或装配体中所有连接关系的拆解所需消耗的能量总和。拆解能量越大,说明该产品或装配体拆解性越差。

③ 拆解可达性。产品或装配体的拆解可达性是指在拆解过程中,当对某零部件进行拆解时,目标拆解件易于查看、靠近和易于拆除的程度。目标零部件的可拆解方向范围越大,其拆解的可达性就越好,所以一般来说,零部件的拆解方向范围能够直观地反映其拆解的可达性。产品或装配体的拆解可达性也可用其组成零部件的拆解可达性来衡量。

2.2.2 拆解模型的建立

拆解模型是指根据构成产品零部件的拆解序列的优先关系信息、逻辑关系信息及拆解过程信息构建的面向产品拆解的数字化、图形化模型。常用的产品拆解模型主要有无向图模型、有向图模型、与或图模型及 Petri 网模型[12]。

1. 无向图模型

无向图通常用 $G=(V,E)$ 来表达,其中,V 是图的节点集,代表构成产品的零部件;而 E 是图的无向边集,代表零部件间的邻接接触关系[13]。以图 2.6 所示的发动机活塞连杆结构为例,可以构建图 2.7 所示的无向图拆解模型。

2. 有向图模型

产品的有向图模型可用 $G_d=(V,E)$ 表达,其中,V 是图的节点集,代表构成产品的零部件;E 是图的有向边集,代表零部件间的优先拆解关系[14]。有向图能很好地表达零部件之间的拆解优先关系,但是无法表达零部件间的逻辑关系。以手电筒为例,如图 2.8 所示,其中,C 为手电筒顶盖,G 为手电筒玻璃片,B 为灯泡,H 为反光镜,M 为手电筒壳体,S 为手电

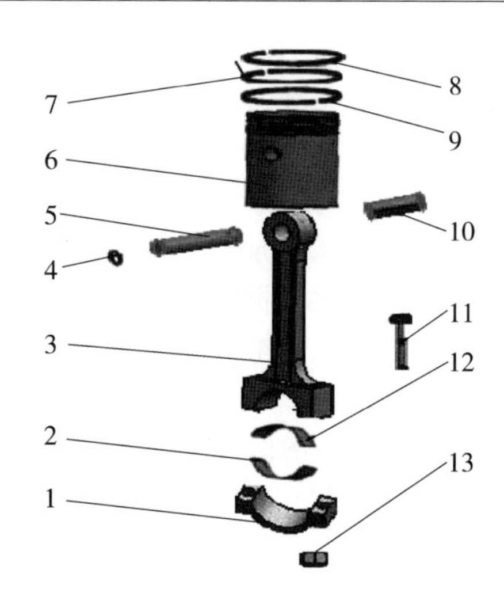

图2.6　发动机活塞连杆结构

1—连杆盖;2—连杆下轴瓦;3—连杆;4—卡环;5—活塞销;6—活塞;7—第二道气环;8—第一道气环;9—油环;10—连杆衬套;11—连杆螺栓;12—连杆上轴瓦;13—连杆螺母

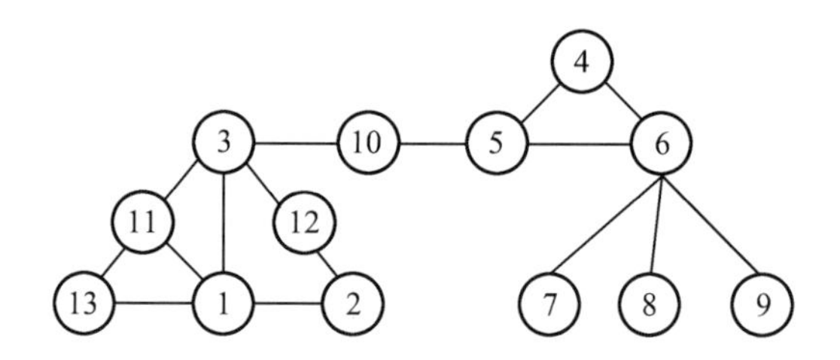

图2.7　无向图拆解模型

筒后端盖。根据手电筒拆解时的优先序列关系,可构建它的有向图模型,如图2.9所示。

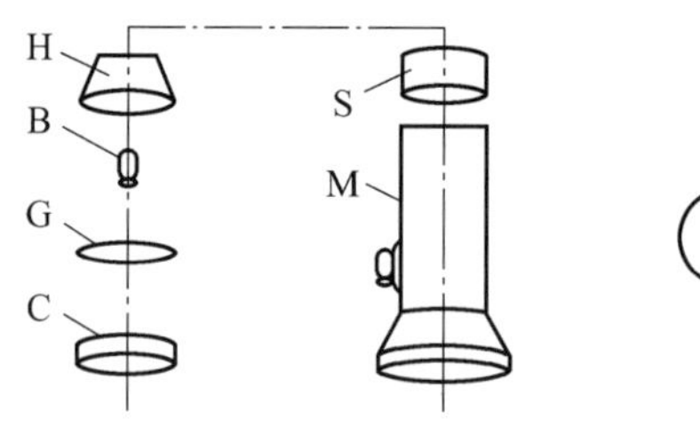

图2.8　手电筒构成示意图[12]

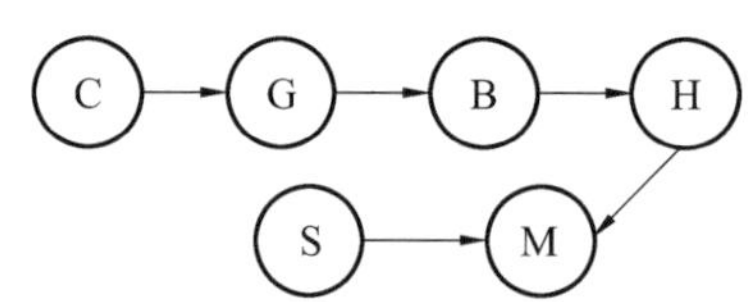

图2.9　手电筒结构的有向图模型

3. 与或图模型

与或图是表达零部件拆解信息的一个有效的信息模型,它不仅可表达

零部件间的拆解序列问题,还可以有效地表达零部件拆解的逻辑组合关系,其缺点是随着零部件数量的增加,易产生组合爆炸的现象或缺陷[15]。其可表达为 $G=(W,D)$,W 是与或图的节点集,其代表产品及其他的子装配体,$|W|$代表了图中节点的数量。当某节点分解成两个节点时,若用圆弧连接两条线,则表达该两条线须同时存在且在逻辑上构成了与(AND)的关系;如果某节点有多种分解方法,每种分解方法均可独立存在,则在逻辑上构成了或(OR)的关系。根据上述关于与或图的介绍,以图 2.6 所示的活塞连杆结构为例,可以构建这个活塞连杆结构的与或图模型,如图 2.10 所示。

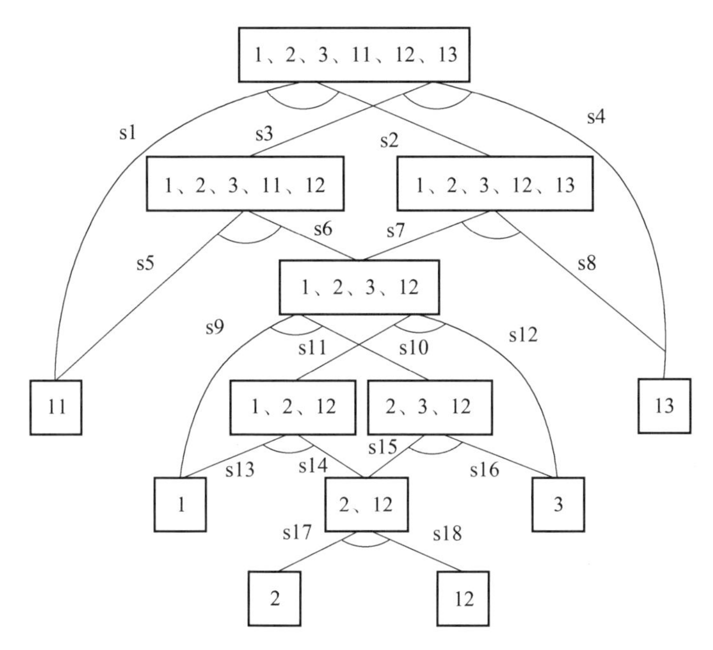

图 2.10 活塞连杆结构的与或图模型

4. Petri **网模型**

Petri 网模型由卡尔 · A. 佩特里于 1960 年发明,其作为一个图形化、数字化的工具可以有效地用于离散事件的控制及建模分析[16]。它主要由库所(Place,即圆形节点)、变迁(Transition,即方形节点)、有向弧(Connection,即库所和变迁之间的有向弧)及其令牌(Token,即库所中的动态对象,可以从一个库所移动到另一个库所)等构成。基于 Petri 网模型的动态特性及能较全面地描述装配和拆解状态的优点,其被一些学者引入产品拆解过程的建模[17,18]。以手电筒为例,基于 Petri 网的基本构成,可构建图2.11

所示的 Petri 网模型[19]。

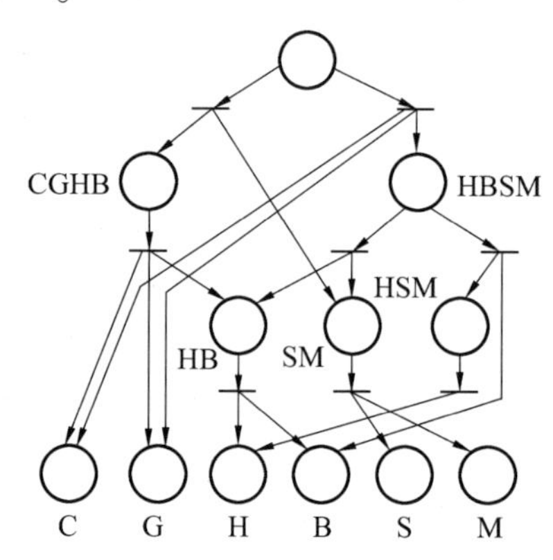

图 2.11　手电筒结构的 Petri 网模型

2.2.3　拆解序列规划

拆解序列规划是指通过分析可行的拆解序列集合，得到所有具有可行性的拆解序列，最后通过评价从中获取最佳拆解序列。图 2.12 所示为拆解序列规划过程模型。对于选择性拆解，可行的拆解序列一般是通过确定拆解的零部件集合和确定零部件的拆解方式，最后分析获得可行的拆解序列。拆解序列不仅反映了零部件拆解的先后次序，同时也是拆解操作的逻辑性的体现。

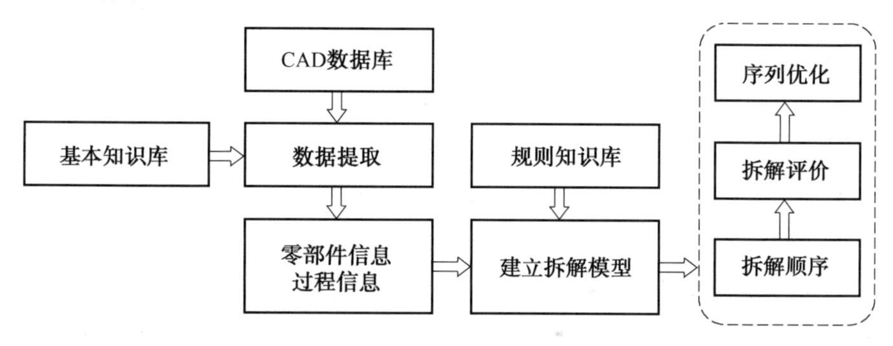

图 2.12　拆解序列规划过程模型

拆解序列规划不仅是获取全部的可行性拆解序列，还要在保证拆解序列集合完备性的基础上，对序列进行优劣评价，获取最优序列。因此，拆解序列规划会涉及拆解优先关系的获取、组合最优等多种计算，拆解序列规划过程其实就是一个多重复杂的逻辑计算的复合体。在常见的计算方法中，基于种群的算法是目前多数拆解序列规划普遍采用的计算方法，常见的有蚁群优化算法、遗传算法等。拆解序列规划问题不仅是复杂的数值计算，规划过程还包括对产品涉及的工艺信息的处理和利用。基于知识进行智能推理的拆解序列规划方法，具有更强的符号推理和逻辑推理的功能性特点，能够准确地利用知识进行问题判断。因此，基于"知识推理+图模型"的模式是拆解序列规划广泛应用的方法[20]。

1. 基于蜂巢模型的拆解序列规划

蜂巢模型是将产品的拆解空间抽象成蜂巢，在拆解方向上将零部件依次模块化，将模块按阶级划分，目标零部件作为蜂巢中心。蜂巢模型分为宏观模型和微观模型，宏观模型用于判断零部件的可拆解性，而微观模型用于判断相邻零部件之间的位阻和约束关系。通过使用蜂巢模型，产品在某个截面离散化，这能够直观地反映出目标零部件拆除之前所要拆解的零部件集合。拆解蜂巢是拆解体中零部件的一种拓扑关系，反映了零部件之间的相邻几何形态及阻碍关系，能够直观地评定零部件的拆解可行性。图 2.13 为拆解蜂巢模型原理图。

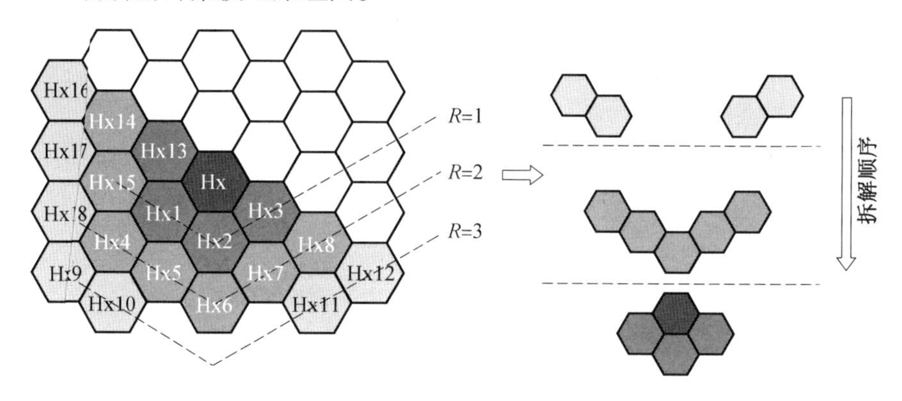

图 2.13　拆解蜂巢模型原理图

如图 2.14 所示，拆解序列规划过程一般分如下几步进行：

①拆解模型建立。确定目标零部件，提取拆解模型中零部件的相关信息。提取零部件的基础信息和装配信息，并确定各节点拆解对象的拆解半径和阻碍关系等信息。

②模块化处理。按照模块划分准则将拆解体中部分零部件划分为模块，减少拆解模型节点数目。

③拆解体划分。根据拆解蜂巢模型定义对拆解体进行划分，并对零部件拆解难度进行判定，进而生成拆解单元列表。

④拆解可行性分析。将生成的拆解单元按照拆解半径从大到小的次

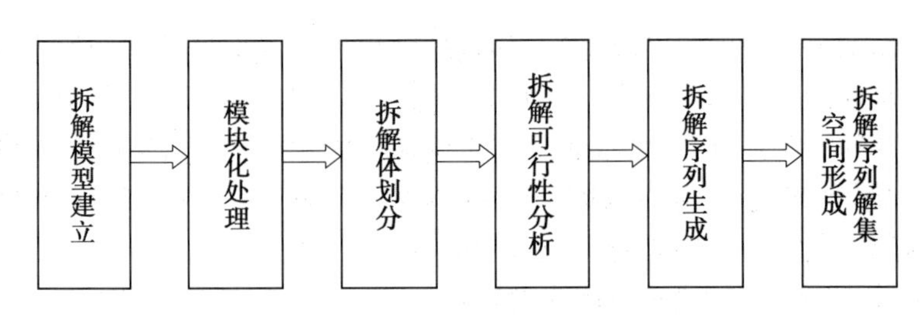

图2.14　拆解序列规划过程

序，基于工艺信息和知识研究拆解单元的拆解可行性。

⑤拆解序列生成。按照拆解可行性，将可拆除单元拆下，并依次存入拆解序列。

⑥拆解序列解集空间形成。最后生成可行性拆解序列集合，并形成解集空间。

2. 拆解模块的划分准则

在建立拆解模型的过程中，如果能把多个零部件划分成一个模块，就能减少拆解模型的节点数，进而提高拆解模型的建立和刷新效率。拆解序列规划过程的计算效率也随着模型节点数目的减少而提高，进而提高拆解规划过程的整体效率。

模块的建立是与零部件功能结构一一对应的实体结构。图2.15所示为模块划分准则及优先度。模块划分基于以下准则[20]：

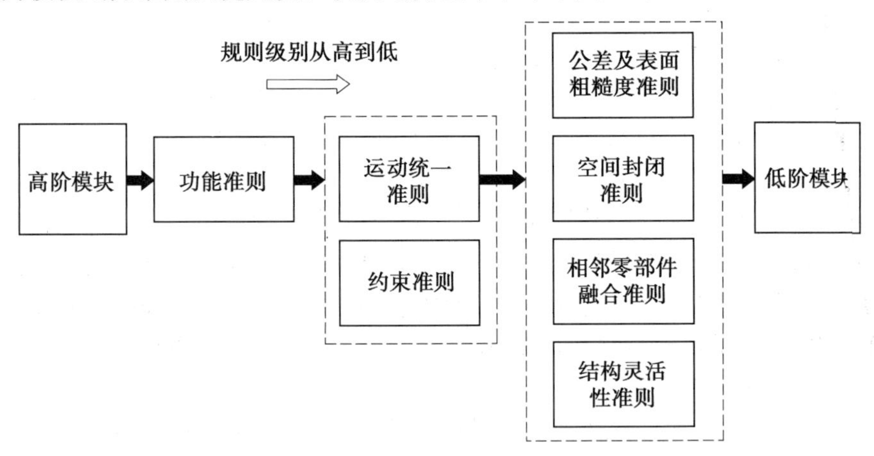

图2.15　模块划分准则及优先度

①相邻零部件融合准则。在模块划分过程中，将某些关系密切相邻零部件（不一定连接）合并为一个新的组件，形成模块，而模块之间只存在较

弱的联系，即模块之间具有松耦合性。当进行产品系统分析时，通常会忽略模块内部的联系，把模块作为一个整体来考虑，从而简化了分析过程。

②结构灵活性准则。产品的模块划分是通过结构组织形式来表达的。模块划分是在保持模块结构完整性的基础上，确保模块间的接合要素要便于连接与分离，这就是模块划分的结构灵活性准则。

③功能准则。拆解是为了再利用或再制造，模块划分要明确模块是为了实现哪一项或哪几项具体的功能。因此在进行拆解时，要考虑按部件功能对产品进行模块划分。

④空间封闭准则。在了解产品结构组织形式的情况下，封闭空间及其边界可以作为一个模块考虑。

⑤公差及表面粗糙度准则。在进行产品拆解时，通常尺寸精度要求高的零部件的拆解难度也大，因此划分模块时，将互相存在公差要求的零部件或公差差异较小的零部件划分到一个模块，而公差、表面粗糙度差异较大的零部件不宜划分到一个模块。

⑥运动统一准则。机械产品的具体功能通常是需要几个或者几组机构的协同配合来实现的，对于不同的机构，其运动速度也不尽相同。在进行模块划分时，可将结构相邻、运动速度相同的部件看作一个模块。

⑦约束准则。约束分为完全约束和不完全约束，不完全约束一般和运动统一准则一起考察，彼此完全约束的零部件可以放入同一模块考察。

进行功能模块划分时，还需要了解功能模块的构成和产品的设计理念。在拆解规划过程中，可以根据产品的功能分解模型将零部件合并划分为功能模块。功能模块应具有如下特征[21]：具有明确的功能；在结构上具备多样性，可以是实现功能、传递运动或者某个特殊目的的结构体；可拆分，几个低阶模块可以组合成一个高阶模块，同样一个高阶模块也可以划分为几个低阶模块；在拆解模型中，模块作为一个整体考虑，一个模块由一个节点代表；在结构上是零部件组合，该组合并不完全能实现某功能，但是高阶模块的划分要考虑功能因素；随着模块依次从高到低划分阶层，模块的功能性逐渐减弱。

2.2.4　拆解序列的生成与优化

产品拆解的一般思路，首先是分析产品（CAD 模型）并结合产品的过往工况和质量现状，找出产品拆解的不确定性问题，提取详细的产品拆解信息，进而建立拆解信息模型；其次是针对拆解信息模型运用不同的算法生成拆解序列，由于产品包含多个零部件，数目越多对应生成的拆解序列也越多，因此需要结合相关拆解知识和信息对生成产品拆解序列进行优化（包括经济性分析和不确定性分析），即确定经济可行的最佳拆解序列；最后按照最佳拆解序列采用合理的工艺对产品进行拆解。图2.16所示为产品拆解的设计路线。

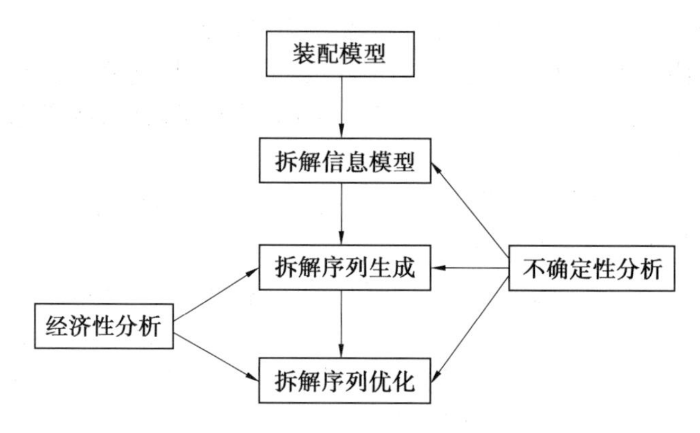

图2.16　产品拆解的设计路线

一个好的拆解序列需要满足在几何约束上具有可行性和拆解的经济性，也就是拆解耗时短、拆解的复杂性低。传统的序列优化方法一般采用图搜索算法，即在所有可行的拆解序列中，通过比对一些特定的评价准则，确定最优或次优的拆解序列。

1. 常用拆解序列评价指标

(1)拆解时间。

可行拆解序列的拆解时间是指完成拆解作业过程所耗费的时间，可以分解成产品中单个零部件拆解所需时间之和。对于非破坏性拆解来说，拆解操作的内容主要是解除约束待拆零部件的连接关系，其中包含了解除连接的操作和辅助操作（如更换工具），那么相应地可以将对应的拆解时间分成基本拆解时间和辅助时间两部分[22]。基本拆解时间是指解除连接所用的时间之和，狭义上就是将连接件拆下，并移出一段距离的时间，该距离应该使待拆零部件保证足够的自由度。产品拆解是一个连续的过程，在此过程中除基本拆解时间外的时间都属于辅助时间。这部分时间包括持送工具、定位夹持、更换工具、安置拆下零部件等操作所对应的时间。

拆解时间的长短能够反映产品可拆解性的好坏，从完全拆解的角度来说，哪组拆解序列对应的拆解时间短，那么该序列对应的拆解方式就更合理。从成本的角度来说，拆解时间短的序列也意味着拆解成本的良好控制，所以一般在产品维修或回收时，都严格控制拆解时间。

(2)拆解费用。

拆解费用是指与拆解有关的费用,包括人力费用、工具费用、能源费用等[22]。由于产品结构的复杂性,不同的拆解序列不仅拆解难度不同,使用的工具和耗费的能源也不同,因此拆解费用也不同。

工具费用包括所需的工具、夹具及夹具送进装置的费用,需要根据工具的具体销售价格和使用寿命确定。

能源费用常常与工具费用紧密相关,但主要指支付电能、化学能、风能、核能等类型能源的费用。

人力费用实际上就是人力工资。仅从人力资源消耗的角度来看,工人工资 M 的计算公式可以简单表达为

$$M=T\times C \tag{2.1}$$

式中,C 为单位时间工人的劳动成本;T 为工作时间。

拆解费用是评价拆解序列的重要指标,其组成非常复杂。企业对报废产品进行拆解是为了获得利润,拆解费用超过一定程度后,拆解无法进行,便失去其意义。因此,拆解成本与拆解获利的比值越低,拆解回收的价值就越高。

(3)环境污染指标。

环境污染是工业化发展带来的不利后果之一,可以从环保角度对拆解作业进行评价,常用的考察参数主要是废气排放量和噪声强度。

①废气排放量。在实际拆解过程中,如果产品本身含有有毒气体或拆解过程使用的工具产生了有毒气体,则需要对有毒气体妥善密封、过滤或特殊处理,避免其泄漏危害环境。一些工作场所(如焊接车间)的特种作业导致空气污染指数超标,如果不掌握好作业时间和作业空间,很容易对操作人员造成伤害。

②噪声强度。具体拆解操作过程中,当产品结构要求必须使用某方式进行拆解操作时,由于工艺本身特点有时会产生剧烈的噪声,例如,拆解过盈配合时往往会由于冲击造成巨大回响,切割作业会产生不规则噪声等。根据相关标准,白天施工场所的噪声强度最大不能超过 65 dB(分贝),夜间其噪声强度不能超过 55 dB[23,24]。

2. 拆解序列优化方法

传统的拆解序列优化方法一般采用图搜索算法,当零部件数目不多时,图搜索算法能够有效地优化拆解序列,但是当拆解零部件的数目增加时容易产生拆解序列的组合爆炸问题。因此现阶段通常采用数学计算方法进行拆解序列优化求解。

(1)拆解结构优化分析。

基于产品的初始设计方案进行试验仿真拆解,记录产品的拆解序列、零部件的连接方式和拆解方法,分析产品的拆解性能,运用可拓及 TRIZ 理论对产品的拆解特性进行优化,最终实现对设计方案的再制造拆解优化设计体系。产品再制造拆解性优化流程如图 2.17 所示。

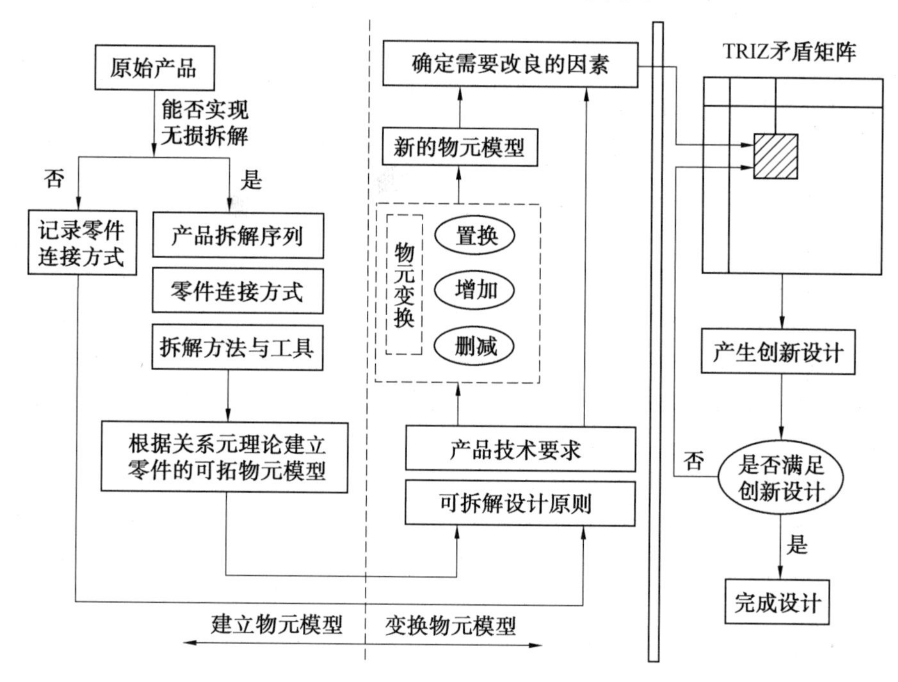

图 2.17　产品再制造拆解性优化流程

(2)基于 CSP 的拆解序列求解。

拆解序列是拆解问题研究的重点,为了解决常规拆解求解算法可能出现无最优解的缺陷,采用约束满足问题(Constraint Satisfaction Problems, CSP)作为拆解序列规划求解的算法,通过混合图的指导给出了一种基于 CSP 的产品拆解序列规划方法,将拆解序列规划转化为一类约束满足问题进行求解,建立基于 CSP 的拆解序列模型。通过基于 CSP 的拆解序列求解,获得产品的最优拆解序列。拆解序列规划和 CSP 的对应关系如图2.18 所示。

(3)拆解序列模拟仿真。

基于再制造的拆解性要求,借助 Pro/E 等 CAD 软件中的机械装置/结构(Mechanism)仿真模块和二次开发模块,对产品进行装配动画模拟及拆

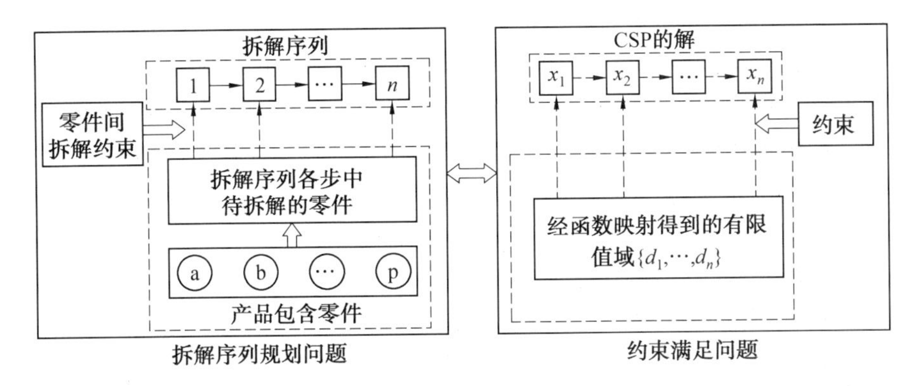

图 2.18 拆解序列规划和 CSP 的对应关系

解仿真模拟。以轿车变速箱为实例,通过 Pro/Mechanism 动画仿真,实现产品装配的可视化;通过 Pro/Toolkit 二次开发模块,基于 VC 开发平台,对变速箱的拆解进行仿真,实现产品的目标拆解。Pro/Toolkit 二次开发的实现过程如图 2.19 所示。

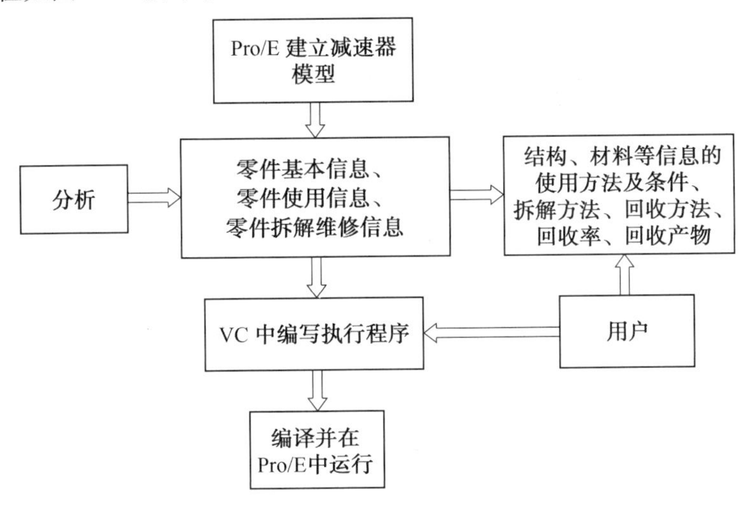

图 2.19 Pro/Toolkit 二次开发的实现过程

2.3 再制造拆解的质量控制

2.3.1 拆解过程的影响因素

拆解过程是产品拆解质量控制的关键环节,因此进行产品拆解过程影响因素的分析,解决可能影响拆解质量的问题,有利于产品拆解质量的控制。通常影响拆解过程的因素包括连接类型、结构特性、拆解工具、拆解状态、操作人员素质等几个方面。

1. 连接类型

连接件是指相邻两个或多个部件通过采用施加外力的方式融为一体的特殊部件[25]。产品的拆解过程其实就是使用相应的拆解工具和拆解工艺不断解除商品中各个连接件连接关系的过程,这种连接件的解除过程在进行非破坏性拆解过程中的特征更为突出。连接件的连接方式是拆解技术研究的核心问题,与拆解难易程度、拆解方法和拆解工具有直接关系,因此,研究连接件的连接方式对于产品拆解的质量控制有重要的意义。

按照经典理论,一般按照连接类型的构成特性及方式,将连接类型分为 5 种类型,如图 2.20 所示。

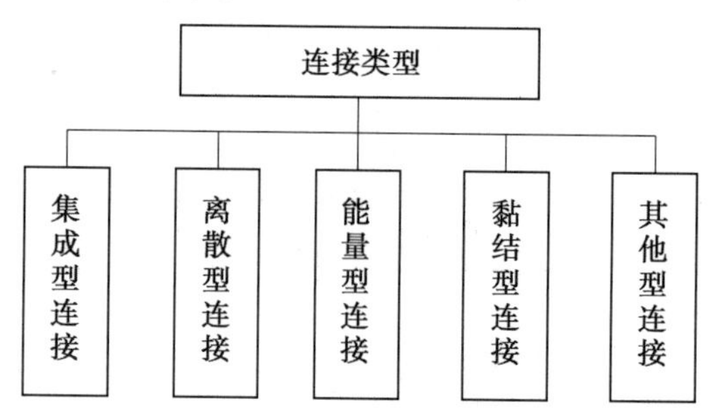

图 2.20　连接类型的分类

①集成型连接。集成型连接是指连接件被集成于零部件上的一种连接方式,可以有效地减少产品零部件的数量。集成型连接主要有卡扣、卡规及卡环等。集成型连接件拆解的特点是拆解用时少,拆解效率高,因拆解操作引起大的质量问题少。

②离散型连接。离散型连接是指包含两个或多个零部件,且这些零部件相互独立的一种连接方式。离散型连接能够实现异质零部件之间的连接。离散型连接的缺点是连接状况不稳定,当连接操作不当或不好时很容易造成连接件的零部件之间的配合质量下降,产生松动。典型的离散型连接主要有螺纹连接、螺钉连接等。对离散型连接件进行拆解时最明显的特点,就是当零部件之间的连接方式被解除以后,零部件能从与其相关联的零部件上顺利移除。因此在进行离散型连接拆解时,一般不会对其相关联的零部件造成损伤。

③能量型连接。能量型连接是指采用外界的能量源将不同的零部件

连接起来的一种连接方式。常见的能量型连接方式就是焊接。能量型连接的优点是可以根据零部件的不同材质选取适合的焊接方式和工艺以提高连接的稳定性,连接质量高,稳定性好。能量型连接件的拆解特点是拆解困难,以破坏性拆解为主,拆解质量不好控制。

④黏结型连接。黏结型连接是指应用黏结剂并通过黏结作用、物理作用及化学作用将不同的零部件胶结在一起的连接方式。黏结型连接的特点是可根据零部件不同的工作要求,选配合适的黏结剂及黏结方式。常用的黏结剂有丙烯酸树脂、聚亚氨脂等,黏结型连接常用于高分子材料零部件之间或高分子材料与金属之间的连接,也可用于金属之间的连接。黏结型连接的缺点是黏结作用力相对较弱,只能用于非受力情况下。进行黏结型连接件分解时,一般采用加热或化学试剂法,必要时也可进行锤击或破坏性拆解。

⑤其他型连接。将不同于以上四种典型连接方式的连接统称为其他型连接,常见的连接方式有接缝、卷边等。

连接是造成零部件约束形成的基本形式,因此在产品进行拆解过程中,需根据不同的连接方式采用不同的拆解方式,采用的拆解工具和方法也因类型特点而异,相应的拆解耗费的时间及费用等也不尽相同,进而决定了产品的拆解效率和质量的差异。通常在再制造拆解设计时,通过研究不同典型的连接方式对拆解效率及质量的影响,来进行产品的可拆解性评价及设计,在再制造过程中满足产品规定功能的同时,尽量选取易于拆解的连接类型,保证产品的拆解质量和效率。

2. 结构特性

产品是由一定数量的零部件构成的,这些构成产品零部件的组合形式,即以何种结构特性体现零部件与产品的结构拓扑关系将对其拆解过程有重要的影响。合理的产品结构形式设计有利于报废产品的拆解规划,能够提高产品的拆解质量和效率;若产品的结构形式设计不合理,则会对产品的拆解造成不利的影响。

在进行废旧产品结构分析时,树形结构设计比集中型结构设计更利于零部件的材料识别及产品的拆解规划。树形结构设计及集中型结构设计示意图如图 2.21 所示。

产品是由零部件构成的,而零部件又是由不同的材料组成的。因此,材料属性不仅对产品服役前的性能有重要影响,而且对于产品报废后的回收特性也有重要影响,因此进行再制造拆解前,材料属性的分析十分必要。

在进行产品设计和再制造时，应考虑材料属性的几个方面[26]：材料的使用性、经济性、稀缺性和自然特性，材料在产品制造、加工、测试及使用过程中性能的变化特性，材料的易识别特性及易于检测的特性，材料的环境特性（即是否会造成环境的污染等）。

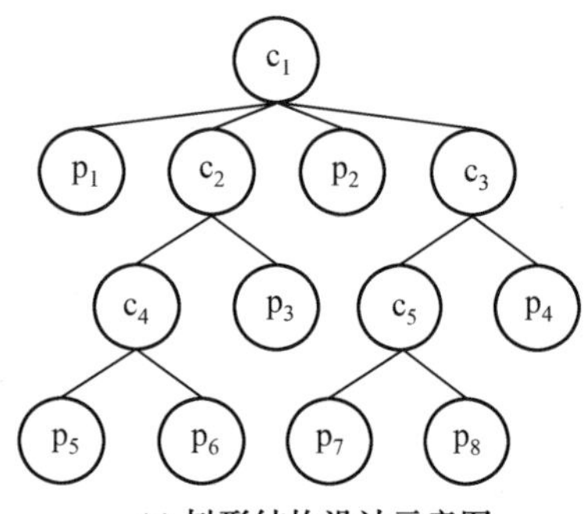

(a) 树形结构设计示意图

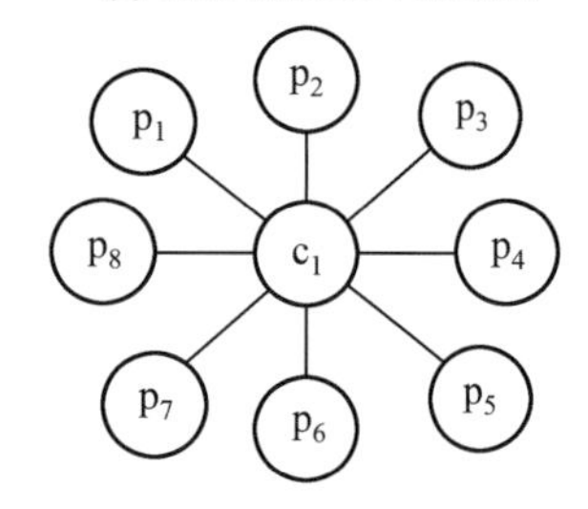

(b) 集中型结构设计示意图

图2.21　产品结构构成典型示意图

c_i—产品或部件；p_i—零部件

在产品的拆解及回收再制造过程中，了解掌握废旧产品的材料属性是必要前提，一般拆解下来的零部件并不是完全可以再使用及再制造的零部件。要根据拆解下来的废旧零部件质量状况，材料属性是否适合再制造技术工艺的开展及经济性等，来决定是否对其进行再制造。因而再制造前了解零部件的材料构成，有利于后续指导我们对其进行处理和再利用。在进行再制造处理前，还应根据零部件的使用性能，恰当地进行材质的选取。即使考虑了这些工作特点，由于不同材料的自然特性也不同，在使用过程中的性能变化特性也不尽相同，其材料特性随着所处环境的运行工况的变化会发生改变，因此，材料性能的变化是造成产品拆解状态不确定的重要原因之一。

同时，在产品的拆解过程中，产品放置也对拆解工作有重要影响，须根据产品的结构特性及拆解路径，考虑零部件被拆解的可达性。一般拆解可达性可分为工具可达性和视觉可达性。

首先，如果连接位置非常狭小或隐蔽，影响拆解工具或拆解工作者对连接件实施拆解及移除的操作，对产品的拆解将存在不利的影响，即工具的可达性不好。因此，在再制造拆解前，需根据产品的结构特性和放置位置，综合考虑其拆解工具的可达性。以汽车活塞连杆结构的卡环连接插接为例，如果卡环连接设计不当，拆解时拆解工具难以抵达，或拆解操作困难，致使整个产品的拆解实施得不顺畅，则说明该产品结构的可拆解性相对较差，工具可达性不好。

其次，在拆解过程中，若产品的连接位置无法直接看到，则无法进行拆解操作。以汽车活塞连杆结构拆解为例，若活塞还处在气缸中时，活塞环处于遮挡状态看不到,则无法对其实施拆解。

总之,在进行废旧产品的拆解设计时,要综合考虑其结构形式、材料属性及其结构设计的可达性三方面的内容,制定科学的拆解工艺路径和处理方式,从而提高产品的可拆解性和拆解质量。

3. 拆解工具

拆解工具是用于零部件拆解的各种器具的总称。拆解工具对于提高产品拆解效率、减少产品拆解时间及降低拆解工作者或机械的工作量具有重要的影响。对于拆解工具的选择,要遵循以下几方面原则[12]:

①根据目标拆解零部件的可达性,尽量选取高效的拆解工具。以螺栓插接为例,根据可达性的好坏选择使用相应的拆解工具,尽量选取旋转扳手拆解可达性好的螺栓(可在180°内摆动)。对于可达性一般的螺栓(在90°内摆动)选用普通扳手进行拆解。

②对于特定产品有指定的专用拆装工具,在进行拆解操作时,应尽量选用这些专用工具。

③对于精度要求较高的零部件的拆解,需要用满足拆解要求的拆解工具实施拆解,以保护拆解后零部件的质量,防止拆解过程造成不同程度的损伤,提高该零部件的使用率。

④在产品的拆解过程中,对于相同的零部件,可以实现同时拆解的须同时进行拆解,以减少拆解工具的变换次数,从而减少产品的拆解时间。

⑤在常规条件下,一般的产品只需使用常用的普通工具,即可实现产品的拆解。然而,通常情况下大多数待拆对象均是使用后的报废产品,拆解过程中会存在各种不确定问题。当对螺栓进行拆解时,若其使用时间较短,受到外界环境的影响小,仅受到轻微的腐蚀,形变微小,在进行拆解操作时,需要较大的启动拆解力矩来扭动螺栓,所以需要增加辅助拆解工具来增大拆解力矩。对于长期使用螺栓且工作环境比较恶劣,螺栓发生过度腐蚀,常规的拆解方法无法对其进行拆解时,则需要采用破碎拆解工具进行破坏性拆解。因此,拆解工具的类型选择需根据产品的拆解状态来决定。

4. 拆解状态

产品的拆解状态是指产品在经过一定的时间或周期退役后,其被拆解时所处的物理状态。由于不同产品的使用工况(磨损、变形、疲劳断裂和腐蚀等)及其结构构成的区别,即使同一产品,其使用年限和工作环境也存在差异,因此待拆产品存在各种不同的状态,不确定的产品拆解状态是导致产品拆解时间、能耗等不确定性的主要原因之一。因此,拆解状态也是进行产品拆解设计需要考虑的因素之一。

5. 操作人员素质

产品的拆解活动很多情况以人工拆解为主,因此拆解工作人员的素质水平(拆解工作者的熟练程度、性别、力量及其体重)也会对产品的拆解效率产生影响。例如,对拆解程序、原则及其工具的使用比较熟悉的操作人员的拆解工作效率,要比新手的拆解工作效率高。

2.3.2　拆解质量控制因素

产品拆解过程中的质量控制将对拆解下来零部件的再制造过程的实施和质量有直接影响。产品拆解的质量和工作效率与拆解程序、拆解形式、拆解工具和工人技术水平有直接关系。为了保证产品拆解质量、提高拆解效率,在产品的实际拆解过程中,有必要遵循如下一些原则和注意事项,进行再制造产品的拆解质量控制。下面以汽车产品拆解为例,详细说明拆解过程中的质量控制因素。

1. 拆解程序

拆解程序是产品进行拆解的工艺路径,对拆解质量和效率有直接影响。以汽车拆解为例,工艺程序如下:

①在热状态下,回收发动机、变速器及差速器壳内的润滑油,待温度降低后,再回收冷却液。

②拆解移除电气设备及各部分的导线。

③按总成进行拆解,分别移除发动机总成、变速器总成及传动轴后桥等总成部件。

④将各总成放至各自的工作台上,进行二次拆解将总成部件拆成零部件。

汽车的拆解是按拆解程序将汽车产品划分为若干个拆解单元,按工作部位进行分工操作,以平行交叉作业的方式进行拆解。整个拆解工序工位间相互配合,减少了工人在拆解过程中工作位置的变换,减少了辅助工作时间和工具的数量,提高了拆解的工作效率,避免了人员交接变换带来的质量问题。

2. 拆解原则

在拆解过程中,为了严格执行工艺程序,实现目标零部件的拆解,拆解过程必须严格按照一定的拆解原则进行。

①拆解前需对拆解对象进行技术状况鉴定,经检验鉴定确认技术状况良好和可再用的对象,不必进行拆解。

②拆解前应熟悉被拆总成的结构(结构特性和材料属性),按拆解工

艺程序进行拆解。严防拆解工艺程序倒置,避免造成不应有的零部件损伤。

③遵循正确的拆解方法。按照拆解程序进行拆解操作,由表及里,先总成后零部件。拆解时应核对原来的标记并做好记号,以保证组合件的装配关系。

④合理地使用拆解工具和设备。所选用的拆解工具要与拆解零部件相适应,避免选用工具不当造成不必要的零部件损伤。

⑤拆解时应考虑后续装配的便利性,对非互换的零部件,核对记号,且成对放置,避免装配时出现差错并保证精度;对平衡要求较高的旋转类零部件,标记好其装配记号;将拆解下来的零部件分类存放,利于后续工作的查找分辨。

3. 典型连接件的拆解

再制造产品拆解主要是指报废产品连接件的拆解。在拆解过程中应严格遵守操作规程规定,对于典型的连接件应按照相应的拆解操作规程进行操作。下面是常见的4种典型连接件的拆解操作规程[12]:

(1)过盈配合件的拆解。

过盈配合件是拆解工作中经常遇到的连接件,其要求在拆解过程中严格按规定程序进行,要求不破坏它们的配合性质及不损伤其工作表面。所以,为了保证拆解作业的工作质量,应严格采用专用设备。

过盈配合的拆解方法应根据配合的过盈量大小灵活把握。当过盈量较小时,如对曲轴正时齿轮拆解时,应尽量采用拉器进行拆解。而当过盈量较大时,应采用压力机进行拆解。

在进行轴承拆解时,应使轴承受力均匀,压力(或拉力)的合力方向与轴线方向重合。外加作用力应均匀作用在内座圈(或外座圈)上,以防止滚动体或滚道承受载荷。

(2)螺纹连接件的拆解。

在产品拆解过程中,螺纹连接件也是常见的连接件。螺纹连接件拆解的工作量一般能够占总拆解量的50%~60%,为防止连接件的损坏,要采用正确方法进行拆解。拆解时要选用尺寸合适的扳手或套筒,不宜采用活扳手。若扳手开口过宽,会损坏螺帽棱角。当螺栓拧得过紧而不易拆解时,需采用加长杆,但不宜采用过长的加长杆,防止发生螺钉折断。

对多个螺栓紧固的连接件进行拆解时,首先,应按规定的顺序将各螺栓拧松1~2圈,然后再依次均匀拆解,避免零部件损坏和变形。对于拆解后会因重力下落的零部件,应保证最后拆下的螺纹连接件拆解操作方便,又能保持工件平衡分离。在拆解螺纹连接件时应尽量采用气动扳手或电动扳手，以提高工作效率，降低劳动强度，提高拆解质量和减少拆解人员的人为干扰。

(3)特殊螺纹连接件的拆解。

对于双头螺栓可用偏心扳手进行拆解，如图 2.22 所示。当转动手柄时，偏心轮将螺栓卡住，再继续扳动手柄，便可将螺栓拆下。双头螺栓也可以用一对螺母旋入螺栓，并互相锁紧，然后用扳手把它连同螺栓一起拆解下来。

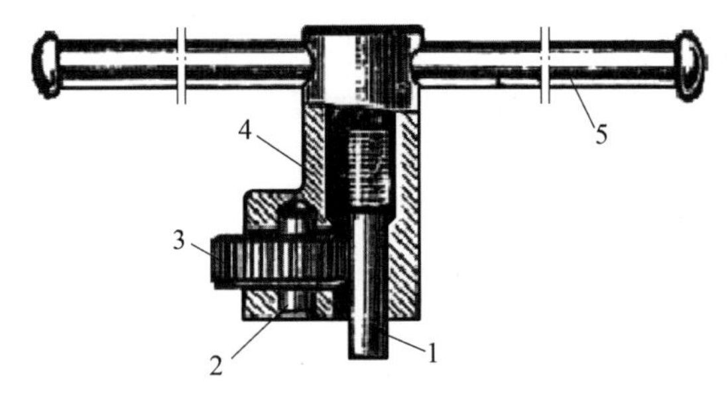

图 2.22　双头螺栓拆解扳手

1—双头螺栓；2—轴销；3—滚花偏心轮；4—扳手体；5—手柄

(4)断头螺钉的拆解。

断头螺钉是插接工作中经常遇到的插接对象，当断头在工件内不太紧时，可采用淬火多棱锥头钢棒插入螺钉内并将其旋出，如图 2.23(a)所示；当断头较紧时，可在螺柱头部钻孔，并在孔内攻反向螺纹，用反扣螺钉拧出断头螺钉，如图 2.23(b)所示；当断头螺钉高于机体表面时，可将高出的螺栓锉成方形或焊上一个螺帽，然后用扳手将其拧出，如图 2.23(c)所示。

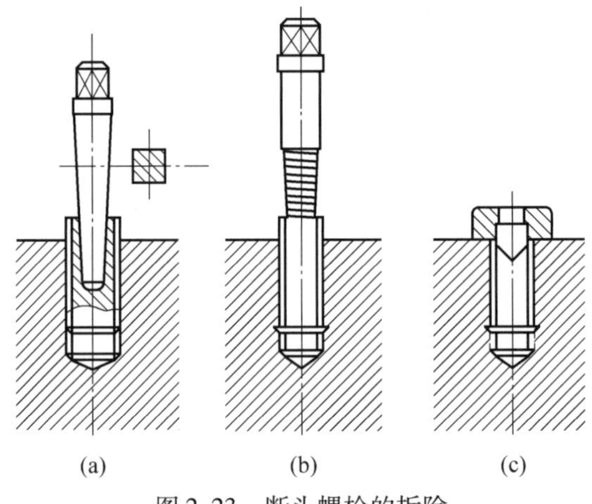

图 2.23　断头螺栓的拆除

本章参考文献

[1] 徐滨士. 装备再制造工程理论与技术[M]. 北京：国防工业出版社，2007.

[2] 全国汽车标准化技术委员会. 汽车零部件再制造拆解：GB/T 28675—2012[S]. 北京：中国标准出版社，2013.

[3] 朱胜，姚巨坤. 再制造技术与工艺[M]. 北京：机械工业出版社，2009.

[4] 朱丽坤. 再制造产品拆解问题研究[D]. 西安：西安工程大学，2012.

[5] 卞世春. 机械产品回收再制造工厂规划与设计研究[D]. 合肥：合肥工业大学，2008.

[6] 李梁. 机电产品可拆解性设计理论研究及实现[D]. 合肥：安徽理工大学，2005.

[7] 郭茂. 再制造关键问题研究[D]. 上海：上海交通大学，2002.

[8] 张涛，郭春亮，付芳. 基于回收产品质量分级的再制造策略研究[J]. 工业工程与管理，2016，21（6）：118-123.

[9] 王虎. 基于UG的汽车产品拆解模型构建及信息提取方法研究[D]. 长春：吉林大学，2009.

[10] 赵树恩. 汽车零部件拆解序列自动生成的理论研究及实现[J]. 重庆大学学报，2005，4(20)：29-31.

[11] 储江伟. 汽车再生工程[M]. 北京：人民交通出版社，2007.

[12] 田广东. 产品拆解概率评估方法及规划模型研究[D]. 长春：吉林大学，2012.

[13] HOMEM DE M L S, SANDERSON A C. A correct and complete algorithm for the generation of mechanical assembly sequences[J]. IEEE Transactions on Robotics and Automation, 1991, 7: 228-240.

[14] TANG Y, ZHOU M C, ZUSSMAN E, et al. Disassembly modeling, planning, and application[J]. Journal of Manufacturing Systems, 2002, 21: 200-216.

[15] HOMEM DE M L S, SANDERSON A C. AND/OR graph representation of assembly plans[J]. IEEE Trans. on Robotics & Automation, 1990, 6(2): 188-199.

[16] ZHOU M C, DI CESARE F. Petri net synthesis for discrete event control of manufacturing systems[M]. London: Kluwer Academic Publishers,

1993.
[17] ZUSSMAN E,ZHOU M C. A methodology for modeling and adaptive planning of disassembly processes[J]. IEEE Trans. on Robotics & Automation,1999,15: 190-194.
[18] MOORE K E,GUNGOR A,GUPTA S M. A Petri net approach to disassembly process planning[J]. Computers & Industrial Engineering,1998,35(1-2): 165-168.
[19] 赵树恩,李玉玲. 模糊推理 Petri 网及其在产品拆解序列决策中的应用[J]. 控制与决策,2005,20(10): 1181-1184.
[20] 王伟琳. 产品零部件拆解工艺规划及评价[D]. 哈尔滨:哈尔滨工程大学,2011.
[21] GONZALEZ B, ADENSO-DIAZ B. A scatter search approach to the optimum disassembly sequence problem[J]. Computers & Operations Research,2006 (33): 1776-1793.
[22] 王波,王宁生. 装配体拆卸序列的自动生成及优化研究[J]. 淮海工学院学报,2005,14 (1): 14-17.
[23] 刘光复,刘志峰,李钢. 绿色设计与绿色制造[M]. 北京:机械工业出版社,1999.
[24] 中国标准出版社第二编辑室. 环境质量与污染物排放国家标准汇编[M]. 2 版. 北京:中国标准出版社,1999.
[25] SONNENBERG M. Force and effort analysis of unfastening actions in disassembly processes[D]. New York: New Jersey Institute of Technology,2001.
[26] DAVIS H E,TROXELL G E,HAUCK G F E. The testing of engineering materials[M]. 4th ed. New York: McGraw-Hill,1982.

第3章　再制造清洗技术与工艺

清洗是机械产品再制造过程中的重要工序[1]，需要根据零部件的类型、清洁度要求、材料特性、组织结构等，制定相应的清洗方案，以确保清洗的高效性、经济性、环保性和安全性，尽可能地减少清洗过程对人员、产品和环境产生的损害。为更好地制定再制造清洗方案，需要深入分析再制造清洗过程中的基本要素，掌握清洗对象及其污垢特点，以及不同清洗技术的优缺点。本章重点介绍再制造清洗的对象、再制造毛坯表面污染物的组成、再制造清洗技术的分类、再制造清洗的效果评价与质量管理等内容。需要说明的是，在当前阶段，传统的化学清洗方式仍然被许多再制造企业广泛采用，再制造企业未能综合考虑清洗对象、污垢形式、清洗方法及清洗效力等基本要素。随着环保要求日益严格，许多新型清洗技术开始应用于再制造清洗过程，再制造清洗技术的发展趋势正由环境危害性较高的化学清洗方法向绿色化学清洗和多元化的物理清洗方式转变。

3.1　再制造清洗的对象

再制造清洗的对象是指待清洗的产品，主要以再制造毛坯为主体。随着再制造产业的不断升级，清洗的对象也由传统的汽车、矿山、工程机械、机床等，向医疗设备、IT装备、航空航天装备等高端装备领域拓展。构成再制造清洗对象的材料也由金属材料向玻璃、陶瓷、塑料等非金属无机材料转变。由于不同材料的表面性能相去甚远，因而针对不同清洗对象需选用不同的清洗方法，才能达到良好的效果。因此非常有必要了解清洗对象原材料的相关特性，特别是其表面的物理性质和化学性质。以下主要针对材料的清洗特性介绍其相关性能。

以汽车零部件为代表的机械产品通常为金属材质，主要为钢铁、不锈钢等铁合金以及铝、铜等有色金属材料，这些金属材料有着不同的表面物理性质和化学性质，因而表面产生污垢的形式和机理也各有不同。

铁基零部件是机械产品再制造的主要对象。钢是一种价格便宜、强度高、加工性能良好的金属材料，汽车发动机中的曲轴、连杆等部件和很多的输油、输气管道都是由钢铁制成的。钢铁表面富有活性，在大气中，铁容易被氧化生成 FeO、Fe_2O_3 或 Fe_3O_4。在高温条件下，钢铁在含氧环境中发生高温腐蚀，产生氧化皮。例如，钢铁在浇铸、炼制、轧制、锻造、焊接等热加工过程中，容易产生高温氧化。尽管通常会利用电镀和涂漆等技术在钢铁表面制备涂层加以保护，但还是很难阻挡铁锈的生成。在湿度较高的环境中，由于溶解氧的作用，常规的碳钢和铸铁都不耐腐蚀。当水中氧的浓度超过某临界值时，钢铁表面会发生钝化，使腐蚀减缓。当水中有活性离子时(如氯离子)，会导致严重的局部腐蚀。

钢铁的耐酸腐蚀能力较弱，铁与氢离子反应会生成氢气，铁变成二价铁离子并溶解。与此同时，酸还会促进水中溶解产生氧气对铁产生氧化作用，使二价铁离子变成三价铁离子，因此，铁被腐蚀溶解后生成三价铁盐。然而在浓硫酸中，钢铁表面会形成致密的氧化膜，这种腐蚀生成的氧化膜反而起到保护作用。钢铁在氢氧化钠等碱性溶液中相对比较稳定。常温下，钢铁有良好的耐碱腐蚀性能，但在高温浓碱水溶液中，钢铁也会被逐渐腐蚀。在含氯化钠等强电解质的溶液中，钢铁表面会形成许多微电池，进而发生电化学腐蚀，导致钢铁的腐蚀加速。

为改善钢铁的耐腐蚀性能，研究人员通过向钢铁中添加铬来制备能够耐弱介质腐蚀，甚至能抵抗酸碱等化学腐蚀的不锈钢。目前，不锈钢被广泛应用于船舶、医疗和化工设备制造等领域，每年也会产生大量的废旧零部件可用于再制造。不锈钢耐腐蚀的原因在于其表面生成一层致密的氧化膜，但该氧化膜在高温条件下仍然会被破坏进而产生腐蚀。表3.1所示为常温下不锈钢在不同腐蚀环境中的耐腐蚀性能。

铜是机电产品中常用的设备材料，相对比较稳定。铜在盐酸、磷酸、醋酸和稀硫酸等非氧化性酸性水溶液中是稳定的，不会被腐蚀。而当酸与空气中氧气共同作用时，则会产生腐蚀。研究表明，向酸溶液中通入氧气时会加速铜表面的腐蚀，而在通入氢气的条件下则不发生腐蚀。表3.2给出室温不同条件下各种酸溶液对铜的腐蚀情况。其中，盐酸对铜的腐蚀最严重，盐酸和醋酸都是随浓度增加腐蚀情况越剧烈，而硫酸对铜的腐蚀情况则相反；氧化性强酸对铜的腐蚀性较强，铜会很快被硝酸溶解；铬酸可以与铜反应在表面生成难溶性铬酸铜，从而起到抑制腐蚀的作用。因此在清洗铜材料表面的污染物时，需要选用适当的酸性清洗剂，避免造成材料表面的损伤。

表 3.1 常温下不锈钢在不同腐蚀环境中的耐腐蚀性能[2]

化学药品	SUS21（含铬 13%）	SUS24（含铬 18%）	SUS22（含铬 18%，含镍 8%）	化学药品	SUS21（含铬 13%）	SUS24（含铬 18%）	SUS22（含铬 18%，含镍 8%）
醋酸（100%）	a	a	a	碳酸钙	a	a	a
醋酸（33%）	d	c	a	硫酸镁	c	a	a
醋酸（10%）	a	a	a	溴酸钾	a	a	a
硼酸	a	a	a	硝酸银	a	a	a
一氯乙酸	d	d	d	氢氧化钠	a	a	a
氢氰酸	d	c	a	丙酮	c	b	a
苹果酸	c	b	a	咖啡	a	a	a
硝酸	a	a	a	乙醇	a	a	a
磷酸（50%）	c	c	a	果汁	a	a	a
苦味酸（50%）	a	a	a	汽油	a	a	a
盐酸（50%）	d	d	d	柠檬汁	a	a	a
1,2,3-苯三酚	a	a	a	甲醇	a	a	a
硬脂酸	a	a	a	骨胶	a	a	a
浓硫酸	a	a	a	牛奶	a	a	a
稀硫酸	d	d	d	石蜡	a	a	a
亚硫酸	c	c	a	液溴	d	d	d
单宁酸	a	a	a	溴水	d	d	d
酒石酸	c	c	a	氯气	d	d	d

注：表中含量数据均指质量分数；a 表示不被腐蚀，b 表示较耐腐蚀，c 表示稍被腐蚀，d 表示被腐蚀

铜不易被碱性溶液所腐蚀，但在高温条件下，铜会与浓氢氧化钠溶液发生反应。铜在纯水中是稳定的，而在溶有氧气和二氧化碳的水中，会生成可溶性的铜盐。研究表明，铜表面的亲油性远高于铁、铝、铬等其他金属。因此，铜表面比较容易黏附油脂类污染物。

表3.2 室温不同条件下各种酸溶液对铜的腐蚀情况[2]

酸	一年的腐蚀量/cm	
	通入氧气	通入氢气
硫酸 (96.5%)	0.103 1	0.014 2
(20.0%)	0.342 0	0.014 7
(6.0%)	0.375 9	0.008 6
盐酸 (20.0%)	5.461 0	0.030 5
(4.0%)	3.530 6	0.043 1
醋酸 (50.0%)	0.182 9	0.007 5
(6.0%)	0.058 4	0.003 3

铝及铝合金材料目前广泛应用于航空工业。铝材料具有良好的导电性和导热性,而且表面易发生氧化反应生成致密的氧化膜,氧化膜能够起到良好的保护作用。在实践中,常用冷浓硝酸对铝表面进行处理或在草酸溶液中进行铝表面阳极氧化,生成耐腐蚀性良好的氧化膜。但经过钝化处理的铝表面,仍可被一定质量分数的硫酸、磷酸及盐酸混合溶液所腐蚀,氧化膜可被稀硝酸与热浓硝酸所溶解。卤素单质以及各种卤素离子易与铝表面的氧化膜发生反应,导致严重的腐蚀。在碱性环境中,铝表面易发生腐蚀反应。偏硅酸钠是一种溶解后呈碱性的盐,其可与铝反应生成胶体并吸附形成一层耐腐蚀的膜,对铝表面起到保护作用。铝质再制造产品在加工过程中产生的内应力会影响表面氧化膜的均匀性,进而引起局部的腐蚀。其他金属在加工过程中也存在类似现象,因此在精密零部件再制造清洗过程中应考虑内应力问题。

3.2 再制造毛坯表面污染物的组成

表面清洗是对再制造毛坯(即废旧机电产品零部件)进行尺寸精度检测、力学性能测试及寿命评估的前提。清洗过程为废旧零部件的再制造加工提供了理想的基础表面,直接影响零部件的分析检测、表面修复及装配等工艺过程,进而影响再制造后零部件的质量和服役性能[3]。而再制造毛坯表面污染物的组成及其与基体的结合方式则直接决定了选用何种清洗技术与工艺,从而影响再制造清洗的质量。对于再制造毛坯而言,由于服役过程中使用工况、服役环境及工作介质等因素的影响,其表面污染物种类繁多、结合方式各异,这给清洗过程带来了困难。

3.2.1　污垢的分类

在再制造清洗过程中从清洗表面去除的杂质统称为污垢。再制造毛坯表面的主要污染物包括油污、锈层、无机垢层、表面涂覆层及各种有机涂层。图3.1为机械零部件表面污染物示意图。由图3.1可以看出，机械零部件的表面污染物主要包括油污、锈蚀、涂覆层、有机涂层及无机垢层等。其中，油污主要是润滑油及密封油等，其与基体主要以物理方式结合，强度为弱到中等，可皂化的油用碱液去除，其他油脂利用相似相溶原理选用合适的溶解剂；锈蚀层的产生主要是由于零部件被腐蚀和氧化后表面会产生浮锈、黄锈、黑锈等各种锈层，锈层与工件表面为化学结合，结合牢固，强度为中等到强；涂覆层通常是机械零部件表面经过电化学沉积、喷涂、熔覆等表面工程技术加工过程，在零部件表面产生的金属镀层或涂层，零部件长期服役之后，表面涂覆层会磨损缺失，产生不良镀层，镀层与金属表面结合强度大，较难去除；有机涂层主要是涂装时产生的清漆、油漆、胶漆及密封胶等，经过一定服役时间后也应当进行彻底清除，其与零部件表面为机械结合；无机垢层主要指机械产品在使用过程中与外部介质接触沉积形成的各种钙沉积物（水垢）、积炭、水泥块、搪瓷块等，无机垢层与零部件表面为机械结合，结合强度大，如积炭的附着力高达5～70 MPa，且无机垢层通常难溶于各种溶剂，去除难度比较大。

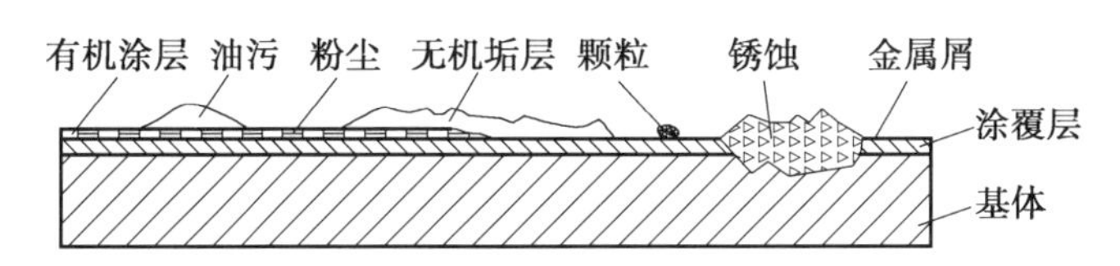

图3.1　机械零部件表面污染物示意图[4]

对污垢进行分类研究有助于针对不同的污垢选取经济、环保的清洗方法。污垢通常可以根据以下几种方法分类：

1. 根据污垢的存在形状划分

根据存在形状，污垢可分为颗粒状污垢、覆盖膜状污垢、无定形污垢和溶解状态污垢。不同化学成分的污垢使用的去除方法不同。一般情况下，以有机物成分为主体的污垢适合用氧化分解的方法清洗去除。锈蚀和水垢等可以通过酸或碱来溶解，还可以采用物理清洗手段来去除。

2. 根据污垢的化学组成划分

根据化学组成，污垢可分为无机物污垢（如金属涂镀层及其氧化物

(如铁锈)、陶瓷涂层及盐类等)、非金属及其化合物(如砂土)及有机物污垢(如碳水化合物、蛋白质、油脂、漆层及其他有机物(塑料、矿物油、树脂、色素等))。一般情况下,以有机物成分为主体的污垢较适合用氧化分解的方法清洗去除;无机垢层由于结合力强,通常需要使用化学清洗或喷射等强力的物理清洗方法。

3. 根据污垢亲水性或亲油性划分

根据亲水性或亲油性,污垢可分为亲水性污垢和亲油性污垢。亲水性污垢容易分散或溶解于水,而亲油性污垢则不易分散或溶解于水,表现出憎水性,通常可溶于某种有机溶剂。利用溶剂型清洗手段时,通常与超声波清洗方法复合使用,能够获得更好的清洗效果。

4. 根据污垢在物体表面存在的形态划分

污垢的粒子在清洗对象表面单纯靠重力作用沉降而堆积,这种形态的污垢附着力很弱,很容易被清洗掉,如零部件表面附着的粗大砂土颗粒。

当污垢的分子与清洗对象表面的分子靠分子间作用力(范德瓦耳斯力、氢键作用力和共价键作用力)结合时,污垢分子靠这些作用力吸附于清洗对象表面,呈薄膜状态,其结合力较强,常规的清洗方法往往很难把它们去除,而且以这种状态存在的污垢粒子的粒径越小就越难把它们从表面清除。

当污垢粒子靠静电吸引力吸附于表面,污垢粒子与清洗对象表面带有相反的电荷时,它可依靠静电吸引力吸附于物体表面。在空气中放置的导电性能差的各种物体表面普遍存在这类污垢。

当物体浸没在水中时,由于水有很大的介电常数,因此污垢与表面之间的静电吸引力大大减弱,这类污垢容易从表面解离。这类由导电性差的材料组成的物体在清洗之后放置在空气环境中干燥,很可能又会被带电的尘埃颗粒污染。为避免这种情况发生,这种物体在经过清洗处理之后,最好放置在洁净的无尘空间中进行干燥。

当污垢在清洗对象表面形成变质层,如金属零部件表面在与空气接触过程中如果发生化学反应,往往形成一层氧化膜。这类污染物(氧化膜)与清洗对象之间存在明确的分界面,这种在金属表面形成的变质层通过用酸碱等化学试剂或用物理的、机械的方法可使之从清洗对象表面除去,这种清洗方法在工业上称为浸蚀处理。其具体方法有用酸和碱等化学试剂溶解变质层、用机械方法研磨表面、用电解结合研磨的方法及用等离子体处理等方法去除表面变质层[5]。

3.2.2 垢样采集与鉴别

1. 垢样采集

前面已经介绍了再制造零部件表面污垢的种类繁多,特性千差万别,垢样的分析采集是清洗过程的第一步工作,通常将采集到的垢样在实验室做小实验,然后进行工业清洗放大,对规模化的再制造零部件进行清洗。清洗前的采样工作尤为重要,只有弄清了污垢的种类及结垢原因,才能确定有效的污垢清除方法。因此应分析记录所要清洗的零部件的材料、服役环境和年限,以及所形成的污垢的形貌、厚度和形状,这些都是判断污垢类型和成分的最原始的依据。

2. 垢样鉴别

对采集到的垢样,通常先做定性分析,根据特征和对设备的结构和生产工艺的了解,即可做出初步的判断。在热交换系统中产生的主要为碳酸盐垢,其多为白色或灰白色,通常伴有腐蚀的发生,因而会呈红褐色。碳酸盐垢层硬脆且较厚,结合力强,断口呈颗粒状。利用无机酸或有机酸都可将其溶解,过程中产生大量二氧化碳气泡。硫酸盐和硅酸盐的污垢通常与其他污垢同时存在,但由于硫酸盐垢不溶于盐酸、硝酸、硫酸及有机酸,因此硫酸盐污垢非常难去除。硫酸盐垢为白色或灰白色,通常附着在受热面或传热面上,敲击时呈片状剥落。硅酸盐垢也呈白色,难以清除。除了盐垢之外,水垢中还大量存在铜、铁的氧化物,其主要为设备在高温工况下产生的腐蚀产物,通常呈黑褐色。

油垢较固体污垢更容易鉴别。油路系统、运贮油设备和被润滑零部件的表面都容易产生此类污垢。煤焦油垢的成分通常比较复杂,主要由有机物组成,溶于有机溶剂,但不溶于无机酸。通常采用浸泡软化、降低黏度的方法,对油垢进行去除[5]。蜡是原油中十六烷以上的正构烷烃混合物,从原油中析出后会附着沉积在管道内壁,通常对积蜡采用表面活性剂加溶剂的方法进行溶解。油及其他有机物灼烧后会在设备表面形成积炭,积炭与金属间的结合力很强,难以去除。积炭垢一般为黑色固体,很难溶解,通常采用强有机溶剂进行清除,如利用乳化煤油清除汽轮机等设备内部的积炭垢。

3.3　再制造清洗技术的分类

3.3.1　物理清洗与化学清洗的范围

再制造清洗技术可以从多种不同的角度进行分类，通常将利用机械或水力作用清除表面污垢的技术归为物理清洗技术，物理清洗还包括利用热能、电能、超声振动以及激光、紫外射线等作用方式的清洗。因而，凡是利用热、力、声、电、光、磁等原理的表面去污方法，都可以称为物理清洗。而化学清洗通常是利用化学试剂或其他溶液去除表面污垢，去污的原理是利用相关的化学反应。常见的化学清洗是利用各种无机酸或有机酸去除金属表面的锈垢、水垢，用漂白剂去除物体表面的色斑。

3.3.2　不同清洗工艺的优缺点

化学清洗利用的是化学药品的反应能力，许多化学药品有作用强烈、反应迅速的特点。有的化学药剂本身就是液体，通常是配成水溶液使用，由于液体有流动性好、渗透力强的特点，容易均匀分布到所有的清洗表面，所以适合清洗形状复杂的物体。在工业上清洗大型设备时可采用封闭循环流动管道形式，不必把设备解体再清洗，通过对流体成分的检测可了解和控制清洗状况。

化学清洗的缺点是化学清洗液选择不当时，会对清洗对象基体造成腐蚀破坏，造成损失。化学清洗产生的废液排放是造成环境污染的原因之一，因此化学清洗必须配备废水处理装置。另外，化学药剂操作处理不妥时会对工人的健康、安全造成危害。

物理清洗在许多情况下采用的是干式清洗，不存在废水处理的难题，即使利用水的冲刷喷射作用的高压冲洗，由于排放水中不存在有害的化学试剂，也是较容易处理的。相比之下，物理清洗对环境的污染，对工人的健康损害都较小，而且物理清洗对清洗对象基体没有腐蚀破坏作用。

物理清洗的缺点是在清洗结构复杂的设备内部时，其作用力有时不能均匀达到所有部位面，容易出现“死角”，有时需要把设备解体进行清洗，因停工而造成损失。为提供清洗时的动力常需要配备相应的动力设备，还有占地规模大、搬运不方便的缺点。

正由于物理清洗与化学清洗有很好的互补性，因此在再制造清洗实践中往往是把两者结合起来以获得更好的清洗效果。应该指出的是，近年来随着超声波、等离子体、紫外线等高技术的发展，物理清洗在精密工业清洗中已发挥越来越大的作用，在清洗领域的地位也变得更加重要。再制造清洗方法也都向着绿色、环保、污染小的方向发展[6]。

3.3.3 化学清洗

1. 清洗溶剂

水是最常用的清洗溶剂，具有良好的分散溶解能力，离子型化合物、强极性化合物等强电解质分子都可以分散、溶解或离解于水中。水能够溶解大多数的无机酸、碱、盐，同时也是良好的清洗介质。水作为极性分子与有极性的有机化合物能够相互作用，因此水也可用于清洗有机化合物。灰尘、土壤等可分散于水中形成悬浮液，部分溶解于水，但水难以清洗油污、非极性高聚物等。

烃类溶剂指只含有碳和氢两种元素的有机化合物，主要包括烷烃和环烃。工业上常用的溶剂油包括多种馏程的烃类混合物和苯、甲苯、二甲苯、己烷、柠檬油、松节油等。

醇是羟基与烃基连接的化合物。水溶性一元醇与水的亲和力很强，可以形成任意配比的混合溶液。醇类溶剂可燃，高浓度的溶液能够很好地溶解油脂，对某些表面活性剂也有较强的溶解能力，可用于清除被清洗表面的表面活性剂残留物，这是水溶性一元醇的特殊用途。醇类溶液还有很强的杀菌能力，常用于消毒。

醚类溶剂通常可分为脂肪醚和芳香醚。醚不能和水混溶，易挥发，但化学性质相对稳定。

酯类溶剂可由醇和酸反应制得，酯属于中性物质，水解会生成酸和醇。含碳量少的酯可为液体，且具有香味；含碳量多的脂肪酯为不溶于水的液体或固体。酯类的特点是毒性小，有芳香气味，不溶解于水，而可以溶解油脂类，因此可用作油脂的溶剂，常用于油污清洗的酯类溶剂有乙酸甲酯、乙酸乙酯、乙酸正丙酯等。

芳烃核（苯环或稠苯环）和羟基直接连接的化合物为酚，酚类大多为无色晶体，能溶于乙醇和乙醚，不溶于水。酚有酸性，能与碱直接反应。

2. 表面活性剂

表面活性剂是能显著改变液体表面张力和两相间的界面性质的一类物质。少量表面活性剂即可降低溶剂的表面张力或液-液界面间的张力，改变界面状态，产生起泡、消泡、润湿、反润湿、乳化、破乳及增溶等一系列反应,以达到预期效果。表面活性剂分子中同时存在亲水和疏水基团,使其在界面上有吸附作用及胶团化作用,这是其清除污垢的根本原因。表面活性剂种类繁多,性能各异。亲水基团对表面活性剂性质的影响大于亲油基团。因此,通常按照亲水基的电离状况及离子的带电性质对表面活性剂进行分类。离子型表面活性剂在水溶液中可以电离,非离子型表面活性剂在水溶液中不能电离。清洗时通常利用表面活性剂的水溶液对零部件固体表面进行润湿,再利用清洗剂的分散作用,使污垢稳定地分散在溶液中。

3. 化学清洗剂及其作用

酸清洗剂和碱清洗剂是两类最常见的化学清洗剂。酸清洗剂又分为无机酸清洗剂和有机酸清洗剂。无机酸清洗剂溶解力强、速度快、效果明显、费用低,但是对金属材料的腐蚀性很强,易产生氢脆和应力腐蚀,因此需要添加缓蚀剂;有机酸清洗剂多为弱酸,不易造成腐蚀,但清洗速率低、成本高,适合清洗高附加值的零部件[7]。碱性清洗剂主要用于清除油脂垢,也用于清除无机盐、金属氧化物、有机涂层及蛋白质垢等。碱溶液清洗是一种传统的清洗方法,不会严重腐蚀金属,但清洗速率较慢,常用的碱性物质有氢氧化钠、碳酸钠、硅酸钠等,碱性清洗剂中有时还添加一定的表面活性剂及有机溶剂等。

对于一些难溶于水溶液的污垢,常采用氧化剂对其进行清洗,工业清洗过程中常用的过氧化物主要有过氧化氢、臭氧、过硼酸钠、过碳酸钠、过羧酸钠等。

为避免化学清洗过程中的腐蚀,清洗液中通常还会加入还原剂,安全常用的还原剂有氯化亚锡和抗坏血酸,而另一些还原剂(如亚硫酸钠、亚磷酸、肼和羟胺)则会对零部件表面有损害,大量排放还会污染环境,故再制造清洗过程中应当慎用这类还原剂。在清洗金属零部件时,常用到金属离子螯合剂去除金属表面的水垢和锈垢。为减缓金属在环境介质中的腐蚀现象,会在化学清洗液中添加缓蚀剂。除此之外,还会向清洗液中添加诸如起泡剂、消泡剂、分散剂等助剂,以达到预期的要求。

3.3.4 物理清洗

1. 基本作用原理

不同于化学清洗的反应清洗过程,物理清洗技术的作用原理主要有吸附作用、热能作用及液体的界面流动作用。

吸附作用是利用污垢对不同的物质表面亲和力的差别,利用气体或液体将污垢从原来的附着面转移到另一表面从而去除污垢的过程[7]。用来吸附污垢的物体称为吸附剂,通常按吸附作用的性质可以将其分为物理吸附和化学吸附。对于吸附剂,通常要求其与污垢有较强的亲和力,并且具有很大的吸附面积。不同的吸附剂其吸附作用原理也各不相同,因而即便是同种吸附剂对于不同物质的吸附能力也有很大的差别。常见的吸附作用力主要包括分子间作用力、静电吸引力、氢键力和化学键力。常用的吸附剂有纤维状吸附剂、多孔型吸附剂和胶体粒子[8]。

在清洗过程中,利用热能能够提高污垢清除的效率,其促进作用主要包括两方面,一方面促进清洗液的化学反应过程,另一方面提高污垢的分散性。通过升温能够提升污垢的溶解速度和溶解量,如油污清洗后通常都会采用热水冲洗表面,去除吸附在表面上的清洗剂残留。热能会使污垢的物理化学状态发生变化(如熔化汽化或裂解),使其容易被清除。用加热或燃烧法可去除有机污垢,使其分解为二氧化碳等气体。激光清洗的原理也是利用激光辐照瞬时产生的高热能,熔化汽化污垢,进而达到清洗表面的目的。

工件在浸泡清洗时,通过在工件表面制造流动,往往能够提高清洗剂的洗涤能力,利用界面流动能够提高污垢被解离、乳化、分散的效率。实践表明,当清洗液的流动与工件表面呈一定夹角时,液流的去污能力最强,因此喷射清洗时常采用一定的角度来提高清洗效率[8]。

2. 压力清洗

冲击可在清洗表面产生一定的压力作用,利用这种碰撞作用能够很好地去除表面污垢。通过喷嘴把加有压力的清洗液或磨料喷射出来冲击清洗物表面的清洗方法称为喷射清洗。它包括喷射清洗的作用力、喷射所用喷嘴及喷射物 3 部分内容。湿式喷射清洗过程中(即以溶剂为喷射物)的清洗作用力包括清洗液本身具有的清洗力、通过喷嘴喷出的喷射物的压力、流体的速度动能转换为与清洗对象的碰撞以及流体在清洗对象表面发生界面流动等几种作用力的总和。喷射清洗通常分为干式和湿式两种,干式喷射的喷射磨料主要有不同粒径尺度的钢丸、玻璃丸、陶瓷颗粒、细沙等,而湿式喷射的洗液包括常温的水、热水、酸、碱等清洗溶液,还可以将磨料与溶剂复合形成浆料喷射,以获得更好的清洗效果。

影响喷射清洗的因素主要包括喷射的压力、喷嘴的结构尺寸、喷射的材料及喷射距离等因素。喷射清洗的优点在于其通过选择适当的压力等级,射流不会损伤被清洗的基体。而且射流清洗通常不会造成二次污染,清洗过后如无特殊要求,不需要进行洁净处理,能清洗形状和结构复杂的物件，能在空间狭窄或环境恶劣的场合进行清洗作业。射流反冲力小，易于实现机械化、自动化及数字程控。喷射方法用途广泛，不仅可以清洗物体表面、疏通管道以及进行涂装前的表面预处理，而且能除锈、除漆、清除附着海洋生物及钢坯除鳞、铸件除毛刺等[9,10]。

3. 抛(喷)丸清洗

抛(喷)丸清洗是依靠电机驱动抛丸器的叶轮旋转，在气体或离心力作用下把丸料(钢丸或砂粒)以极高的速度和一定的抛射角度抛打到工件上，让丸料冲击工件表面，可对工件进行除锈、除砂、表面强化等，以达到清理、强化、光饰的目的。抛丸清洗技术主要用于铸件除砂、金属表面除锈、表面强化、改善表面质量等。用抛丸方法对材料表面进行清理，可以使材料表面产生冷硬层、表面残余压应力，从而提高材料表面的承载能力，延长其使用寿命。据统计，机械零部件的失效中有 80% 以上属于疲劳破坏。通常情况下，疲劳破坏多发生在表面层，因此，对表面层进行强化就可以使整个零部件得到强化[11-17]。

抛丸清理技术与其他清理技术相比，具有设备简单、易于操作、生产效率高、适应性广、强化效果明显、适用材料范围广、可抵消应力集中的不利影响、可使裂纹生长速度减缓或停止以延长其使用寿命、减轻清理工作的劳动强度和环境污染等优点。

鉴于其众多的优势，越来越多的行业使用抛丸设备来提升其生产效率和产品质量，抛丸清理技术也受到了广泛的关注，并不断改进现有技术，使抛丸清洗技术更加满足再制造清洗领域的需求[18,19]。目前抛丸清洗技术广泛应用于铸造、模具、钢厂、船厂、汽车制造、钢结构建筑业、五金厂、电镀厂、摩配厂、机械制造、路面及桥梁清理等领域。

4. 超细磨料射流清洗

近年来，国外学者和工业部门尝试以碳酸盐颗粒作为环境友好型喷砂材料清洗玻璃制品、玻璃纤维材料、印刷电路板、飞行器等软质材料的表面污染物。碳酸盐颗粒硬度低、油脂吸附能力强、无毒、弹性小，使喷砂后获得的清洗表面光滑、平整、无缺陷、洁净度高，操作过程粉尘污染小，对操作人员无伤害，超细磨料射流清洗在再制造清洗领域具有广阔的应用前景。但关于以碳酸盐颗粒为喷砂介质清洗铁基硬质零部件表面，特别是利用碳酸盐颗粒与硬质磨料混合物作为喷砂介质控制清洗表面粗糙度的研究还少见诸报道，许多深入的研究工作亟待开展[20]。

长期以来，各类化学清洗剂的大量使用使表面清洗环节成为产品再制造过程中污染的最主要来源。而喷砂清洗作为物理清洗方法，在喷砂过程中杜绝了清洗剂的使用,有效地解决了化学试剂带来的环境污染问题。同时,喷砂过程大大增加了喷砂后零部件的表面粗糙度,有效地提高了热喷涂涂层、涂装涂层、黏结涂层等机械结合涂层与基体的结合强度,保证了再制造后产品的质量和性能,在再制造涂层制备及表面快速除锈等方面得到了广泛应用。传统的喷砂过程要求砂料硬度高、密度大、抗破碎性好、含尘量低、多棱角且锋利,常用刚玉砂(Al_2O_3)、石英砂(SiO_2)、钢砂、碳化硅、金刚砂、铜渣砂等作为磨料,其粒径较大(通常为10~20目)。对于一般的金属和涂层材料,这些硬质磨料以高速喷射到零部件表面后所形成的喷砂表面通常过于粗糙、表面平整度低,同时会产生大量的点蚀和微裂纹等缺陷,严重影响了废旧零部件的分析检测和大多数的再制造后续加工过程。因此,在实际应用中,喷砂技术多用于制备各类热喷涂涂层前的表面预处理和氧化表面的除锈,而未在废旧装备再制造的表面清洗中得到广泛应用[21]。

喷砂清洗过程利用磨料对表面的机械冲刷作用而除去表面涂层或污染物,其实质是一种选择性冲蚀磨损过程。因此,理想的喷砂清洗是利用磨料的冲刷作用,完全去除表面涂层或污染物的同时,尽可能小地影响基体材料。而实现这一目标的最有效方法是选择优化硬度、形状、粒度、性质适合的喷砂材料。显然,传统的硬质喷砂材料不能满足这一需求,特别是对于软质表面的清洗,更容易造成表面过于粗糙和严重的机械损伤。碳酸盐颗粒具有硬度低、粒径范围广、弱碱性、油脂吸附性强、原料价格低等优点,是一种具有广阔应用前景的潜在喷砂清洗磨料。近年来,国外学者相继开展了碳酸盐颗粒作为喷砂介质清洗非金属表面污染物的研究,其中的一部分研究成果在软质金属、玻璃制品、印刷电路板、牙齿等材料表面清洗上得到了应用。图3.2为碳酸盐喷砂清洗示意图。

M. Watanabe等[22]使用自行研制的喷砂设备,考察了玻璃、氧化硅、氧化铝、碳酸钙($CaCO_3$)及氧化铈(CeO_2)等颗粒对印刷电路板表面油漆层和污染物的去除效果。结果发现,各种磨料对普通污垢均具有较好的清洗效果,但对于表面润滑油脂的去除,由于碳酸钙颗粒的强吸附能力和弱碱性,其清洗效果最为突出。另一方面,由于碳酸钙颗粒硬度低、弹性小,在对污染物进行高速机械冲刷的过程中,不会在下层的树脂材料表面形成明显的机械损伤,粉尘污染小,同时不会出现使用玻璃、氧化硅、氧化铝等硬质磨料时造成的喷砂表面粗糙度过大和损伤严重的问题。

在当前国内外关于将碳酸盐颗粒作为喷砂磨料进行表面清洗的研究报道中,所涉及的待清洗材料大多为塑料、玻璃、软金属等,对于装备再制

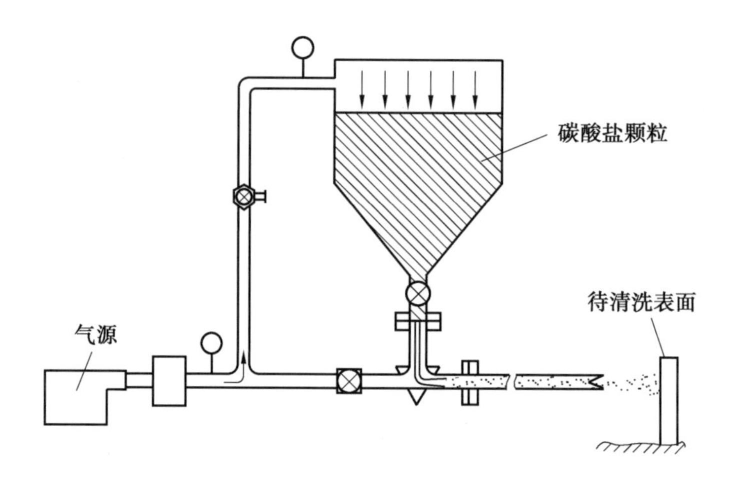

图3.2　碳酸盐喷砂清洗示意图[4]

造过程中主要面临的各种金属材料等硬表面的清洗研究应用较少[23-27]。而在国外研究基础上，将碳酸盐颗粒及其与常规硬质磨料的混合物作为磨料，研究新型磨料对高硬度铁基合金及低硬度的装备铝合金表面污染物的清洗工艺与机理，通过喷砂材料和工艺的优化，实现对软硬材料表面粗糙度的主动控制以及表面清洗与预处理过程一体化，具有重要的意义。

冲蚀磨损会引起材料破坏，对研究冲蚀磨损机理和冲蚀磨损产生的损失具有重要的意义。塑性材料和脆性材料具有完全不同的冲蚀磨损机理。脆性材料冲蚀磨损较为复杂，尚无统一的模型。脆性材料也会产生塑性变形，但进一步会产生环状裂纹和赫兹裂纹，Evans 提出弹塑性压痕破裂理论，如图3.3所示，当粒子冲击作用超过裂纹阈值，在弹性区下方会有径向裂纹产生，粒子回弹导致横向裂纹产生，横向裂纹引起材料去除[28]。图3.3中，c 是横向裂纹宽度，h 是横向裂纹深度。

5. 高压水射流清洗

高压水射流技术是近年来发展十分迅猛的一门新兴技术，能够完成清洗、切割、破碎等工艺。由于高压水射流清洗具有清洗成本低、速度快、清洗率高、不损坏被清洗物、应用范围广、不污染环境等诸多优点，将其引入再制造清洗中，具有很大的现实意义。高压水射流技术是近年来发展迅猛的一门新兴技术，它是利用高压水发生设备产生高压水，通过喷嘴将压力转变为高度聚集的水射流活动，能完成清洗、切割、破碎等各种工艺的技术。

由于高压水射流清洗的诸多优点，一经问世便得到了快速的发展和广

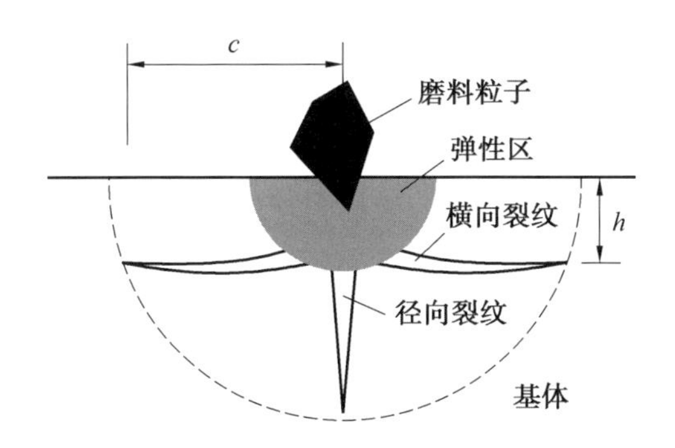

图 3.3 脆性材料冲蚀磨损过程中的材料去除机理

泛的使用,在各种物理清洗方法的实际应用中占很高比例。在工业发达国家高压水射流清洗已成为主流清洗技术,在清洗市场占到了较高份额。目前,在一些发达国家已达市场份额的 80% 以上,如美国石油化工企业的换热设备清洗,采用化学清洗的只占 5%,而采用高压水射流清洗的则占 80% 以上。高压水射流清洗技术是从 20 世纪 70 年代发展起来的一项新的清洗技术。1972 年在英国召开了第一届国际水射流切割技术会议,此后,国际水射流切割技术会议每两年举行一次。从历次会议上发表的论文来看,高压水射流清洗技术方面占有相当大的比重。高压水射流清洗技术自 20 世纪 80 年代中期传入我国后,在 20 世纪 90 年代中期迅速得到普及。特别是由于环境保护要求的不断提高,越来越多的企业已由化学清洗转变为物理清洗,高压水射流清洗技术得到了日益广泛的重视。目前,在船舶、电站锅炉、换热器、轧钢带及城市地下排水管道等清洗上都得到了广泛应用。高压水射流清洗在我国工业清洗中的比重已超过 10%,并且正在迅速增长。相信随着现代社会对清洗行业提出的效率、洁净率及环保要求的不断提高,高压水射流清洗技术在我国的普及应用是必然趋势[29]。

但从目前的发展状况看,尤其在国内,高压水射流清洗技术仍存在一些亟待解决的问题,主要表现在以下几方面:对高压水射流清洗技术的认识和掌握尚需进一步加深,这一方面表现为企业对高压水射流清洗技术的认识不足,同时也存在对高压水射流清洗机理与工艺研究深化不够,许多技术问题还停留在表面浅显的认识水平,给高压水射流清洗技术的推广应用带来了一定的困难;高压水射流清洗技术应用的专业化、规模化和社会化程度尚需提高,以获得清洗作业的高效率和高安全性;清洗设备的成套化、低耗和市场有序标准化水平与需求和发展仍有较大的差距[30]。

高压水射流清洗技术是一项可靠、经济适用的清洗技术。与化学清洗

相比,高压水射流清洗技术具有以下优点:

①清洗质量好。高压水射流清洗管道及热交换器内孔时,能将管内的结垢物和堵塞物全部剔除干净,使金属本体可见。具有巨大的能量且以超音速运动的高压水射流完全能够破坏坚硬的结垢物和堵塞物,但对金属没有任何破坏作用。同时又由于高压水的压力小于金属或钢筋混凝土的抗压强度,故对管路没有任何破坏作用,能实现高质量的清洗。通常情况下,选择合适的压力等级,高压水射流清洗不会损伤被清洗基体。由于水射流的冲刷、楔劈、剪切、磨削等复合破碎作用,可迅速将结垢物打碎脱落,比传统的化学方法、喷砂抛丸方法、简单的机械及手工方法的清洗速度快几倍到几十倍。同时,采用高压水射流清洗后的部件无须进行二次洁净处理,而化学清洗后则需用清水将表面的化学试剂清洗干净。由于高压水射流清洗以清水为介质,因而水射流清洗不像喷砂抛丸及简单机械清洗那样产生大量粉尘,污染大气环境,损害人体健康;也不像有些化学清洗那样,产生大量的废液污染河道、土质和水质。

②以清水为介质。高压水射流无臭、无味、无毒,喷出的射流雾化后,还可降低作业区的空气粉尘浓度,可使大气粉尘由其他方法的 80 mg/m^3 降低到国家规定的安全标准(2 mg/m^3)以下,因此不会造成任何污染。此外,高压水射流清洗液的回收在技术上也相对容易实现。高压水射流清洗能清洗形状和结构复杂的零部件,能在空间狭窄复杂和操作环境较差的条件下进行清洗,对设备材质、特性、形状及垢物种类均无特殊要求,只要能够直射,其应用十分广泛。

③易于机械化、自动化,节能、省水、清洗成本低。高压水射流使用的介质是自来水,其来源容易,普遍存在。在清洗过程中,由于能量强大,不需加任何填充物及洗涤剂,即可清洗干净,故清洗成本低,大约只有化学清洗成本的1/3。其次,水射流清洗方法与消防用水不同,属细射流喷射,所用的喷嘴直径只有0.5~2.5 mm,故耗水量只有3~5 m^3/h,所用动力的功率为37~90 kW,故该方法使用的设备属于节水节能设备,在设备维修中能较好地恢复设备性能、延长设备寿命。

与其他物理清洗技术相比,高压水射流也有独特的优势。高压水射流冲洗物体表面时,其原有速度的大小和方向均发生了改变,其动量也随之改变。动量的改变是由射流与物体间的相互作用引起的,失去的一部分动量以作用力的形式传递到物体表面。当连续水射流连续冲击物体表面时,形成稳定的冲击力,即为射流物体表面的总冲击力[31]。

6. 摩擦清洗

在工业清洗过程中,使用摩擦等简单实用的方法往往能去除一些顽固的污染物。如在汽车自动清洗装置中,在喷射清洗液的同时,利用旋转刷子擦拭汽车表面。但使用摩擦力去污也要注意一些问题,如保持刷子的清洁,避免二次污染。当清洗对象为不良导体时,摩擦力产生的静电反而容易使表面吸附污垢,当使用易燃溶剂时,还要避免静电引起火灾。摩擦清洗能够利用机械作用力对表面污染部位进行磨蚀,常用的摩擦清洗方法包括利用研磨粉、砂纸、砂轮等工具对含有污垢的表面进行研磨和抛光。

在再制造领域,摩擦清洗的具体应用工艺为振动研磨清洗,主要针对五金、塑胶、电子零部件表面进行研磨处理,如去毛刺、倒角、除批锋、除胶,使表面光亮,提升产品外观效果。在汽车发动机再制造过程中,螺栓等紧固件表面的胶层去除,通常采用振动研磨清洗工艺。其基本原理是振动电机高速旋转时,利用偏心力产生的倾倒力矩及弹簧的作用使容器内的磨料与工件产生规律的运动走向,呈螺旋式的翻滚摩擦,达到研磨的目的,振动效率及翻滚快慢的速度可通过变频器进行调整和控制,研磨足够的时间。选择适当的研磨清洗剂及磨料,研磨完成后通过机器的选料装置自动分离产品,进入二次振动分选。

7. 超声波清洗

超声波清洗目前是清除物体表面异物和污垢最有效的方法之一,其清洗效率高、质量好,具有许多其他清洗方法所不能替代的优点,而且能够高效地清洗物体的内外表面。超声波清洗不仅可以清除各种各样的污染物,还能够用于清洗复杂的结构零部件,如深孔、盲孔等,而且对零部件表面几乎没有损伤,环境污染小、成本低、对人体的伤害小。

超声波清洗是利用超声波在媒介流体中产生空穴破裂时释放的能量来清除污垢。利用换能器传播声能产生压力梯度,压力梯度导致媒介交替产生压缩和膨胀,导致生成空穴气泡,气泡大到一定尺寸后就会破裂,气泡爆裂时会在微观尺度产生剧烈的冲击波,理论上的局部温度会高达几千摄氏度,局部压力可高达几百个大气压。空穴爆破时会把物体表面的污垢薄膜击破,进而达到去除污垢的目的。为获得良好的清洗效果,需要选择合适的清洗液和适当的超声波声学参数。只有当交变声压幅值超过静压力时,清洗液中才会出现负压区,进而产生空穴。对于氧化膜、深孔污垢等,通常需要采用较高的声强。在清洗过程中,被清洗零部件应当靠近声源[32]。超声波清洗机的频率一般为 20 ~ 50 kHz,对于质量和体积大的零部件通常选择低频率超声波清洗机,而对于小巧易损的零部件则采用高频率超声波清洗机。清洗介质的性能对空穴的产生也有直接的影响,表面张力大的液体空穴破裂时释放的能量也更大。水的表面张力大于有机溶剂,所以通常以水作为超生清洗的介质。蒸气压高、黏度大的液体都不易产生空穴,不利于超声波清洗。

典型的超声波清洗装置主要由电源、超声波清洗机换能器、清洗槽和清洗液4部分组成。图3.4所示为超声波清洗机结构图。电源驱动超声波换能器,将电能转变为高频机械振动。换能器通常黏附于清洗槽底部,为提高声能的传递效率,清洗槽壁不宜太厚。

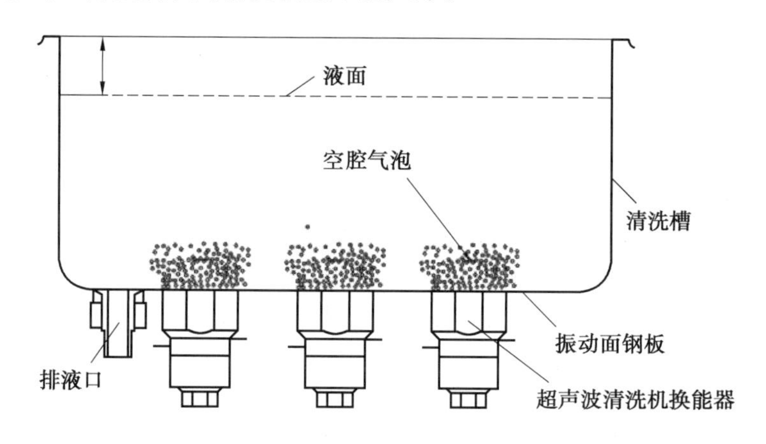

图3.4　超声波清洗机结构图

图3.5为超声波清洗机换能器的结构示意图。常用的超声波清洗机换能器有磁致伸缩型及压电型。磁致伸缩型超声波清洗机换能器利用磁致伸缩效应在高频电流的作用下产生超声波的机械振动。压电型超声波清洗机换能器利用压电陶瓷的压电效应,将电能转化为产生超声波的机械振动。压电型超声波清洗机换能器能产生高频机械振动,适用于小型和复杂形状零部件。压电型超声波清洗机换能器的换能效率要高于磁致伸缩型的换能效率,而且结构简单,得到了广泛使用。为了满足超声波清洗大尺寸零部件的需要,可采用浸没式超声波清洗机换能器。浸没式超声波清洗机换能器有密封的壳体,根据工件的形状,将换能器自由地放在清洗槽内,可用较小功率的换能器,实现清洗大工件的目的[33]。

在超声波清洗过程中,应当克服空穴产生的不均匀性,其会造成清洗效果的不均匀现象。为了克服这种现象,常采用移动清洗物体,使清洗物体位于与空穴最大声压带垂直相交的平面上。另外,超声波在传播过程中,在液体表面会发生反射,在一定条件下会发生共振形成驻波。在声压

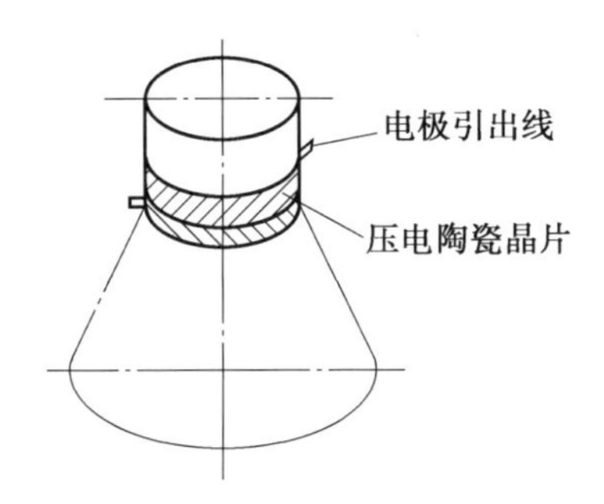

图 3.5 超声波清洗机换能器的结构示意图

较小的位置常常难以形成空穴或空穴较小，致使形成“清洗盲区”。因此，有时会将清洗槽做成不规则的形状，避免“清洗盲区”的形成，通过改变声压分布的不均匀性来提升清洗效果[34]。

超声波清洗技术在再制造业有着广泛的应用前景，随着超声波清洗技术的不断发展，传统的低频超声波清洗技术在汽车、轴承、工程机械等行业得到了广泛应用。近年来，随着电子产业的快速发展，高频超声波清洗在许多对清洗精密程度要求较高的领域也得到了广泛应用，如微电子、精密机械、光学元件等行业。随着超声波清洗技术的应用范围不断扩大，超声波清洗技术也在向着自动化、高效、环保、智能化的方向发展[34-36]。

8. 干冰喷射清洗

减少二氧化碳排放是目前全球环境保护领域亟待解决的重要议题。各国也在积极探索如何有效地利用二氧化碳。近年来，干冰喷射清洗技术引起了国内外的广泛关注。干冰喷射清洗技术利用干冰颗粒作为喷射介质用于清洗各种顽固的油脂和污垢。干冰由于能够挥发，因此其清洗过程并不是单纯的物理冲击。图 3.6 所示为干冰喷射清洗技术原理示意图。当干冰颗粒以高速冲击到零部件表面时，冲击的动能可以使干冰颗粒瞬间蒸发汽化，其过程中会吸收大量的热，在清洗表面产生剧烈的热交换，会导致附着的污染物因骤冷而发生收缩和脆化，由于污染物和基底材料热膨胀系数不同，因此其能够破坏污垢和基体表面的结合。与此同时，干冰体积的急剧膨胀，会在冲击位置形成“微区爆炸”，有效地清除污染物。干冰汽化后变为二氧化碳，无污染、无残留、效率高、安全可靠，不会影响机电产品的使用安全[37-42]。

目前，干冰喷射清洗技术的应用主要集中在汽车轮胎、铸造及石化等领域。干冰喷射清洗技术作为一种新型清洗技术，已取得了较高的经济效益和较好的社会效益，并在汽车轮胎行业、铸造及石化行业得到了广泛应用。传统的汽车轮胎企业通常采用机械清洗法或化学法对轮胎模具进行清洗，清洗过程工作量大、劳动强度高、清洗周期长、容易污染环境。而干冰喷射清洗技术不仅能够实现高效清洗，还能够避免传统清洗方法带来的缺陷[43-45]。干冰喷射清洗技术在铸造行业也得到了广泛应用，国内外许多汽车企业都采用干冰喷射清洗技术对汽车缸体、缸盖等零部件进行清洗[46]。石化产业中各种锅炉和换热器中都容易沉积污垢，污垢的清洗是一大难题。除此之外，腐蚀问题也会直接导致设备停产，造成巨大的经济损失。加热炉的外壁通常由耐高温的保温砖构成，高温遇水会导致坍塌，这使得传统的水射流清洗和化学清洗变得不适用。干冰清洗则能够很好地避免这一矛盾，其可实现在线的高温清洗，不仅避免停产造成的损失，也可在清除污垢的同时，减少炉壁冷却造成的热能浪费[47]。

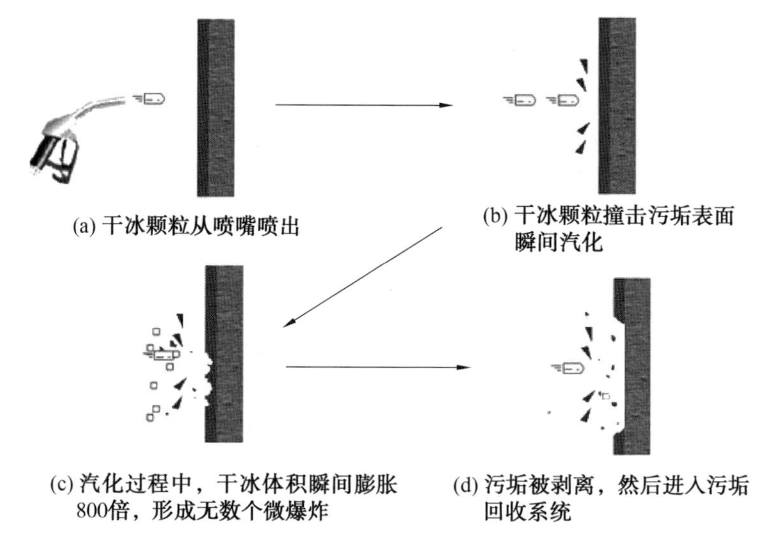

图 3.6　干冰喷射清洗技术原理示意图

9. 电解清洗

电流通过电解质溶液引起的化学变化过程称为电解。电解清洗指利用电解作用去除金属表面污垢的清洗方法。按照作用机理不同，电解清洗可分为阴极清洗、阳极清洗以及阴阳极联合清洗。电解清洗通常用于金属材料镀涂前的除油处理，将欲除油的零部件置于碱性溶液中，在通电情况下将零部件作为阳极或阴极进行除油。电解除油的效率远远高于传统的化学清洗方法，且能够去除表面的顽固油脂以及锈蚀和粉尘。电解清洗广泛应用于电镀、电泳、化学镀、阳极氧化、化学转化膜、热浸镀等表面处理领域,其设备比较简单,通常由电解槽、电源和电极板组成。电极板通常为不溶性金属材料,如铅或不锈钢电极。电解除油的溶液类似于碱液除油溶液,只是浓度较稀,而且不用高泡表面活性剂。因为当使用高泡表面活性剂时,电解时会在两极分别析出氢气和氧气,泡沫会导致液体溢出槽外,且当电极接触不良时会产生电火花,并引起爆鸣。

10. 激光清洗

激光具有单色性、方向性、相干性好等特点。激光能够在瞬间将光能转化为热能,使工件表面的污垢熔化或汽化而去除,同时通过控制激光的功率,可以在不熔化金属的条件下将金属表面的氧化物锈垢除去。对于低燃点、易挥发的油脂、油漆、橡胶等污垢,激光清洗的机理主要为燃烧汽化原理。对于橡胶、油漆、氧化层等顽固污垢,利用激光辐照产生的热冲击和热振动促使污染物粒子发生热膨胀,使其发生界面的失配而剥落。对于一些高能激光器,其峰值能量能够瞬间使一些固体污染物汽化,这种烧蚀机理能够被用来除锈。另外,激光也能够诱导液膜产生冲击波对零部件表面进行清洗。高能激光辐照液膜表面时,液体急剧受热产生爆炸性汽化,爆炸性冲击波可以起到清除污垢的作用。激光清洗是一种高效、绿色的清洗技术,相对于化学清洗,其不需任何化学药剂和清洗液;相对于机械清洗,其无研磨、无应力、无耗材,对基体损伤极小(如应用于珍贵文物字画清洗领域);激光可利用光纤传输引导,清洗不易达到的部位,适用范围广(如应用于核管道清洗)。激光清洗技术在欧美国家已成为重要的绿色高科技清洗技术,已广泛应用于高端装备制造领域,如半导体、微电子、微型机械、精密光学等高新技术中表面吸附的微米级、亚微米级细颗粒的清洁,太空垃圾的清除,核辐射污染物的去除和发动机结炭的清洗。国外已将激光清洗技术应用于装备生物污损物的清洗、舰艇和军用飞机表面除锈、除油、退漆、除积炭等维修保障中(图3.7)。目前,激光清洗技术在欧美发达国家趋于成熟,相关研究逐渐由理论、试验转向成套装备研发,高功率、优质、柔性和精确控制是其主要的发展方向。

激光清洗过程实际上是激光与物质相互作用的过程,利用激光的高亮度等特性,破坏污染物与基体之间的作用力,而不损坏物体本身。由于污染物的成分和结构复杂,激光与之作用的机理也有所不同,研究人员提出了各种理论模型,常见的解释有以下几种:

①高温分解作用。激光可以实现能量在时间和空间上的高度集中,聚焦的激光束在焦点附近可产生几千甚至几万摄氏度的高温,使污垢瞬间蒸发、汽化或分解。

(a) 航空装备

(b) 铁路装备

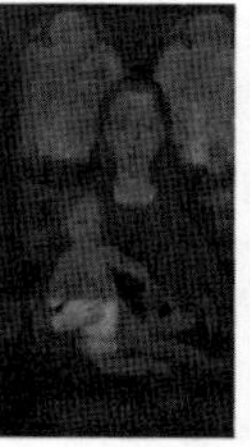

(c) 清洗前后的艺术品

图 3.7　国外激光清洗技术在重要技术领域的应用

②受热膨胀作用。激光束的发散角小、方向性好，聚光系统可以使激光束聚集成不同直径的光斑。在激光能量相同的条件下，控制不同直径的激光束光斑可以调整激光的能量密度，使污垢受热膨胀。当污垢的膨胀力大于污垢对基体的吸附力时，污垢便会脱离物体的表面。

③超声波振动作用。激光光束可以通过在固体表面产生超声波，产生力学共振，使污垢破碎脱落，激光器发射的光束被需处理表面上的污染层所吸收，通过光剥离、汽化、超声波等过程，污染物脱离物体表面。激光束沿着一定的轨迹扫描，就可以实现大面积的清洗。

激光清洗可以克服传统清洗方法工作量大、易造成环境污染等缺点，但对被清洗表面的结构和性能是否有影响尚待深入研究。谭荣清等[48]采用对比法研究了输出波长为 10.6 μm、单脉冲输出能量最高可达 15 J 的 TEA CO_2激光清洗飞机表面漆层前后机身蒙皮材料屈服强度、抗拉强度、弹性模量等力学性能的变化，发现除漆前后飞机蒙皮材料的力学性能没有明显变化，说明激光除漆对飞机蒙皮材料的力学性能无显著影响，但激光清洗对金属表面粗糙度有直接影响。沈全等[49]采用波长为 1 064 nm、激光功率为 0.02 ~ 100 W、脉宽为 100 ns 的 Nd : YAG 激光对生锈程度为 B 级的Q235 钢进行了除锈试验研究，发现金属的表面粗糙度值随清洗激光功率的增大而增大，随扫描速度的增大而减小，激光清洗技术对金属表面的防护有一定的作用。激光对金属表面污垢的清洗过程中，在金属表面会形成一层致密的保护膜，如图 3.8 所示。

国内激光清洗技术的研究起步较晚，1985 年在《应用激光》上涂允盛发表了第一篇关于激光清洗的论文。20 世纪 80 年代以来，激光清洗相关学术论文共约 140 篇，其中 2005 年前基本是一些跟踪国外研究进展的综述论文，2011 年后试验类学术论文逐渐增多，但研究大多集中在激光清洗工艺优化方面，有关激光清洗机理方面的研究论文欠缺，尤其是对于清洗表面性能提升机理的研究极为罕见。近年来，随着国内对激光清洗技术的

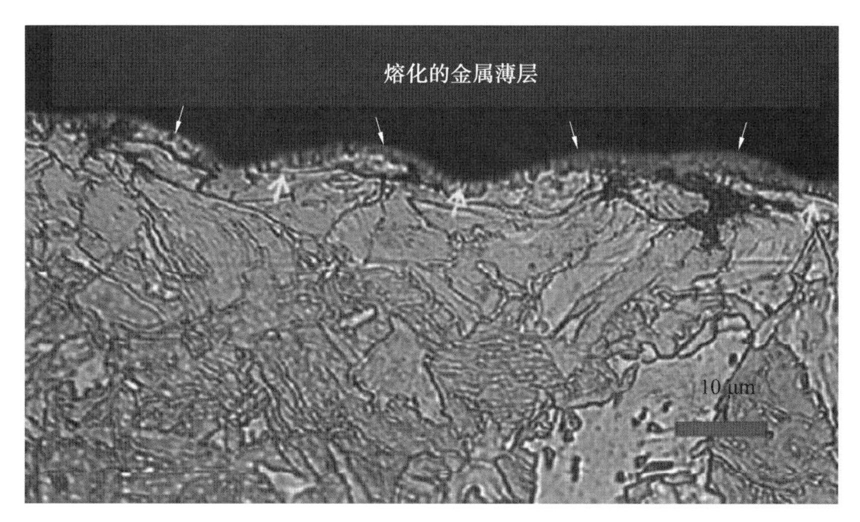

图 3.8 激光清洗表面形成保护膜

重视,在激光清洗设备研制方面,低功率或便携式激光设备的研制取得了一定的进展,如长春理工大学研制的“便携式全固态双波长激光清洗装置”获得中国发明专利,中国人民解放军陆军装甲兵学院机械产品再制造国家工程研究中心自主研发了新型工业级大功率高频脉冲激光清洗装备,如图 3.9 所示。

图 3.9 国内自主研发的 500 W 高频脉冲激光清洗设备

尽管激光清洗技术具有清洗质量高、环境污染小等突出优点,但其也存在一定不足,主要包括:激光清洗设备较为昂贵,在某些领域清洗时使用受到了限制,尤其是对于价值较低的物品,激光清洗很难体现其价值;激光清洗对于基材结构和性能影响的研究还不完善,缺乏系统研究。随着激光清洗技术的不断发展,激光清洗将会越来越广泛地应用于社会生产和装备保障领域,推动社会和谐可持续地发展,不断提升装备保障能力,对加快制造业的绿色改造升级具有促进作用。激光表面绿色清洁技术不仅可以解决制造业表面污染物的绿色清洁问题,同时可提高产品质量,其市场广阔,具有较好的产业化应用前景。

随着科学技术的高速发展,激光清洗技术一定会越来越多地应用于人们的生产和生活中的各个领域。虽然目前还难以详细估计激光清洗技术的应用市场份额,但上述领域有大部分是属于国民经济的支柱产业,激光清洗技术渗入其中后,产生的经济效益和社会效益是十分可观的。利用我国现有的激光技术条件,开发配套的激光清洗设备,并使其在短时间内实用化、产业化是完全可能的,对推动高新技术产业的发展本身亦具有重要而深远的意义。

11. 等离子体清洗

低温等离子体清洗也是一种干法物理清洗技术,等离子体具有很强的刻蚀作用,能够对金属、硅片、玻璃等表面进行等离子体刻蚀清洗。干式清洗的好处在于回避了湿法清洗工艺所需要的干燥工序和废水处理工序,大大提高了清洗效率,降低了清洗成本。在等离子体清洗过程中,高能的带电离子轰击样品表面,轰击作用和局部区域产生瞬间的高温使得零部件表面被刻蚀清洗。等离子体与不同材料之间的作用机理比较复杂,需通过试验来确定适当的工艺以清洗不同材料的表面。

3.4　再制造清洗的效果评价与质量管理

3.4.1　分析化验方法

在清洗过程中,根据实验室对被清洗设备的表面及污垢样品进行分析化验,确定适当的工艺配方。具体清洗时对于大型零部件,判断清洗的终点也是非常需要的。判断清洗步骤是否达到要求,主要依据以前成功清洗的经验、清洗槽中的样管清洗结果以及分析化验的数据。分析化验的结果可以用来确定是否需要继续添加清洗剂。一般情况下,取样时间是根据清洗系统的大小决定的。通常添加清洗剂后,会让清洗剂在系统中循环均匀后,再进行取样化验。在实际清洗过程中,在水冲洗、碱洗后水冲洗、酸洗后水冲洗、漂洗和钝化阶段都需要测定 pH,除此之外,还需要测定浊度和电阻率,浊度可用来判断各种水冲洗阶段是否该结束,电阻率可用来判断溶液中中性盐的情况。

3.4.2 清洗液的监测分析

在化学清洗过程中可通过对酸浓度、碱浓度、钝化液浓度和清洗液中各种离子浓度的监测,判断清洗效果。表 3.3 所示为测试项目及分析检测时间。脱脂步骤需要检测碱浓度,主要指对酸洗前除油脱脂时的中和处理步骤。常用的碱清洗液由氢氧化钠、碳酸钠或磷酸三钠组成。碱浓度的测定就是对清洗液的主要成分进行分析测定。选用适当的指示剂,利用滴定实验计算相应的碱浓度。酸洗液的浓度会影响清洗过程的速度以及间接清洗反应的效果,酸溶解后的高价金属离子(Fe^{3+}、Ca^{2+})也会影响清洗液中缓蚀剂的缓蚀效果,因此需要通过滴定监测清洗液中的酸浓度及相应金属离子的浓度。

表 3.3 测试项目及分析检测时间

项目	脱脂	脱脂后水冲洗	酸洗	酸洗后水冲洗	漂洗	中和钝化
检测项目	碱浓度、温度	pH	酸浓度、铁离子的质量浓度、pH(柠檬酸酸洗中检测)	pH	酸浓度、铁离子浓度、pH、温度	pH、温度
检测间隔时间	1 次/(30 ~ 60 min)	1 次/(10 ~ 30 min)	1 次/(30 ~ 60 min)	1 次/(10 ~ 30 min)	1 次/(20 ~ 40 min)	1 次/(30 ~ 60 min)
清洗时间	—	—	4 ~ 8 h	—	2 ~ 3 h	6 ~ 12 h
终点判断	碱浓度恒定	水的 pH 为 7 ~ 8	酸浓度不再降低,铁离子的质量浓度基本稳定	水的 pH 为 6 ~ 7	漂洗 2 ~ 3 h 结束,[Fe^{3+}] ≤ 500 mg/L	pH 稳定
控制温度	75 ~ 95 ℃	—	80 ~ 95 ℃	—	80 ~ 100 ℃	40 ~ 60 ℃
备注	实际清洗中可依据被清洗系统的大小,适当延长或缩短检测的间隔时间	—	—	闭路清洗,时间相对延长	—	根据实际情况可适当延长或缩短

3.4.3　清洗废液的监测分析

清洗废液中污垢含量直接决定其能否重复使用,因而需要及时监测清洗液中的污垢含量。另外清洗废液在排放前应当进行相应的处理,以使其达到排放标准,如清洗废液的pH需要调整到6~9才可以排放。通常可采用直读式pH计进行测量,也可采用pH试纸进行检测。通过对废液中油污含量进行分析可监测油污的去除程度,还可评价清洗废液中的油污含量是否达到允许排放的浓度范围。监测的关键在于把油污与溶剂分离,当油污不易挥发时,可采用乙醚萃取的方法进行监测。对于挥发性油污,可利用燃烧-红外分析法对碳进行定量分析。对于清洗废液中的悬浮物,也要进行过滤、澄清、混凝处理,达到环保指标后才可以排放。具体的监测方法是可采用比浊仪进行分析。清洗废液中还可能存在一些有害的化学物质,如氟离子、亚硝酸根离子及联氨等。氟化物对人体有危害作用,氟离子浓度超标的溶液与生石灰反应可生成难溶的氟化钙而使氟离子浓度降低。亚硝酸根在生化反应中可能会转化为致癌的亚硝酸铵,通常采用加酸或氧化剂的方法将亚硝酸盐转变成亚硝酸或硝酸盐进而去除。含联氨的废液会导致水体中的氧被耗尽,造成微生物的死亡和水源变质。由于联氨易于氧化,通常利用氧化反应将其去除。

3.4.4　洁净度的评价

洁净度是为了评价清洗效果的好坏而提出的指标,但目前并没有通用的洁净度评价方法,需要根据具体的情况来选定适合的评价方法。理想的洁净度评价方法应当具备客观性、可重复性、操作简便、对工件无损耗等特性。普通零部件的洁净度评价通常只是凭借视觉及触觉等感官判断。对于一些超精密清洗领域则需要采用一些新的检测方法。准确地测定洁净度具有一定的困难,这是因为测试的取样区域都是非常局部的,往往难以完全代表整体的洁净程度。采用接触角方法判定时,其测定结果也只能表示与液滴接触部位的洁净度。因此,为了洁净度评价的准确性,在实际监测时应当参照以下原则:随机取样,对特定的污垢进行专门的测定,以污染最多的区域为测定标准。

由于测试条件的限制,清洗现场测定洁净度的方法主要有重量法、紫外线分光光度法和接触角法。重量法利用电子天平称量清洗前后的样品质量来确定清洗效果。紫外线分光光度法需要先了解污垢的种类,掌握污垢与紫外线吸光度之间的关系,建立相应的标准曲线,用来确定清洁程度,但其缺点在于不是所有的溶剂都适合该测量方法。接触角法通过测量水滴与物体表面接触点间的切线与表面的夹角,判断材料表面的光洁程度,实际测量值与理论值间会有一定的偏差。接触角越小表明表面洁净度越高,但存留有污垢的表面的实际接触角则要大于该表面的理论接触角。另外,接触角法只适合于测定光滑表面的洁净度,对粗糙表面则不适用。

随着高新技术的发展,许多分析仪器能够在实验室中对洁净度进行高精度的测量。但由于受到客观条件的限制,这些方法通常只适用于实验室范围的研究,并未在工厂中得到广泛应用。主要的精密分析仪器有电子显微镜、激光散射仪、红外分光光度计、X 射线荧光分析仪、反射电子吸收俄歇电子能谱、离子散射光谱仪、荧光染料标记法等。这些先进的手段能够检测到微米尺度的污染物颗粒,对于测定一些高精度表面的洁净度具有重要意义。

本章参考文献

[1] 徐滨士. 再制造工程基础及其应用[M]. 哈尔滨:哈尔滨工业大学出版社,2005.

[2] 张剑波. 清洁技术基础教程[M]. 北京:中国环境科学出版社,2004.

[3] 马世宁. 装备战场应急维修技术[M]. 北京:国防工业出版社, 2009.

[4] 吉小超,张伟,于鹤龙,等. 面向机电产品再制造的绿色清洗技术研究进展[J]. 材料导报,2012,26 (s2):114-117.

[5] 秦国治,田志明. 工业清洗及应用实例[M]. 北京:化学工业出版社,2006.

[6] 李异. 金属表面清洗技术[M]. 北京:化学工业出版社,2007.

[7] 梁治齐. 实用清洗技术手册[M]. 北京:化学工业出版社,1999.

[8] 任建新. 物理清洗[M]. 北京:化学工业出版社,2000.

[9] GAGLIARDI J J, HOUCK C S. Abrasive article containing an inorganic metal orthophosphate:US 5961674[P/OL]. 1999-10-05.

[10] HIRANO H, KAWADA T, KIKUCHI S, et al. Blasting medium and blasting method employing such medium:US 6010546[P/OL]. 2000-01-04.

[11] 刘原. 高效环保的抛丸自动生产线[J]. 化工建设工程,2003,25(3):30-35.

[12] 李龙,刘会云,张心金,等. 金属复合板表面处理技术的研究现状及发展[J]. 表面技术,2012,41:124-128.

[13] 肖利民,秦晓锋,刘世程,等. 抛丸机叶片寿命的研究现状[J]. 机车车

辆工艺,2002(1):1-4.

[14] RAMAKRISHNA N K,GANESH SUNDARA RAMAN S. Effect of shot blasting on plain fatigue and fretting fatigue behavior of Al-Mg-Si alloy AA6061[J]. International Journal of Fatigue,2005,27(3):323-331.

[15] 翟连方. 抛丸强化的机理、评定和应用[J]. 热处理技术与装备,2008,29(4):54-56.

[16] 黄明志. 金属力学性能[M]. 西安:西安交通大学出版社,1986.

[17] 王仁智,吴培远. 疲劳失效分析[M]. 北京:机械工业出版社,1987.

[18] 周爱琴,樊红凯. 喷丸强化技术工艺试验及在生产中的应用[J]. 纺织机械,2005(1):17-20.

[19] 张听,高晓燕,彭家安. 清洗技术在产品再制造过程中的应用研究[J]. 科技风,2009(11):121-122.

[20] RUBEY A C, TAYLOR A M, SPEARS W E. Cleaning method and apparatus utilizing sodium bicarbonate particles: US 5588901[P/OL]. 1996-12-31.

[21] YAMB S,COLBERT K S. Method for cleaning electronic hardware components: US 5865902[P]. 1999-02-02.

[22] WATANABE M,OTAKE M,HAMANO M. Method for cleaning solid surface with a mixture of pure water and calcium carbonate particles: US 5226969[P]. 1993-07-13.

[23] WOODSON J P. Abrasive feed system: US 4878320[P]. 1989-11-07.

[24] KIRSCHNER L,LAJOIE M S,SPEARS W E. Blasting apparatus: US 5083402[P]. 1992-01-28.

[25] ZACHARIASO R H. Method for blast cleaning of CRT surface: US 2710286[P]. 1955-06-07.

[26] MURPHY N A,BANNER J G,FLETCHER E,et al. Calcium carbonate serves as the particles for the polishing of a lens surface: US 4343116[P]. 1982-08-10.

[27] SCHOTT P. Method of using an abrasive material for blast cleaning of solid surfaces: US 5531634[P]. 1996-07-02.

[28] EVANS A, GULDEN M, ROSENBLATT M. Impact damage in brittle materials in the elastic-plastic response regime[J]. Proceedings of the Royal Society of London A,1978,361 (1706):343-365.

[29] 陈玉凡. 高压水射流清洗技术现状及发展前景[J]. 中国设备工程,

2013(2):6-8.
[30] 吴翔宇. 高压水射流清洗在船舶修造行业的应用分析[J]. 清洗世界, 2008(9):28-30.
[31] 李根生,黄中伟,牛继磊,等. 水力喷射流理论与应用[M]. 北京:科学出版社,2011.
[32] DONG C, WEAVERS L K, WALKER W. Ultrasonic control of ceramic membrane fouling by particles: effect of ultrasonic factors[J]. Ultrasonics Sonochemistry,2006,13:379-387.
[33] RUNNELLS R R. Ultrasonic cleaning device: US 3937236[P]. 1976-02-10.
[34] JENDERKA K, KOCH C. Investigation of spatial distribution of sound field parameters in ultrasound cleaning baths under the influence of cavitation[J]. Ultrasonics,2006,44:e401-e406.
[35] WILSONA D I. Challenges in cleaning: recent developments and future prospects[J]. Heat Transfer Engineering,2005,26(1):51-59.
[36] NIEMCZEWSKI B. Influence of concentration of substances used in ultrasonic cleaning in alkaline solutions on cavitation intensity [J]. Ultrasonics Sonochemistry,2009,16(3):402-407.
[37] 杨康. 基于 CFD 的干冰清洗喷嘴流场的研究[D]. 湘潭:湘潭大学, 2008.
[38] 土晓,刘斌. 现役高速公路隧道监控量测及其结构可靠性分析[J]. 东北大学学报(自然科学版):2007,28(2):270-273.
[39] 吴军伟. 浅谈高速公路隧道清洗的效率安全问题[J]. 华东公路, 2008(2):32-34.
[40] 史金海,赵庆良,路安. 干冰冷喷射清洗技术及其应用[J]. 哈尔滨商业大学学报(自然科学版),2005,21(5):588-591.
[41] 高大兴. 罐车清洗需要新技术[J]. 石油商技,1999,17(5):33-34.
[42] 刘溟,土家礼,马心良. 干冰清洗变电站绝缘子试验[J]. 高压电技术, 2011,37(7):1649-1655.
[43] 凌志. 中国带电清洗领域技术进步及市场现状[J]. 洗净技术, 2003(1):48-53.
[44] 张喜斌,路安,史金海,等. 干冰冷喷射清洗技术简介[J]. 洗净技术, 2003(5):30-32.
[45] 战江涛. 干冰清洗设备系统的开发研究[D]. 杭州:浙江大学,2002.
[46] 陈继辉,童明伟,严嘉. 干冰升华特性的实验[J]. 重庆大学学报(自然

科学版),2005,28(4):50-52.
[47] 段学明,刘云峰. 干冰清洗技术的应用[J]. 清洗世界,2005,21(1):28-30.
[48] 谭荣清,郑光,郑义军,等. 激光除漆对基材力学性能的影响[J]. 激光杂志,2005,26 (6):83-84.
[49]沈全,佟艳群,马桂殿,等. 激光除锈后基体表面粗糙度的研究[J]. 激光与红外,2014 (6):605-608.

第4章　再制造物理清洗技术的研究及应用

传统再制造清洗过程以化学清洗技术为主,存在清洗效率低、环境污染大等突出问题,使清洗成为再制造全工艺流程中环境污染物的主要来源,这与再制造减排和环保的绿色制造理念极不相符。相比于化学清洗,物理清洗过程多采用干式清洗,不存在废水处理和污染排放,对再制造毛坯、外界环境和操作人员的负面作用小。开发适用于多种污染物清洗的绿色清洗材料和高效的物理清洗技术与装备是未来再制造清洗技术的重要发展方向。本章重点介绍作者近年来在抛(喷)丸清洗、激光清洗、超细磨料喷射清洗等典型物理清洗技术方面的研究工作及技术应用。应当指出的是,随着近年来再制造不断向高端装备领域拓展,激光清洗等高效、绿色的清洗技术将不断得到发展和广泛应用。

4.1　抛(喷)丸清洗技术

抛(喷)丸清洗技术具有设备简单、易于操作、效率高、材料适应性广、强化效果明显、改善毛坯抗疲劳性能和环境污染小等突出优点,在铸造、汽车制造、钢结构建设、路面和桥梁建筑等领域应用广泛,同时在汽车发动机、工程机械、机床等机械产品再制造清洗领域也得到了大量应用。本节介绍抛(喷)丸工艺的模拟仿真以及抛(喷)丸清洗对典型材料与典型零部件性能的影响。

4.1.1　抛(喷)丸清洗工艺仿真

在ABAQUS/CAE中建立3D碰撞模型,靶材三维模型采用8节点缩减积分显式实体单元Solid164。考虑到粒子碰撞区域尺寸小、碰撞过程中变形剧烈并伴有剧烈的热效应,因而在整个碰撞区域划分较密的网格。不考虑粒子在碰撞过程中的变形过程,将其设置为解析刚体。碰撞产生的塑性变形属于材料的非线性问题,随着粒子运动,材料单元会被压扁、扭曲,可能会引起较大的计算误差,通过设定自适应网格区域,改善模型失真情况,提高计算速度。

在实际喷丸强化过程中,目标靶体几乎处处受到弹丸的冲击作用,以保证喷丸覆盖率。覆盖率是指受喷零部件上弹丸冲击形成的凹痕面积与受喷件总面积的比值。为了有效提高喷丸覆盖率,应尽可能地减少喷丸仿真模型盲点区域,利用两弹丸模型研究弹丸搭接率对于强化效应的影响,即后续弹丸与前一弹丸的冲击区域有一定的重叠程度,如图4.1所示,将搭接率参数定义为$\zeta=\eta/D$(η为两弹丸间的距离,D为弹丸直径)。

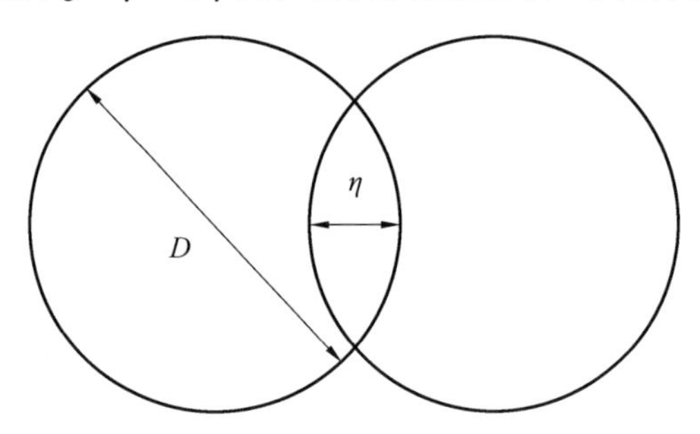

图4.1　搭接率的计算

在研究多弹丸冲击搭接率影响的基础上,进一步提出高覆盖率喷丸强化模型建立的方法——偏置建模法:第一组弹丸先以较小的搭接率或较高的覆盖率尽可能作用于较大的目标靶体面积,后续的各序列弹丸分别相对第一组弹丸以搭接率$\zeta=1/2$向其前后各偏置一定距离,这样后续弹丸不再是重复地冲击同一位置,而是尽可能地冲击前一序列弹丸未作用的盲点区域。

偏置建模法建立多弹丸冲击强化模型,一方面保证较高的喷丸覆盖率,反映目标靶体几乎处处受到弹丸的作用,同时能反映随冲击时间的增加,弹丸对靶体的连续冲击作用。

图4.2所示为基于偏置建模方法建立的9弹丸喷丸强化有限元模型,其中弹丸半径为R=0.6 mm,冲击速度为v=75 m/s。分4弹丸—2弹丸—2弹丸—1弹丸(以下简称4-2-2-1冲击方式)4组冲击,第二组和第三组冲击分别向x和y方向偏置距离R,第四组冲击同时向x和y方向偏置距离R,每组弹丸同时冲击目标靶体,9弹丸喷丸强化有限元模型分4次冲击后可保证近似100%的覆盖率。

选用常用齿轮钢(20Cr2Ni4A材料)为毛坯基体,其化学成分及物理性能见表4.1和表4.2。20Cr2Ni4A钢经渗碳及随后的淬火并低温回火后,可以获得很高的表面硬度以及较高的接触疲劳强度。基体为圆环形,外径、内径及高度分别为60 mm、30 mm、25 mm。对20Cr2Ni4A钢在930 ℃进行渗碳处理,保温6 h左右,渗碳层的厚度约为1.5 mm。随后,在830 ℃

图4.2 基于偏置建模方法建立的9弹丸喷丸强化有限元模型

进行油淬,并在180 ℃进行低温回火2 h。热处理后20Cr2Ni4A钢渗碳层的硬度为HRC 56~58,其力学性能见表4.3。

表4.1 20Cr2Ni4A钢的化学成分

元素	C	Mn	S	P	Si	Ni	Cr	Cu	Mo	W	Fe
质量分数/%	0.21	0.43	0.012	0.014	0.25	3.48	1.425	0.08	0.01	0.02	余量

表4.2 20Cr2Ni4A钢的物理性能

密度/($kg \cdot m^{-3}$)	熔点/℃	弹性模量/GPa	切变模量/GPa	泊松比
7.88×10^3	1 430	207	80.4	0.29

表4.3 20Cr2Ni4A钢的力学性能

$\sigma_{0.2}$/($N \cdot mm^{-2}$)	σ_b/($N \cdot mm^{-2}$)	伸长率/%	断面收缩率/%	冲击功/J
1 282	1 499	10	58	102

材料的本构方程是模拟正确与否的关键,粒子切削过程周期短、速度快,粒子与塑性变形区域会发生强烈的摩擦作用,产生大量的热。微切削过程涉及材料的塑性屈服准则、流动准则及硬化准则的应用,考虑到材料的应变硬化效应和温度升高产生的软化效应,本章采用Johnson-Cook本构关系:

$$\bar{\sigma} = [A + B(\bar{\varepsilon}^{pl})^n]\left[1 + C\ln\left(\frac{\dot{\bar{\varepsilon}}^{pl}}{\dot{\varepsilon}_0}\right)\right](1 - T^{*m}) \tag{4.1}$$

式中，$\bar{\sigma}$ 为等效应力；A 为初始屈服应力；B 为硬化常数；C 为应变率常数；n 为硬化指数；m 为热软化指数；$\bar{\varepsilon}^{pl}$ 为等效塑性应变；$\dot{\varepsilon}_0$ 为参考应变率（一般取 0.1～$10^{-5}S^{-1}$）；$T^* = (T-T_r)/(T_m-T_r)$ 为无量纲化温度，其中 T_r 为参考温度，此处取 293 K，T_m 为材料的熔点温度，T 为试验温度。

在喷丸过程中，粒子的冲击速度为 0～150 m/s，模拟粒子在不同速度条件下微切削工件表面的过程，不仅能够得到工件表面应力场的分布（图 4.3），还能得到碰撞过程中粒子受工件的反作用力。反作用力的变化趋势可以用来修正微切削模型。

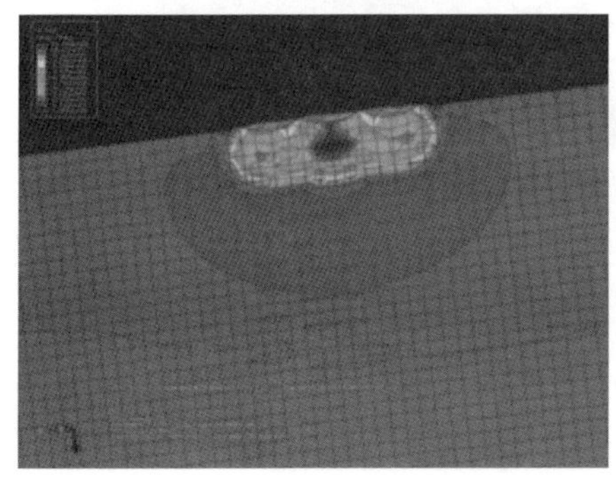
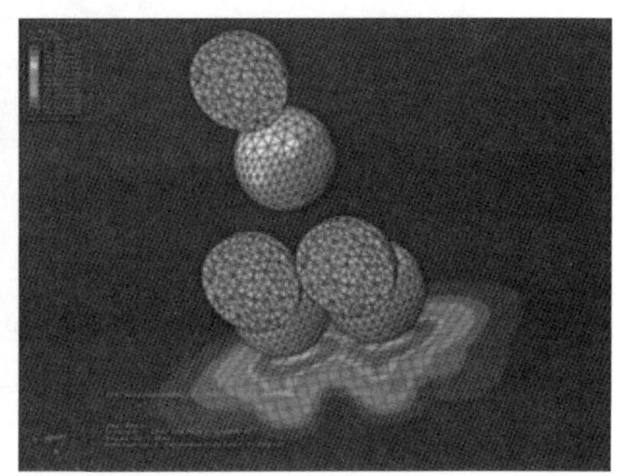

图 4.3　喷丸强化模型应力场分布云图

如图 4.4 所示，当粒子直径为 0.6 mm，喷射距离一定，粒子速度分别为 50 m/s、75 m/s、100 m/s 和 125 m/s 时，粒子冲击靶材后，对靶材上所产生的应力及其延深度的变化进行模拟。随着入射速度的增加，粒子所携带的动能越大，进而靶材所受到的冲击能量也越大，变形也越剧烈，所产生的应力也越大，应力场影响深度也越深。但当粒子速度超过 100 m/s 时，粒子冲击所产生的应力值和应力场深度都逐渐衰减，即是喷丸强化过程中的“过喷现象”。因此通过计算机对 20Cr2Ni4A 喷丸强化过程的模拟，粒子速度为 100 m/s 时喷丸强化效果最好。

4.1.2　抛（喷）丸清洗工艺对 20Cr2Ni4A 材料性能的影响

采用气动式喷丸试验机对硬度为 HRC 56～58 的渗碳处理 20Cr2Ni4A 合金钢进行喷丸清洗与强化处理，钢丸硬度为 HRC 62。不同喷丸材料、弹丸直径、喷丸强度的喷丸工艺见表 4.4。喷丸产生的残余应力场为压应力场，并且存在表面残余压应力、最大残余压应力、最大残余压应力深度和残

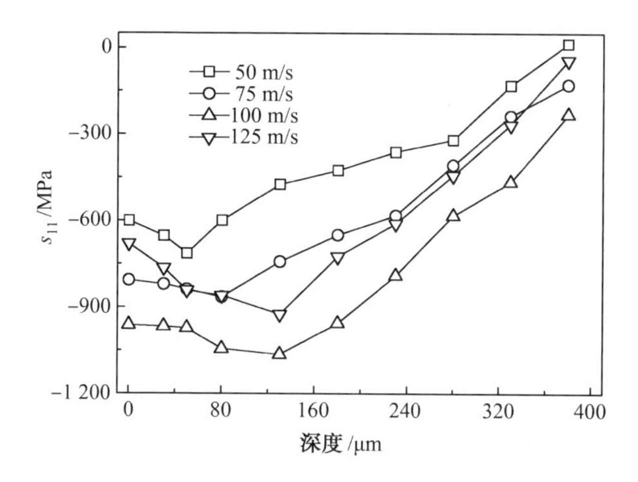

图4.4 不同喷丸速度产生的残余压应力在深度方向上的变化

余压应力深度(强化深度)等特征参数。不同喷丸速度产生的残余压应力在深度方向上的变化在喷丸产生的残余压应力场中,表面残余压应力并不是最大值,最大残余压应力位于距离表面一定深度处,并且残余压应力场具有一定的梯度关系。

表4.4 不同喷丸材料、弹丸直径、喷丸强度的喷丸工艺

序号	喷丸时间/min	弹丸材料	弹丸直径/mm	喷射角度/(°)	喷丸强度/(S · mm^{-1})
1	0.5	铸钢	0.6	90	0.43*A*
2	1	铸钢	0.6	90	0.43*A*
3	1.5	铸钢	0.6	90	0.43*A*
4	0.5	铸钢	0.3	90	0.31*A*
5	1	铸钢	0.3	90	0.31*A*
6	1.5	铸钢	0.3	90	0.31*A*
7	2	铸钢	0.6+0.3	90	0.43*A*+0.31*A*
8	2.5	铸钢	0.6+0.3	90	0.43*A*+0.31*A*
9	3	铸钢	0.6+0.3	90	0.43*A*+0.31*A*

注:A 为阿尔门 A 型试片测得的饱和点的弧高度值

喷丸时间是喷丸工艺中的一个重要参数。在喷丸过程中如果喷丸时间过短就不能达到喷丸强化效果;如果喷丸时间超过喷丸饱和时间,实际喷丸效果也不会提高,反而浪费了弹丸和时间。20Cr2Ni4A 钢试样在不同丸粒尺寸、不同喷丸时间下喷丸产生的残余压应力见表4.5。喷丸开始后，随着喷丸时间的增加，表面残余压应力不断增大，最大残余压应力、最大残余压应力深度和喷丸强化深度在喷丸开始后随着喷丸时间的增加而增大；但是当喷丸时间超过1 min后，最大残余压应力、最大残余压应力深度和强化深度数值变化不大。结合表4.4和表4.5可以看出，当喷丸时间超过1 min后，喷丸强化深度不再发生变化，因此可以推断出20Cr2Ni4A钢试样在此喷丸条件下的喷丸饱和时间为1 min。

表4.5　20Cr2Ni4A钢试样在不同丸粒尺寸、不同喷丸时间下喷丸产生的残余压应力

序号	表面残余压应力/MPa	最大残余压应力/MPa	最大残余压应力深度/μm	喷丸强化深度/μm
1	413	862	35	480
2	578	976	40	550
3	595	960	42	560
4	370	723	25	460
5	381	827	28	500
6	405	836	26	510
7	740	1 148	65	650
8	756	1 056	68	670
9	758	1 040	65	660

常用铸钢丸的直径为0.6 mm和0.3 mm，20Cr2Ni4A钢试样在不同尺寸弹丸喷丸后，在弹丸材料相同及相同喷丸时间的条件下，大直径弹丸喷丸后产生的最大残余压应力、最大残余压应力深度和喷丸强化深度数值较大。

在实际喷丸过程中可以在第一次喷丸基础上使用不同材料、不同直径弹丸的多次喷丸，能够取得良好的效果。采用0.3 mm丸粒对20Cr2Ni4A钢试样进行二次喷丸，7、8和9号试样是在2号试样喷丸工艺基础上分别进行了二次喷丸处理。2号试样喷丸参数为：铸钢丸直径0.6 mm，喷丸时间1 min，喷丸强度0.43*A*。通过比较使用二次喷丸主要提高了高强度钢试样的表面残余压应力，同时增加了强化层深度。7号试样获得较大的压应力值，最大压应力值达到了1 148 MPa，与其他工艺相比也具有较大的残余应力场深度，7号工艺为优化后的20Cr2Ni4A钢喷丸强化工艺。

图4.5所示为喷丸前后试样表面的X射线衍射图，喷丸前试样为马氏体及奥氏体复合相，喷丸后试样的X射线衍射峰发生明显宽化，绝大部分

奥氏体相转变为马氏体相;喷丸使强化层内产生一定的塑性变形,诱发奥氏体由面心立方结构转变为体心立方的马氏体。喷丸后试样中残余奥氏体的质量分数从50%下降到5%以下,诱发转变成的马氏体的位错密度增加,亚结构得到细化,能够对零部件的疲劳寿命的延长有一定贡献。

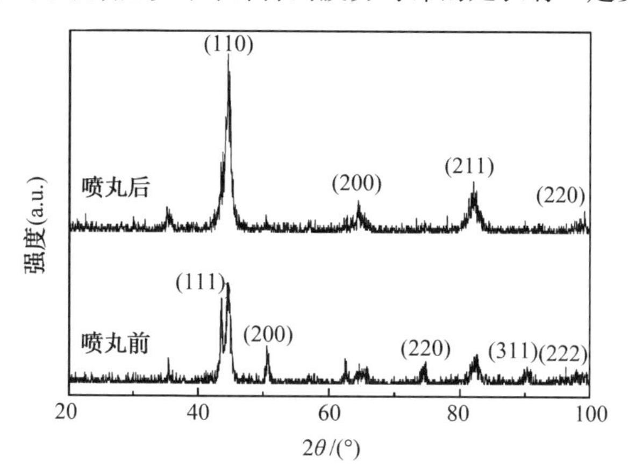

图4.5　喷丸前后试样表面的X射线衍射图

图4.6所示为喷丸前后试样残余压应力和显微硬度沿层深的分布情况。在喷丸产生的残余压应力场中,表面残余压应力并不是最大值,最大残余压应力位于距离表面一定深度处,并且残余压应力场具有一定的梯度关系。喷丸前后20Cr2Ni4A钢试样表面硬度没有发生明显变化。这是由于随着材料硬度和强度的提高,表面形变强化工艺对硬度值改变的影响越来越小。

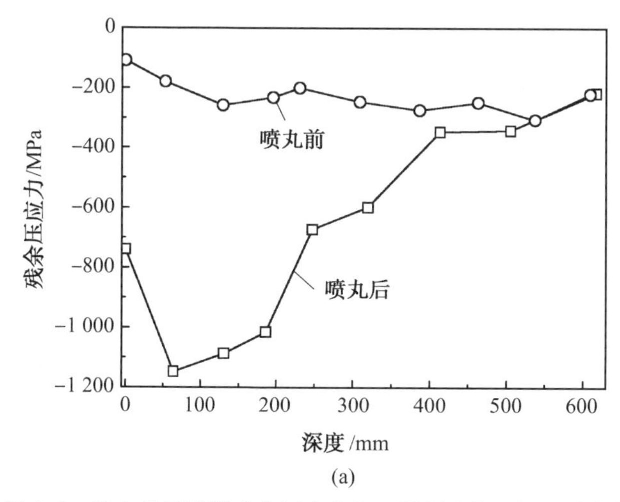

(a)

图4.6　喷丸前后试样残余压应力与显微硬度沿层深的分布情况

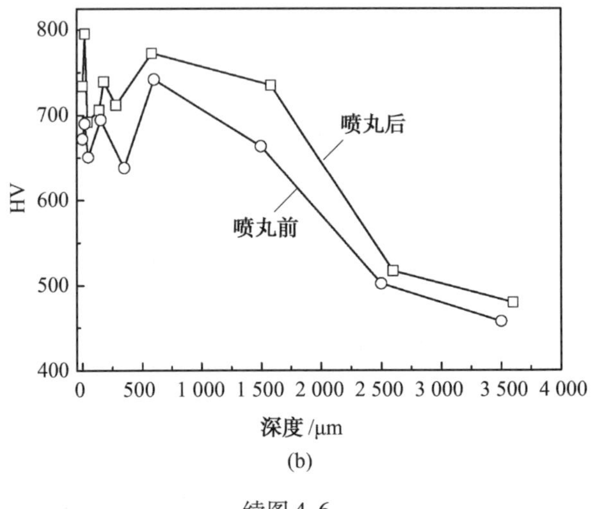

(b)

续图4.6

图4.7所示为喷丸前后20Cr2Ni4A钢表面的金相组织，喷丸前渗碳层组织为高碳针状回火马氏体及少量残余奥氏体，马氏体针叶略微粗大，经过喷丸强化后，20Cr2Ni4A钢渗碳层的显微组织发生了相变，强化后的渗碳层马氏体组织含量明显增加，且马氏体组织明显细化。喷丸强化后，少量的塑性变形对马氏体相变有促进作用，进而诱发了渗碳层组织中的残余奥氏体发生马氏体相变，残余奥氏体发生马氏体相变过程中，马氏体的长度会受到限制，越是后形成的马氏体细化越明显。

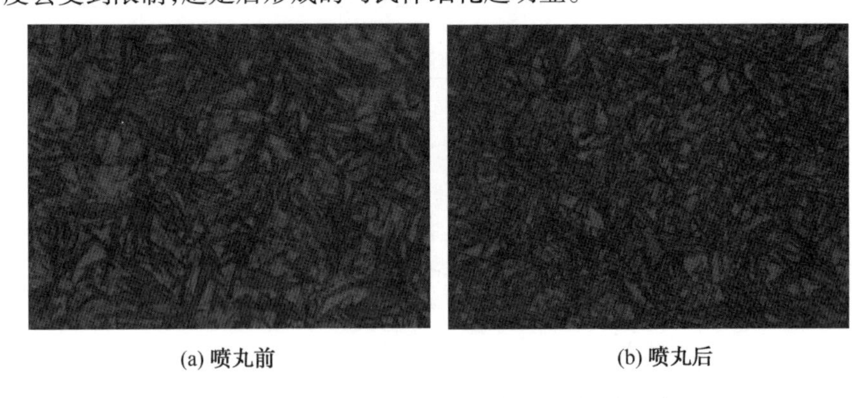
(a) 喷丸前　　(b) 喷丸后

图4.7　喷丸前后20Cr2Ni4A钢表面的金相组织

图4.8所示为喷丸前后20Cr2Ni4A钢的表面形貌，喷丸前其表面粗糙度为 $Ra=0.833$ μm；喷丸处理后的20Cr2Ni4A钢表面由于弹丸冲击，产生了塑性变形，其表面的机械加工痕迹已难以辨识，喷丸过后的表面变得更

加平整,测得其表面粗糙度 $Ra=0.448\ \mu m$。喷丸强化不仅能增大其表面残余压应力,提高抗疲劳性能,还能够降低机械加工后的表面粗糙度。

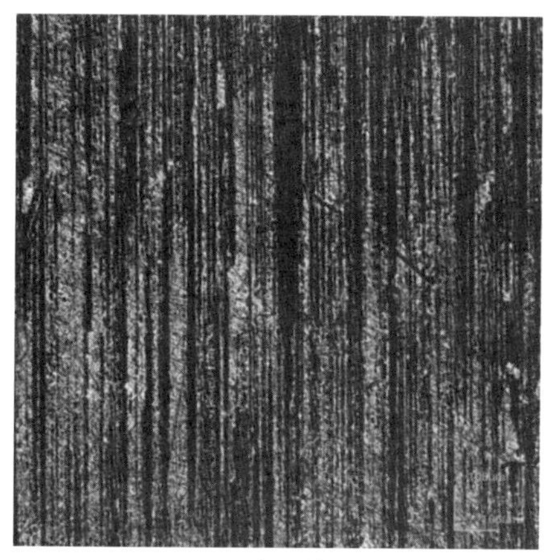

(a) 喷丸前

(b) 喷丸后

图 4.8 喷丸前后 20Cr2Ni4A 钢的表面形貌

采用经典的 Hertz 公式计算渗碳层承受的最大接触应力[1]:

$$P_0 = \frac{3F}{2\pi a^2} \tag{4.2}$$

$$a = \left[\frac{3}{4}r\left(\frac{1-\nu_b^2}{E_b}+\frac{1-\nu_c^2}{E_c}\right)F\right]^{\frac{1}{3}} \tag{4.3}$$

式中,P_0为渗碳层表面的最大接触应力;F 为所施加的载荷;a 为接触半径;r 为轴承球的半径($r=5.5$ mm);E 和 ν 分别表示弹性模量和泊松比;下标 b 和 c 分别指轴承球和渗碳层。轴承球的弹性模量和泊松比分别是 220 GPa和 0.3;渗碳层的弹性模量和泊松比分别是 207 GPa 和 0.29。

经计算,2 000 N 外加载荷下渗碳层承受的最大接触应力为5 581 MPa。

由于疲劳试验数据常常有很大的分散性,因此,需要用统计分析的方法处理这些数据才能够比较清楚地了解材料的疲劳性能。目前,广泛应用 Weibull 分布来统计疲劳寿命数据。二参数 Weibull 分布函数可以写为[2]

$$F(N) = 1 - \exp\left[-\left(\frac{N}{N_a}\right)^b\right] \tag{4.4}$$

式中,$F(N)$为 N 次循环的失效概率;N_a 为失效概率为 63.2% 的特征寿命;b 为 Weibull 失效概率曲线的斜率。

确定 Weibull 分布中的参数(N_a,b)有很多方法,如极大似然估计法、线性回归法及非线性插值法等,其中极大似然估计法计算公式最为简便,应用范围最为广泛。其参数估计公式如下[3]：

$$\frac{\sum_{i=1}^{n} N_i^b \ln N_i}{\sum_{i=1}^{n} N_i^b} - \frac{1}{n}\sum_{i=1}^{n} \ln N_i - \frac{1}{b} = 0 \tag{4.5}$$

$$N_a = \left[\frac{1}{n}\sum_{i=1}^{n} N_i^b\right]^{1/b} \tag{4.6}$$

表4.6所示为20Cr2Ni4A钢渗碳层喷丸前后在最大接触应力5 581 MPa下的接触疲劳寿命。利用式(4.5)和式(4.6)估算出喷丸前20Cr2Ni4A钢渗碳层Weibull失效概率曲线的斜率 $b=3.895\ 6$，特征寿命 $N_a=1.317\ 1\times10^7$，喷丸后20Cr2Ni4A钢渗碳层的Weibull失效概率曲线的斜率 $b=2.917\ 2$，特征寿命 $N_a=1.823\ 5\times10^7$。b 值为形状参数，反映接触疲劳寿命的离散程度或接触疲劳寿命的稳定性。b 值越大，疲劳寿命的离散程度越小。由于经过喷丸强化后的20Cr2Ni4A钢渗碳层的接触疲劳寿命试验只得到5个失效点，所以疲劳寿命的离散程度明显高于喷丸前样品疲劳寿命的离散程度。将得到的 b 和 N_a 值代入式(4.6)，即可得到任意循环次数下渗碳层的失效概率，如图4.9所示。可见，喷丸后20Cr2Ni4A钢渗碳层的疲劳寿命明显高于喷丸前的疲劳寿命，喷丸强化可显著提高材料的接触疲劳寿命。

表4.6　20Cr2Ni4A钢渗碳层喷丸前后在最大接触应力5 581 MPa下的接触疲劳寿命

试样编号	接触疲劳寿命/(×10⁷)	
	喷丸前	喷丸后
1	0.6578	1.213
2	0.786 5	1.462
3	0.886 6	1.628
4	1.029 6	1.793
5	1.201 2	1.947
6	1.229 8	—
7	1.258 4	—
8	1.472 9	—
9	1.587 3	—
10	1.787 5	—

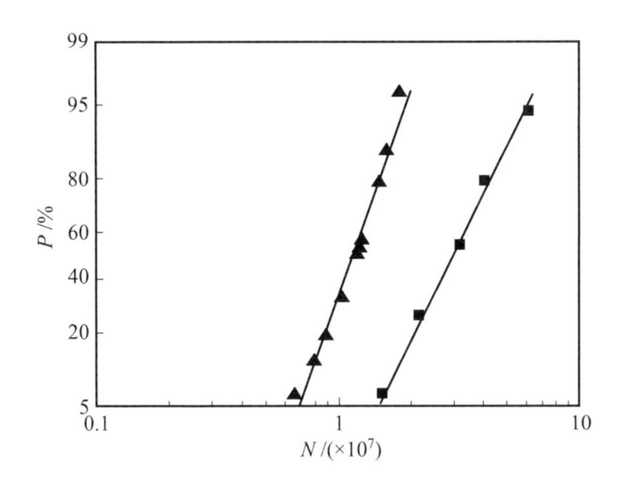

图 4.9 Weibull 失效概率曲线

4.1.3 抛(喷)丸清洗工艺在齿类零部件再制造中的应用

装备运动关键零部件(如齿轮、连杆、凸轮轴、曲轴及叶片等)在服役过程中工作面易产生磨损、疲劳等损伤缺陷,影响装备性能和服役寿命。通常情况下,在装备中修和大修过程中,通过检测零部件功能部位的情况,对仍在合格使用范围内的零部件,可继续使用;对磨损超差的零部件,采用表面修复技术(如堆焊、喷涂、等离子成形、激光快速成形等)恢复其尺寸。针对前一种情况,往往会存在一个不容忽视的问题,即服役零部件尺寸虽然仍符合要求,但其表面已经存在一个工作疲劳层,将对零部件的继续使用带来极大隐患。若采用表面强化的方法处理消除该疲劳层,改变其应力状态和组织,抑制疲劳微裂纹扩展,可大大延长零部件的服役寿命。针对第二种情况,通常也忽略了一个问题,即注重表面层尺寸及硬度和耐磨性等性能要求,而忽略了表面修复层中存在的残余应力。

一般情况下,表面修复层中存在的残余应力为拉应力,其使得修复件服役寿命大大缩短。采用表面强化处理可以消除表面修复层中的残余拉应力,并可使拉应力转变为压应力,从而提高修复层的服役性能和寿命。某大功率重载车辆行星传动齿轮材料为20Cr2Ni4A合金钢,该零部件长期服役后,齿面出现轻微的接触疲劳点蚀。由于齿面点蚀未达到齿面面积的4%,没有达到齿轮失效标准,该齿轮还需继续使用。采用喷(抛)丸清洗技术对行星传动齿轮进行清洗的同时，在材料表层引入残余压应力，使零部件经过保养后服役寿命得到进一步的提升。

图4.10所示为喷丸清洗与强化处理前后的齿轮零部件照片。由图4.10可以看出，经过清洗后，零部件表面锈蚀被有效去除。采用喷丸强化技术对零部件表面进行强化与清洗处理，在有效去除零部件表面污染物和锈蚀的同时，使零部件表面引入一定深度的压应力强化层。表面强化在喷丸机上进行，齿轮零部件沿轴向被加持在工装盘上，并以10 r/min的速度逆时针旋转，喷丸喷枪在距零部件10 cm处以入射角为75°的方向进行喷丸，丸粒选用平均粒径为0.3 mm和0.6 mm，丸粒平均硬度均为HRC 62。喷丸时间为50 min(粗丸30 min，细丸20 min)，喷丸强度0.4A。喷丸后零部件表面压应力大于500 MPa(图4.11)，表面粗糙度为$Ra=0.5$ μm。

(a) 清洗前

(b) 清洗后

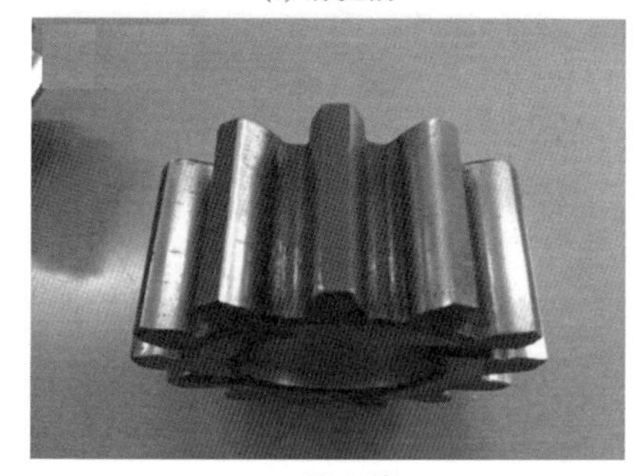
(c) 处理前

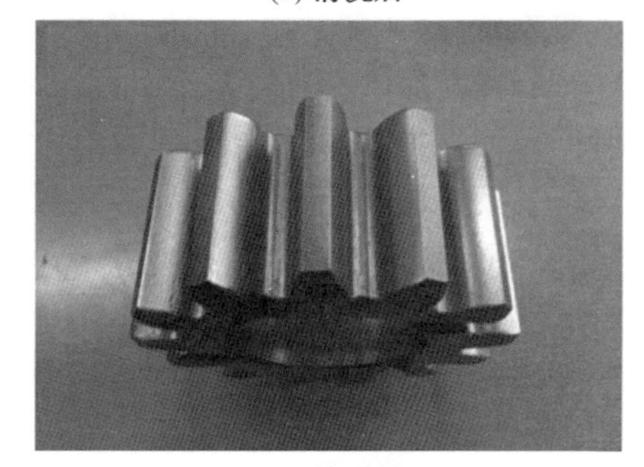
(d) 处理后

图4.10　喷丸清洗与强化处理前后的齿类零部件照片

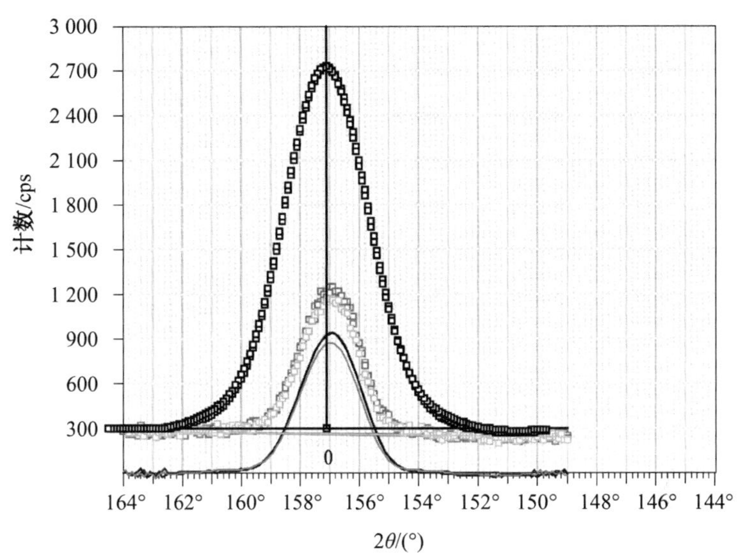

(a) 交相关函数分布曲线

测量结果			
ψ	0.0°	30.0°	45.0°
2θ	154.033°	154.511°	154.923°
峰值计数	446	436	320
半高宽度	5.85°	5.67°	6.22°
积分强度	5 807.2	5 478.8	4 433.0
积分宽度	13.02°	12.57°	13.85°
应力值 σ/MPa	567		
误差 $\Delta\sigma$/MPa	± 2		

(b) 测量结果

图 4.11　喷丸处理后的齿轮零部件表面残余压应力测试结果

4.2　激光清洗技术

激光清洗是一种绿色的物理清洗技术,在清洗过程中不需使用任何介质或化学试剂,产生的固体粉末体积小、可回收、易存放,可以避免传统化学清洗带来的环境污染和水资源浪费问题[4]。同时,激光清洗效率高,是目前化学清洗效率的50倍以上,清洁率接近100%。在清洗的同时能够在金属表面形成氧化层,有效防止或延缓金属的再次锈蚀,可广泛用于不同的金属(如钢铁、铝合金)表面油膜、蚀层、油漆、积炭层等污染物的场地清洗和在线清洗,操作简便、成本低,在未来高端装备和在役装备再制造过程中具有广阔的应用前景[5]。

4.2.1　激光清洗金属表面漆层

在机械产品维修与再制造过程中,需要把表面涂层全部除掉,这不仅是为了重新涂漆以得到一个崭新的装饰涂层,更是为了检测发现零部件是否存在缺陷和裂纹,从而避免装备发生故障。脱漆剂法脱漆是目前常用的除漆方法,但脱漆剂法存在很多缺点,不但有毒有污染,还需耗费大量脱漆剂,成本高,且脱漆剂对大部分金属存在腐蚀作用。激光脱漆不但很好地解决了上述环境和经济问题,而且便于实现对除漆过程的主动控制,因而使激光清洗技术在装备再制造清洗领域受到广泛关注。激光脱漆技术关键是要解决两个问题:一是要保证装备材料表面不被损伤,二是提高脱漆质量和效率,而脱漆效率是制约将激光脱漆技术推向应用的关键因素。本小节主要介绍激光清洗参数对清洗表面性能、清洗质量和效率的影响。

1. 激光清除漆层机理分析

激光除漆实质上是激光与漆层以及基体之间相互作用克服基体与漆层间的黏附力或漆层直接吸收激光能量汽化而脱离基体表面的过程。脉冲激光除漆的机制主要有烧蚀效应、振动效应和声波振碎。

(1)烧蚀效应(Ablation Effect)机制[6]。基底表面的材料层在接受激光辐射时,由于激光与材料表面的相互作用,材料表层吸收激光能量,将其转化为体系的热能,表现为材料表面温度升高。在激光能量密度达到足够高的情况下,材料的表面温度可以达到上千度,甚至可能超过材料的熔点和沸点。材料表面污染物会因此发生燃烧、分解或汽化,从而从吸附的固体表面移除。据测算,高能量的激光束经聚焦后,位于其焦点附近位置的物体可以被加热到几千度的高温,烧蚀效应机制其实就是利用高能激光作用于待清洗物,利用所产生的热效应来破坏材料自身的结构,从而消除其与基底的结合力,达到清洗的目的。

激光清洗漆层的烧蚀效应机制如图4.12所示,当激光脉冲到达吸收激光的漆层表面时,被漆层吸收并被转化为激光能量,使得漆层温度升高。当油漆层在吸收了相对较多的激光能量后,温度达到和超过漆层汽化温度点时,漆层会被汽化,就好像漆层被逐层烧蚀剥离掉一样,这种激光除漆的方式就是烧蚀效应。

(2)振动效应(Vibration Effect)机制[7]。在激光脉冲辐射清洗样品时,当样品表面覆层(或改为“样品表面污染层”)或者基底吸收激光脉冲

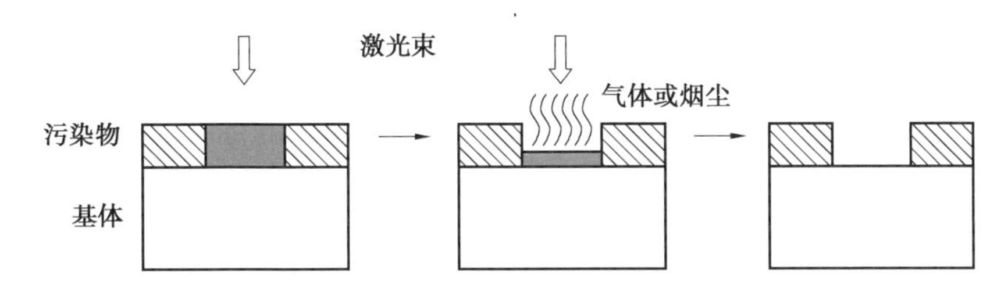

图 4.12 激光清洗漆层的烧蚀效应机制

的能量,由于激光清洗所使用的脉冲宽度通常都很短,即材料的受热和冷却都是在极短的时间内完成的。各层中受热而产生瞬时热膨胀,继而在各材料层中和界面处产生很大的应力梯度,从而引起振动波,并在与基底接触的界面处形成强大的脱离应力,从而使被清洗物能够克服其与基底表面的结合力而脱离基底。

激光清洗漆层的振动效应机制如图 4.13 所示,当激光脉冲到达漆层表面时,漆层和基底会反射部分激光能量并各自吸收部分激光能量,这需要漆层对激光具有一定的透过率,在实际清洗过程中由于油漆涂层一般厚度都不大,所以可以满足这个条件。这时漆层和基底由于吸收了激光能量并将其转化为热导致温度升高,同时漆层(特别是基底)会由于热膨胀系数的不同,随着温度的升高而产生热膨胀,脉冲激光作用时间极短,这种短时间的急剧热膨胀会导致漆层和基底的结合处产生巨大的应力差,应力差产生的振动能克服黏附力的作用,最终使漆层脱离基底。

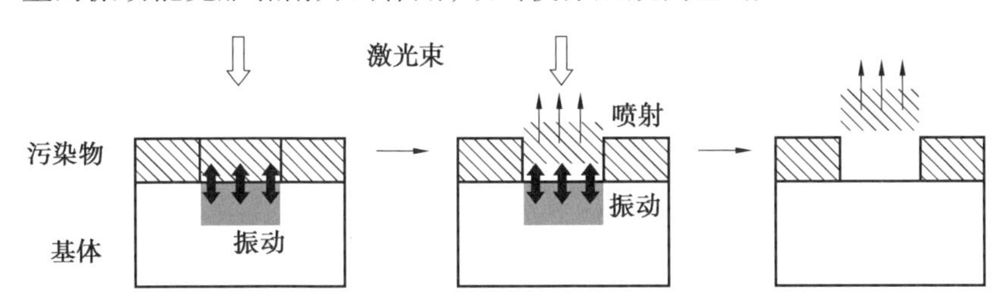

图 4.13 激光清洗漆层的振动效应机制

(3)声波振碎[8]机制。由于激光清洗采用的是纳秒级或飞秒级高重复频率脉冲激光,当激光束冲击被清洗的漆层表面时,部分激光束能量转变成了声波,并沿着漆层厚度方向传播。当声波穿到两层漆膜的分界面或漆层与基体的分界面时,部分反射回漆层并与激光新产生的声波发生干涉,在干涉波的加强处产生高能波,使漆层发生微区爆炸,而形成细小的粉末,从而达到清洗的目的。

2. 激光峰值功率密度对清洗效率的影响

利用波长为1 064 nm、重复频率为5 ~20 kHz可调的准连续Nd：YAG激光对钢基底表面漆层样品进行清洗试验,激光清洗设备与扫描路径示意图如图4.14所示。本试验重点研究了激光峰值功率密度(F)对除漆效果的影响。激光峰值功率密度 $F=4E/(f\cdot \pi D^2\cdot t)$,其中,$f$为重复频率,$D$为光斑直径,$E$为该重复频率下的激光平均功率,$t$为脉冲宽度。由此可见,激光峰值功率密度与激光清洗的机制关键参数呈一定关系。为了探究在何种清洗条件下,能够完全清除漆板表面油漆而不损伤其基体;在保证激光功率密度合适的同时,如何通过调整激光器输出功率、脉冲重复频率、清洗速度等方法,来获得较高清洗效果和更高清洗效率。

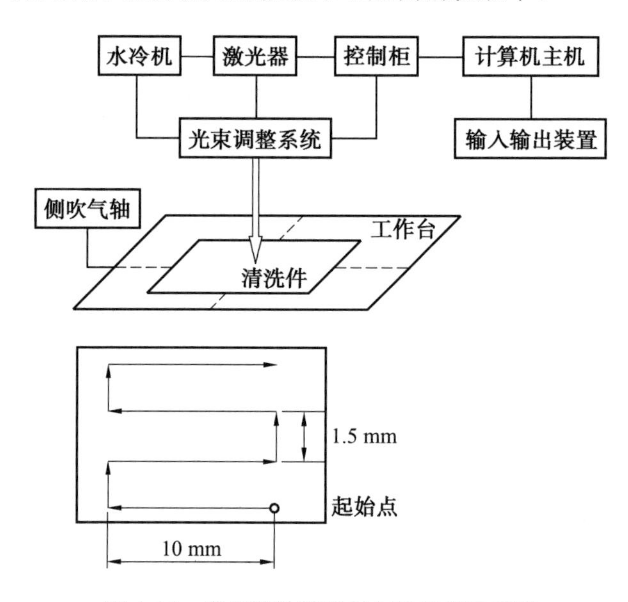

图4.14　激光清洗装置与扫描路径示意图

采用的待清洗样品为钢质基底,涂覆环氧铁红底漆(红色),漆层厚度为50 μm。设定激光脉冲重复频率为18 kHz,光斑直径约为1.0 mm,平均脉冲宽度为80 ns。试验前,用激光功率计测试并记录激光器在不同重复频率下和不同泵浦电流情况下的输出功率,用以计算激光峰值的功率密度。随着激光峰值功率密度的不断增大,样品表面的漆层逐渐脱落。

激光清洗基于激光与物质相互作用效应,与超声波、溶剂法、化学法等清洗方法不同,其清洗过程不需要任何介质,不会产生新的污染,对人体和环境无害。只要合理地控制激光清洗参数,毛坯表面不会产生任何损伤。

激光清洗的工艺难点在于确定激光清洗阈值和损伤阈值。激光清洗阈值和损伤阈值的物理意义是:激光功率低于某一临界数值时,即使延长激光辐照时间,对毛坯表面也无任何清洗效果,这一临界数值就是激光清洗阈值;而当激光功率超过某一阈值时,表面清洗效果虽然仍然较好,但基体表面已产生程度不等的损伤,如裂纹、熔坑等,该阈值称为损伤阈值。激光峰值功率密度对清洗效果的影响见表4.7。

表4.7 激光峰值功率密度对清洗效果的影响

试验编号	平均功率/W	激光峰值功率密度/($W\cdot cm^{-2}$)	试验现象
1	100	3.54×10^7	漆层开始起皮,但未脱离底材
2	200	7.08×10^7	漆层开始起皮,但部分脱离底材
3	300	1.06×10^8	漆层完全脱离底材,底材可见金属色
4	400	1.42×10^8	漆层完全脱离底材,底材可见金属色
5	500	1.77×10^8	漆层完全脱离底材,底材出现损伤

图4.15所示为不同激光功率辐照下漆层表面形貌的宏观照片。当激光平均功率小于100 W时,漆层表面颜色变浅但与金属基体并未脱离;当激光平均功率达到100 W时,扫描区域的漆层开始起皮并与基体分离,剥离该部分分离漆皮后发现金属基体表面光滑平整,此时的峰值功率密度为3.54×10^7 W/cm^2,已达到清洗值;当激光平均功率增加至200 W时,扫描区域漆层开始脱落,有部分漆层崩碎,漆层边缘脱离基体;当激光平均功率增加至300 W时,漆层完全崩碎并开始喷射飞离金属基体,金属基体开始出现明显的网纹,但未发现明显损伤。当功率继续加大,漆层金属基体的网纹更加明显和粗糙,金属基体开始出现较大凹坑,这时已经达到除漆的损伤阈值。

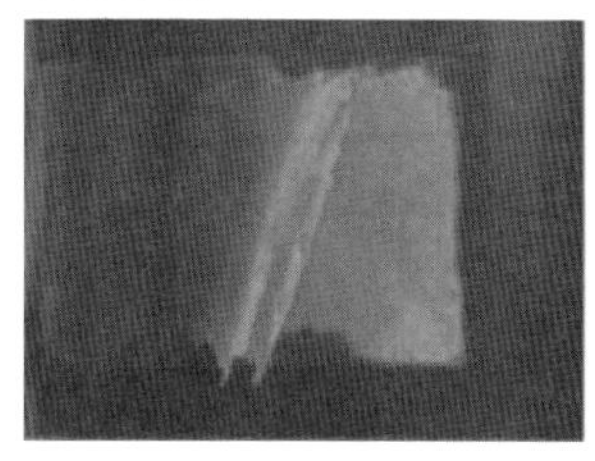

(a) 100 W

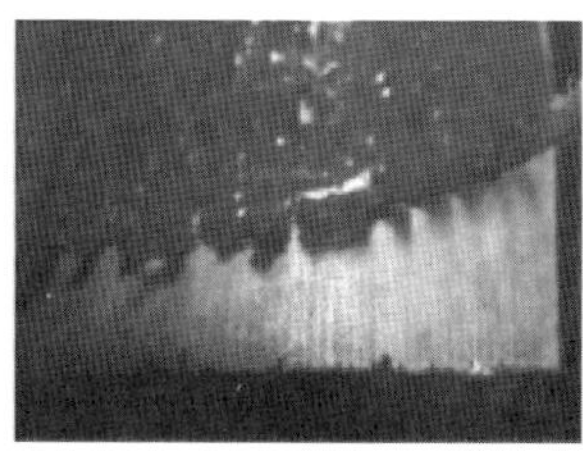

(b) 200 W

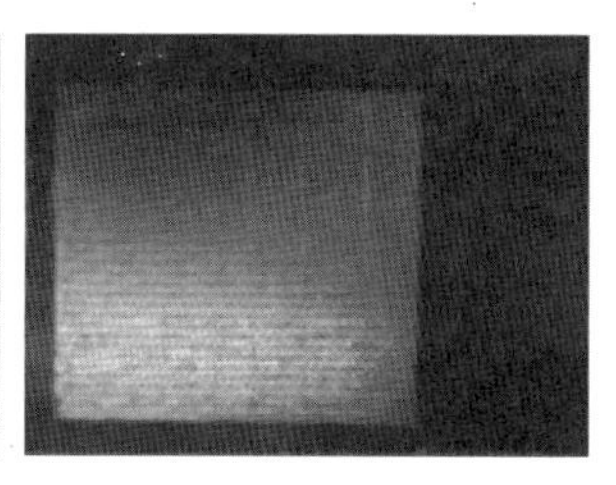

(c) 300 W

图4.15 不同激光功率辐照下漆层表面形貌的宏观照片

3. 水膜对激光脱漆效率的影响

激光清洗工艺中有一种激光+液膜清洗法，即首先沉积一层液膜于待清洗表面，然后用激光辐射去污。其原理是当激光照射液膜时，液膜急剧受热，产生爆炸性汽化，爆炸性冲击波使工件表面的污染物松散，并随着冲击波飞离基体表面，达到去污的目的。

激光峰值功率密度约为 1.06×10^{8} W/cm^{2}，激光扫描样品的速度为 5 cm^{2}/s，以 S 形路径扫描铝合金飞机蒙皮。在相同的激光清洗条件下在铝合金蒙皮表面喷洒水膜，被辐照漆层只需扫描 1 次即可清洗干净。而在无水膜情况下，则需激光扫描 2～3 次。因此，"激光+液膜"清洗工艺可将蒙皮清洗效率提高一倍以上。通过检测，获得在漆层表面有无水膜时激光清洗后的表面光学显微镜照片，如图 4.16 所示。可以看出，漆层表面没有水膜覆盖时，清洗后表面呈现明显的激光光斑痕迹，光斑内出现熔融痕迹，表明出现了烧蚀现象；而当漆层表面有水膜覆盖时，激光清洗表面光滑平整，没有出现明显的激光光斑烧蚀痕迹，说明水膜可以有效提高漆层去除率和激光损伤阈值，其激光除漆机理主要是烧蚀效应和振动效应的共同作用。

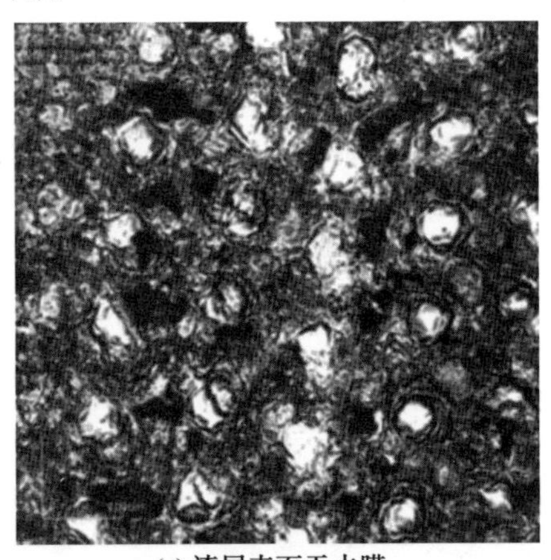

(a) 漆层表面无水膜

(b) 漆层表面有水膜

图 4.16　激光清洗后漆层的表面形貌

4. 激光清洗钢质表面漆层

钢质选择 45 钢板，表面喷涂厚度约为 50 μm 的钢质环氧富锌底漆（灰色）、丙烯酸漆（绿色）、环氧铁红底漆（红色）3 种不同类型的常用油漆。如图 4.17 和图 4.18 所示，当激光清洗参数相同时，对不同类型漆层进行清洗。

图4.17 激光清洗钢质环氧铁红底漆(红色)的表面形貌

脉冲激光对钢质环氧富锌底漆(灰色)漆层的清洗效率较高,通常扫描一次即可实现钢质表面灰色漆层的完全剥离,表面出现金属本色(图4.18)。激光扫描点搭接紧密,点边界较清晰,出现白色的金属表面。另外,在高功率激光清洗过程中,还发现激光清洗时表面出现发蓝现象,而且激光清洗后表面出现清晰可见的犁沟,没有发现漆层烧蚀炭化层。

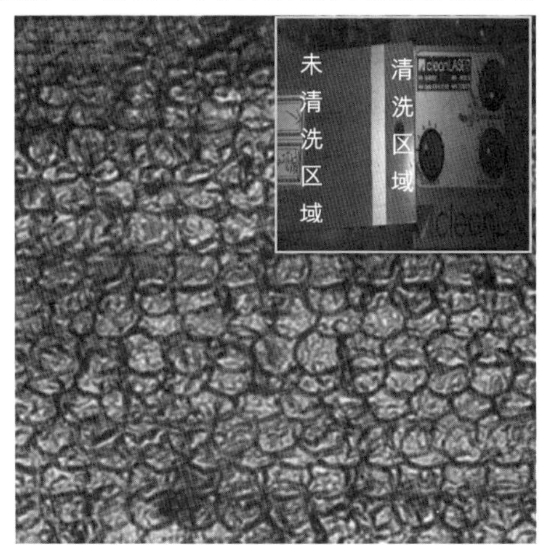

图4.18 激光清洗钢质环氧富锌底漆(灰色)的表面形貌

5. 激光清洗铝合金漆层

图4.19给出了铝合金蒙皮激光清洗后的表面以及喷砂处理后的表面形貌。可以看出,激光清洗后铝合金蒙皮表面比较光滑,清洗得非常干净,

出现铝合金的金属光泽，大气中储存1年后，金属光泽变暗，铝合金蒙皮表面出现氧化现象。而喷砂处理后铝合金蒙皮表面金属光泽黯淡，在喷砂2 h后氧化现象较严重。

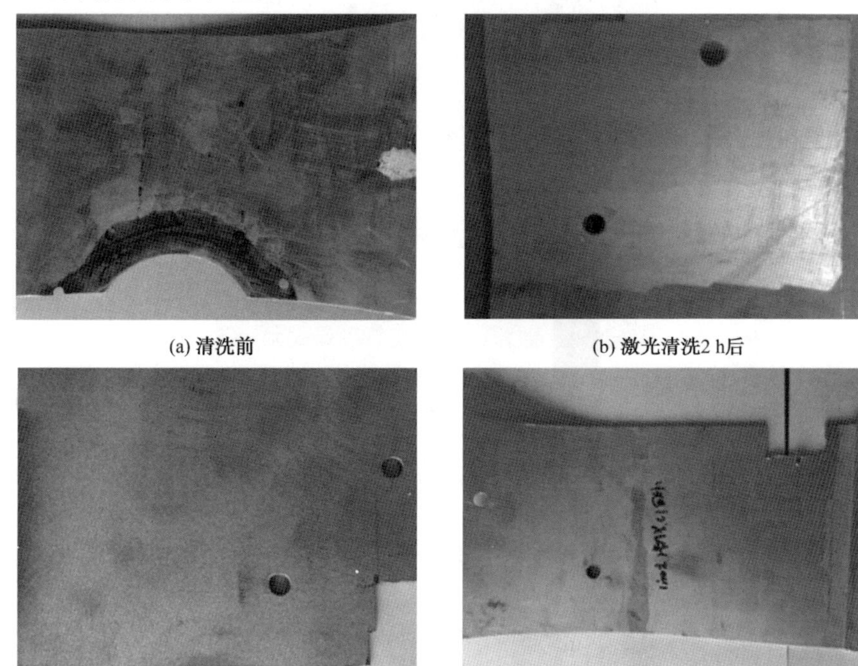

(a) 清洗前　(b) 激光清洗2 h后

(c) 激光清洗1年后　(d) 喷砂清洗2 h后

图4.19　铝合金蒙皮激光清洗后的表面以及喷砂处理后的表面形貌

图4.20给出了铝合金蒙皮喷砂清洗与激光清洗后的表面微观形貌。可以看出，喷砂处理后表面凹坑内有大量的白色颗粒物，表面由于受到高速砂粒的撞击，发生塑性变形，部分硬质喷砂磨料镶嵌到铝合金蒙皮材料内部。而激光清洗后铝合金蒙皮的表面非常平整光滑，没有喷砂清洗后形成的典型凹坑和颗粒，表明激光清洗过程对铝合金基体没有产生明显的表面损伤。

通过以上结果可以看出，脉冲激光可以有效清除铝合金、钢质表面不同类型的漆层，但只有在激光清洗阈值范围内才能获得表面清洁的清洗表面。漆层表面水膜可以显著提高激光脱漆的效率，其激光除漆机理主要是振动效应。漆层的种类不同，需要选择不同的激光清洗参数。激光清洗环氧类的漆层效果更好、效率更高。在激光清洗阈值范围内可以获得光滑、平整、干净的清洗表面，低于激光清洗阈值和高于激光清洗阈值都不能获得清洁表面。

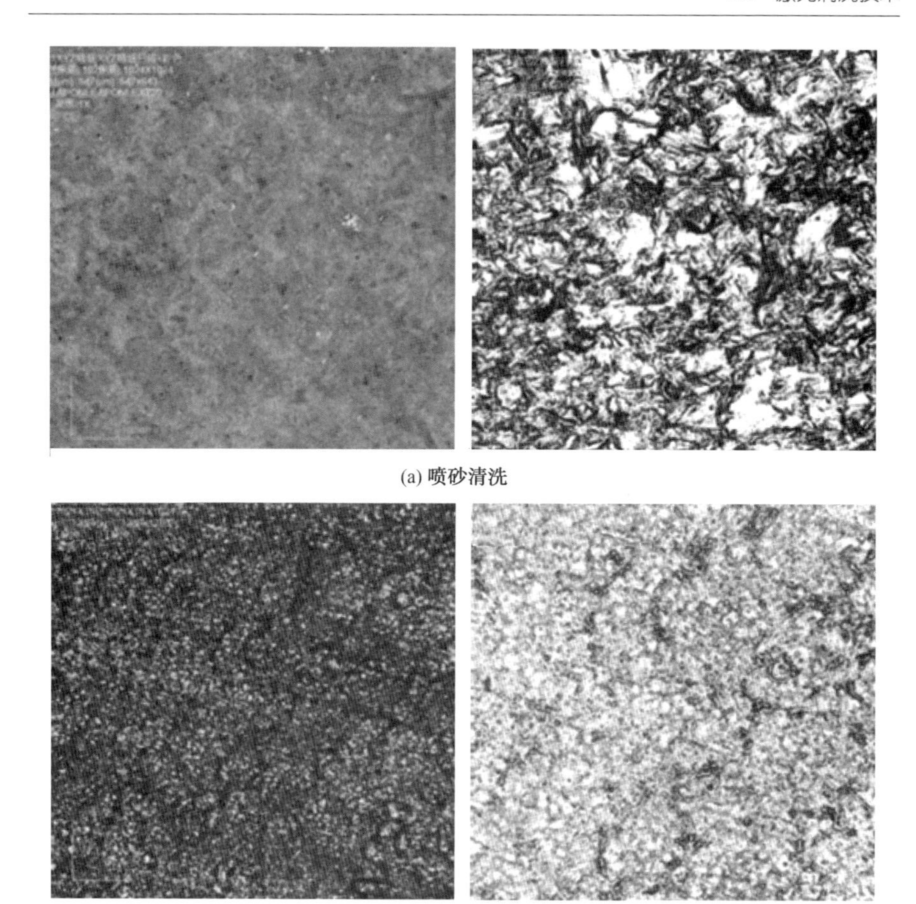

(a) 喷砂清洗

(b) 激光清洗

图 4.20 铝合金蒙皮喷砂清洗与激光清洗后的表面微观形貌

4.2.2 激光清洗表面油污与积炭

油污、积炭是再制造毛坯表面的主要污染物。目前最常用的油污清洗方法是溶剂法、化学超声法,其主要问题是存在污染。而主要的积炭清洗方法是“化学溶剂+磨粒法”,其清洗效果不理想,且存在环境污染的问题。本小节考察了激光清洗工艺对清洗积炭、油污的影响,重点研究了激光清洗阈值和激光清洗表面形貌与成分变化等内容,为激光清洗技术在积炭、油污的清洗应用提供基础。

1. 激光清洗参数对积炭、油污清洗质量的影响

对积炭、油污的激光清洗而言,其影响因素主要包括激光功率、扫描速度、激光脉冲、脉冲频率、离焦量及扫描宽度等,为简化试验量并考察主要参数对清洗效果的影响，采用正交试验的方法，以清洗速度（A）、脉冲宽度（B）、扫描宽度（C）和激光功率（D）为变量，以激光清洗表面残留碳元素的原子数分数为评价指标，研究激光清洗积炭和油污的清洗工艺。正交试验各因素及水平列于表4.8。清洗对象为某军机尾喷管，基材为钛合金，表面存在严重的积炭和少量油污。

表4.8　正交试验各因素及水平

水平	因素			
	$A/(\mathrm{cm^2 \cdot s^{-1}})$	B/ns	C/cm	D/W
1	3	20	1	100
2	5	30	3	300
3	7	40	5	500

由表4.9、表4.10给出的试验结果和方差分析可知，各因素水平对激光清洗表面的残留碳元素原子数分数的影响程度从大到小的顺序为：$A3>A1>A2$，$B1>B3>B2$，$C3>C2>C1$，$D3>D2>D1$。A、B、D的显著值分别为0.399、0.400、0.255，表明激光清洗对钛合金表面残留碳元素原子数分数的影响次序为：$D>A>B>C$。按方差分析法的观点选择对试验结果影响较小的因素，可按实际需要选择适当的水平。综合可知，激光清洗铁合金表面积炭、油污的最佳试验方案为$A3B1C3D3$，即清洗速度（A）为7 $\mathrm{cm^2/s}$、脉冲宽度（B）为20 ns、扫描宽度（C）为5 cm、激光功率（D）为500 W，某型号军机尾喷管表面油污和积炭在激光清洗前后的形貌对比如图4.21所示。

表4.9　试验方案与结果

试验号	因素				试验结果
	A	B	C	D	碳元素的原子数分数/%
1	3	2	3	1	3.23
2	3	3	1	2	3.44
3	2	1	3	2	3.56
4	2	3	2	1	2.91
5	2	2	1	3	3.11
6	1	3	3	3	3.80
7	1	1	1	1	3.25
8	3	1	2	3	3.83
9	1	2	2	2	3.31

表 4.10 方差分析表

变异来源	平方和	自由度	均方值	功率密度	平均功率
校正模型	0.008	8	0.001	—	—
截距项	1.030	1	1.030	—	—
A	0.002	2	0.001	—	—
B	0.002	2	0.001	—	—
C	0.001	2	0.001	—	—
D	0.003	2	0.002	—	—
误差	0.000	0	—	—	—
合计	1.037	9	—	—	—
校正后合计	0.008	8	—	—	—

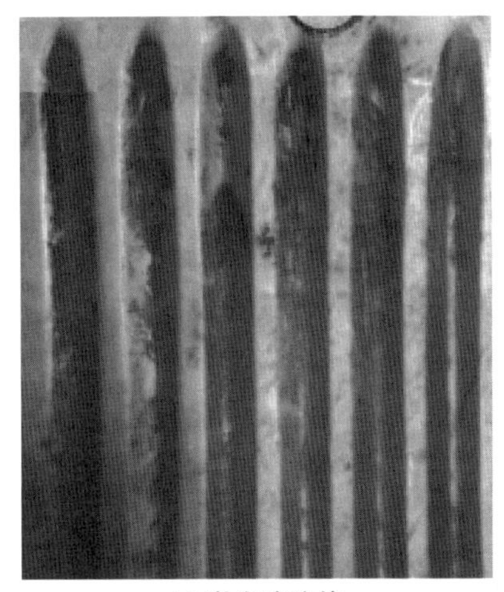
(a) 激光清洗前

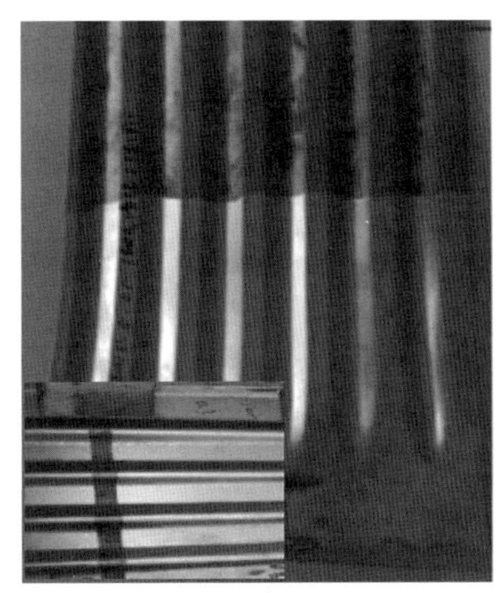
(b) 激光清洗后

图 4.21 某型号军机尾喷管表面油污和积炭在激光清洗前后的形貌对比

2. 钛合金表面积炭、油污的激光清洗阈值

在多元激光参数对激光清洗钛合金表面积炭和油污的研究中,发现激光清洗速度和激光功率对清洗钛合金表面积炭、油污的质量影响最大。其中,对激光清洗表面残留碳元素原子数分数的分析,只能间接反映激光清洗的效率,无法表明表面是否存在烧蚀和烧伤等问题。通过研究清洗速度和激光功率对激光清洗表面形貌的影响,可判断清洗表面是否存在烧蚀损伤,并获得激光清洗阈值。

如图 4.22 所示,在激光脉冲宽度为 20 ns、扫描宽度为 5 cm、激光功率为500 W的条件下,使用不同激光扫描速度对钛合金表面积炭层激光清洗后的表面微观形貌进行检测。表 4.11 给出了在不同清洗速度下激光清洗钛合金表面的形貌观察结果。

(a) 激光扫描速度为 3 cm^2/s

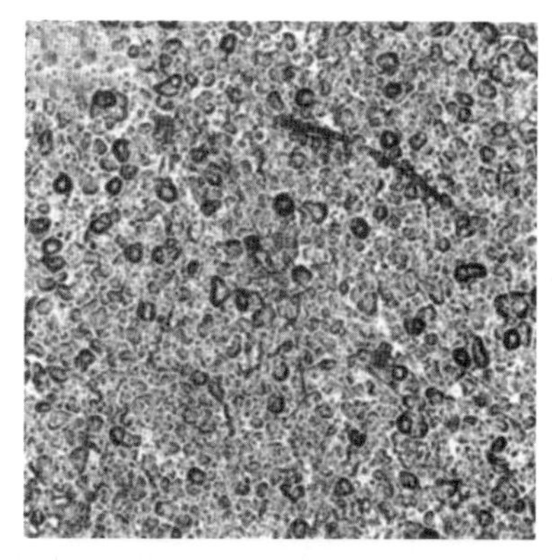

(b) 激光扫描速度为 5 cm^2/s

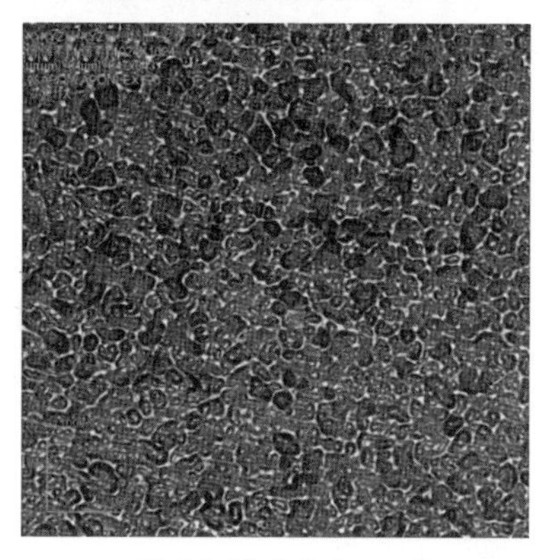

(c) 激光扫描速度为 7 cm^2/s

(d) 激光扫描速度为 9 cm^2/s

(e) 激光扫描速度为 11 cm^2/s

图 4.22　钛合金表面积炭层经激光清洗后的微观形貌

表 4.11 在不同清洗速度下激光清洗钛合金表面的形貌观察结果

清洗速度/($cm^2 \cdot s^{-1}$)	3	4 ~ 9	11
清洗表面状态	清洗斑点呈圆形,中心呈熔融状,明显烧蚀	无明显斑点,表面光滑,没有烧蚀斑点	表面较光滑,没有烧蚀斑点

注:脉冲宽度为 20 ns,扫描宽度为 5 cm,激光功率为 500 W

从表 4.11 可以看出,在激光功率为 500 W 的条件下,激光清洗速度达到 3 cm^2/s 时,钛合金表面积炭和油污的去除效果较好,但清洗表面已经出现烧蚀现象;当激光清洗速度加快至 11 cm^2/s 时,虽然清洗表面没有出现烧蚀现象,但钛合金表面污染物较多,积炭和油污没有完全清洗干净。因此,在上述激光清洗条件下,其激光损伤阈值为清洗速度不大于 3 cm^2/s,激光清洗阈值为 4 ~ 9 cm^2/s。

表 4.12 给出了不同条件下激光清洗钛合金表面的形貌观察结果。由表 4.12 可以看出,激光功率越低、清洗速度越小时清洗表面会出现烧蚀,其激光清洗阈值和损伤阈值与激光功率和清洗速度存在明显的联系。

表 4.12 不同条件下激光清洗钛合金表面的形貌观察结果

<table>
<tr><th rowspan="2">激光功率/W</th><th colspan="5">清洗速度/($cm^2 \cdot s^{-1}$)</th></tr>
<tr><th>1</th><th>2</th><th>3</th><th>4</th><th>5</th></tr>
<tr><td>300</td><td colspan="2">光斑痕迹明显,清洗斑点呈圆形,中心部分呈熔融状,出现明显烧蚀</td><td colspan="2">清洗表面无明显斑点,表面光滑,没有烧蚀斑点</td><td>表面有残留的污染物</td></tr>
<tr><td>100</td><td>出现明显烧蚀</td><td colspan="2">无明显斑点,表面光滑,没有烧蚀斑点</td><td colspan="2">表面有残留的污染物</td></tr>
</table>

注:脉冲宽度为 20 ns,扫描宽度为 5 cm

由以上结果可以得出钛合金表面积炭和油污的激光清洗阈值和损伤阈值示意图(图 4.23)。在损伤阈值以下进行激光清洗时,材料表面会发生烧蚀现象,对材料的本征性能有一定影响;而在清洗阈值以上进行激光清洗时,钛合金表面的积炭、油污清洗得不彻底。只有在清洗阈值以下、损伤阈值以上范围内进行激光清洗处理时,才能获得清洁表面,同时不对毛坯基体产生损伤和负面影响。对于不同的材料和污染物,其激光清洗阈值和损伤阈值会发生变化。因此,对不同污染物和不同材料的激光清洗阈值和损伤阈值必须通过工艺试验确定。

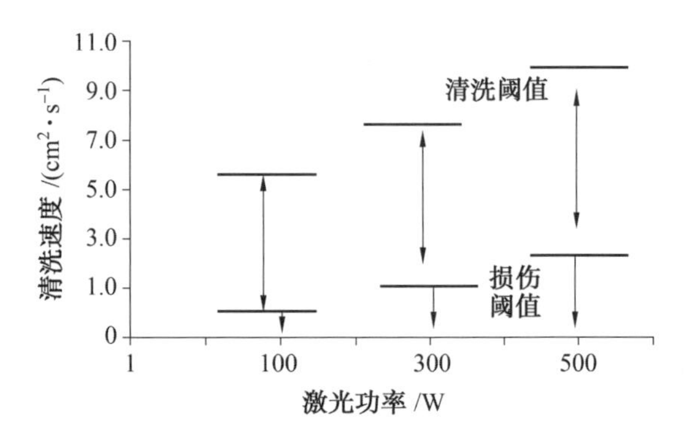

图 4.23　钛合金积炭、油污表面激光清洗阈值示意图

图 4.24 给出了优化激光清洗参数(激光参数脉冲宽度为 20 ns、扫描宽度为 5 cm、激光功率为 500 W、清洗速度为 7 cm^2/s)下获得的激光清洗表面的形貌及其 EDS 谱图。由图 4.24 可以看出,激光清洗钛合金表面积炭、油污后的金属表面主要由钛(Ti)元素构成,检测不到碳元素的存在,说明在此优化激光清洗参数下,钛合金表面积炭、油污已被完全清除。

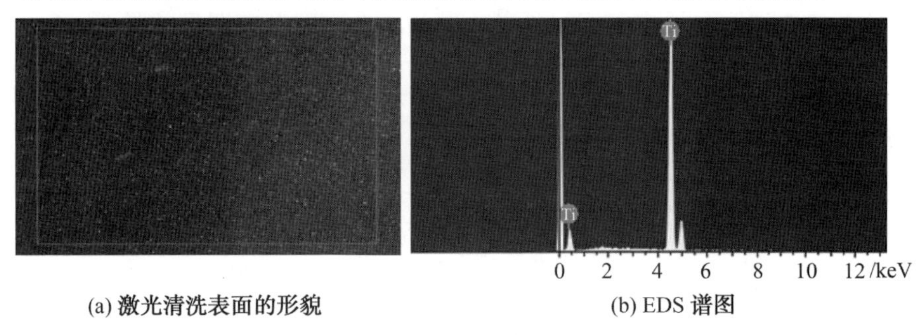

(a) 激光清洗表面的形貌　　(b) EDS 谱图

图 4.24　优化激光清洗参数下获得的激光清洗表面的形貌及其 EDS 谱图

3. 钛合金表面积炭、油污的激光清洗与喷砂清洗对比

图 4.25 所示为钛合金表面经过激光和喷砂清洗后的表面形貌及其 EDS 分析结果。可以看出,激光清洗的表面比喷砂清洗的表面更清洁。钛合金表面积炭、油污经激光清洗处理后,表面主要是钛元素,没有检测到其他元素;而喷砂处理后,钛合金表面除含有钛元素外,还含有硅(Si)、氧(O)、硫(S)、钙(Ca)等元素,表明清洗表面出现喷砂磨料颗粒,喷砂处理的表面发生污染。

由以上结果可以得出:激光清洗钛合金表面积炭、油污时,激光参数对表面清洗质量影响较大,存在清洗阈值和损伤阈值,只有在清洗阈值和损伤阈值范围内才能获得清洁表面,同时不损伤基体。此外,激光清洗的效

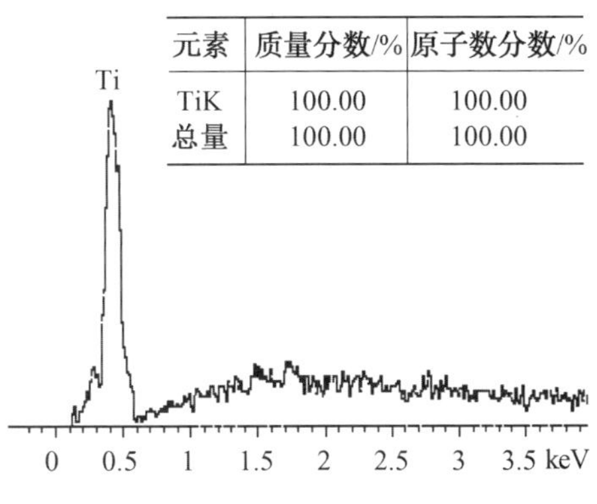

元素	质量分数/%	原子数分数/%
TiK	100.00	100.00
总量	100.00	100.00

(a) 激光清洗

元素	质量分数/%	原子数分数/%
C K	2.61	8.32
O K	4.31	10.33
Al K	1.13	1.61
Si K	1.07	1.47
S K	2.25	2.69
K K	4.14	4.05
Ca K	25.11	24.02
Ti L	59.38	47.51

C K Ti Ca O Al Si S S K Ca Ca Ti Ti

0 0.5 1 1.5 2 2. 3 3.5 4 4.5 5 keV

(b) 喷砂清洗

图 4.25　钛合金表面经过激光和喷砂清洗后的表面形貌及其 EDS 分析结果

果和表面质量好于传统喷砂清洗的效果和表面质量。

4.2.3　激光清洗碳钢表面锈蚀

表面锈蚀会劣化钢质零部件的力学性能和使用性能,从而影响机械产品的使用寿命。传统的除锈方法种类繁多,包括高压水射流除锈、酸洗除锈、超声波除锈及喷砂除锈等。这些方法存在一些不足,如能耗大、污染环境、适用性差、清洗效果不理想等。激光清洗作为一种新兴的清洗技术,是一种绿色的清洗工艺,具有运行成本低、清洁度高、适用性广等优点。然而,激光除锈机理较为复杂,目前没有一个完备的理论能够定量地描述,使激光清洗除锈更多地依赖试验和经验。本小节采用波长为1 064 nm的脉冲激光进行激光除锈试验，并通过表面形貌和成分观测深入研究工艺参数对除锈效果的影响。

1. 激光清洗工艺对锈蚀表面清洗效果的影响

锈蚀样品制备：将 100 mm×100 mm 的 45 钢板打磨，将其放入丙酮溶液内超声波清洗 5 min，然后在空气中自然风干。将清洁干燥的 45 钢浸泡在质量分数为 3.5% 的氯化钠（NaCl）溶液中，时间为 3 个月。获得的铁锈主要成分是三氧化二铁（Fe_2O_3），也含有未分解的氢氧化铁（$Fe(OH)_3$），即 $Fe_2O_3 \cdot 3H_2O$。图 4.26 所示为锈蚀样品外观。

图 4.26　锈蚀样品外观

表 4.13 给出了不同激光清洗参数对表面锈蚀的清洗效果。可以看出，激光扫描一次，样品表面锈层未完全清除。在激光功率、扫描速度相同的情况下，离焦量逐渐增加时（如样品 2、4、5），可以发现样品表面出现烧蚀现象，样品 4 和样品 5 经激光清洗后表面呈现浅黄色，局部出现亮白的金属本色，锈层清除程度大于样品 2 的锈层清除程度。

表 4.13　不同激光清洗参数对表面锈蚀的清洗效果

编号	激光功率 /W	扫描速度 /($cm^2 \cdot s^{-1}$)	离焦量 /mm	扫描次数 /次	激光清洗效果
1	100	7.0	+1	1	大部分锈层未清除
2	300	5.0	+1	1	表面出现烧蚀现象，局部清洗
3	500	3.0	+1	1	表面呈现灰黑色，烧蚀现象更加明显
4	300	5.0	+3	1	表面呈现浅黄色，局部出现亮白金属本色
5	300	5.0	+5	1	表面呈现浅黄色，局部出现亮白金属本色

因为激光束在+1 mm 聚焦时，光束直径较小，能量密度较高，清洗件表面的热输入较大，激光清洗表面在空气中易产生氧化；当离焦量相同（如样品 1、2、3）时，随着激光功率逐渐增大，扫描速度逐渐降低，可以发现样品 1 表面上的大部分锈层未清除，而样品 3 在激光清洗表面锈蚀后，样品表面呈现灰黑色，烧蚀现象更加明显。这是因为样品 1 所采用的激光清洗功率

低,功率密度低,且扫描速度快,线能量低,未能达到清除锈层的激光清洗阈值,因而表面锈蚀不能被清除。比较而言,激光清洗样品3时,激光清洗功率较高,扫描速度慢,单位能量密度较高,因而烧蚀现象更严重。由上述分析可以发现,当激光除锈时,考虑到激光清洗效率和质量及能量利用等问题,离焦量应选择+1 mm以内,并且要选择适当的功率和扫描速度。

根据表4.13的初步试验结果,对影响除锈效果的激光清洗参数进行进一步的研究,关键参数下的激光除锈结果见表4.14。所有锈蚀样品表面锈蚀层均被有效清除,露出大部分金属本色。对比离焦量为±0.5 mm(样品1~3)与±1.0 mm(样品4~6)的激光清洗结果,可以发现样品1~3的激光清洗效果更好。样品4~6激光清洗表面残留一些灰黑色的锈斑,主要原因是这些残留的锈斑较厚,激光束在±1.0 mm离焦量下的直径较大,功率密度较低,激光束不足以一次将其彻底清除。因此,为了保证激光能够稳定地将锈层全部清除,离焦量应设定在±0.5 mm。

表4.14　关键参数下的激光除锈效果

编号	激光功率/W	扫描速度/($cm^2 \cdot s^{-1}$)	离焦量/mm	激光清洗效果
1	100	3.0	±0.5	锈蚀层均已除掉,露出金属本色
2	300	5.0	±0.5	锈蚀层均已除掉,露出金属本色
3	500	7.0	±0.5	锈蚀层均已除掉,露出金属本色
4	100	3.0	±1.0	锈蚀层均已除掉,露出金属本色,但表面残留灰黑色锈斑
5	300	5.0	±1.0	锈蚀层均已除掉,露出金属本色,但表面残留灰黑色锈斑
6	500	7.0	±1.0	锈蚀层均已除掉,露出金属本色,但表面残留灰黑色锈斑

对样品1~3对应的锈蚀表面激光清洗后的微观形貌进行观察,如图4.27所示。通过分析发现样品1激光清洗表面仍有一些浅黑色线形锈迹存在,这是因为激光线能量偏小,单次不能将深层锈层清除。样品2和样品3激光清洗表面没有发现残留锈蚀存在,激光清洗后颜色是亮白的金属本色。

在激光功率为300 W、离焦量为±0.5 mm、扫描一次的条件下,测试不同扫描速度时锈蚀表面激光清洗后元素的原子数分数变化,如图4.28所示。可以看出原始锈层中铁元素的原子数分数较低时,对应的氧元素的原子数分数高。这是因为锈蚀表面主要含有$Fe_2O_3 \cdot nH_2O(n \leqslant 3)$成分,氧元素的原子数分数增加导致铁元素的相对含量降低。当激光扫描速度为

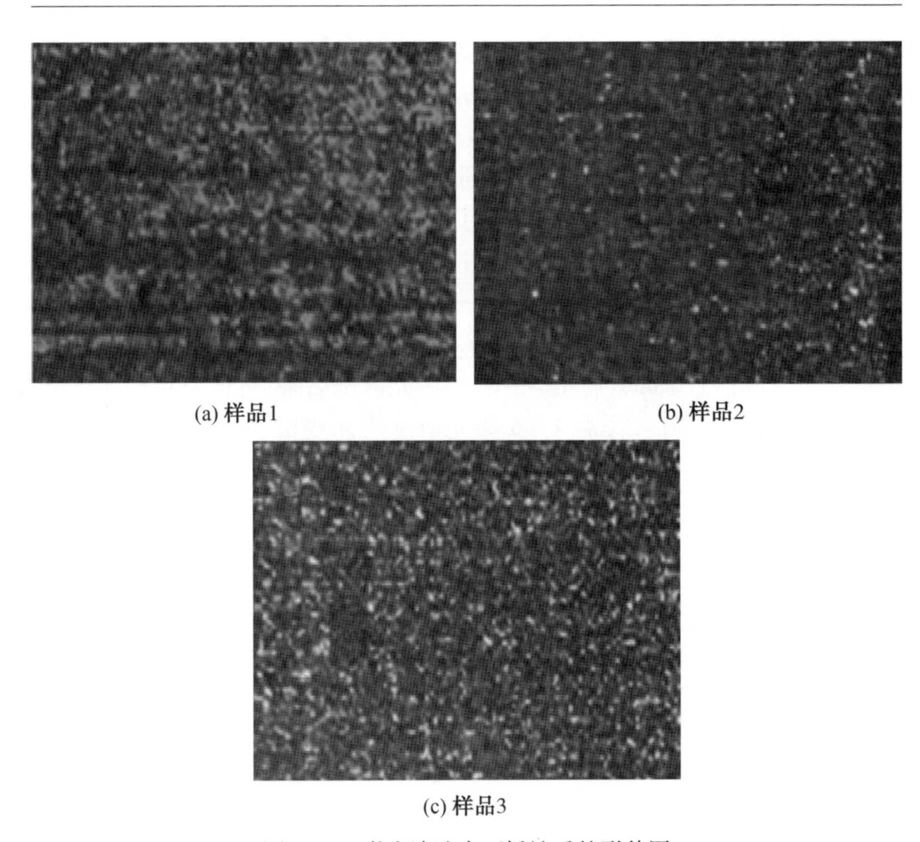

(a) 样品1　　(b) 样品2

(c) 样品3

图 4.27　激光清洗表面锈蚀后的形貌图

3.0～6.0 cm^2/s 时,铁元素原子数分数呈逐渐增大的趋势,氧元素原子数分数呈逐渐降低的趋势,碳元素的原子数分数基本保持不变,这说明锈蚀在不同程度上被清除;当激光扫描速度为 60 mm/s 时,铁元素的相对含量最高,氧元素的原子数分数最低,说明锈蚀去除效果最好。因此,在相同激光功率和离焦量的条件下,激光清洗锈蚀表面的激光扫描速度为 60 cm/s 时,清洗效果最佳。综上所述,激光清洗表面锈蚀的较优的工艺参数为激光功率 300～500 W、扫描速度 5.0～7.0 cm^2/s、离焦量±0.5 mm。

2. 激光清洗工艺参数对锈蚀表面粗糙度的影响

表 4.15 给出了激光功率、扫描次数对清洗表面粗糙度的影响。可以看出,在相同激光清洗功率下,随着扫描次数的增加,激光清洗后表面粗糙度呈逐渐增大的趋势。在相同扫描次数下,激光功率增大,激光清洗后表面粗糙度增大;在激光功率为 100 W 时,随着扫描次数的增加,激光清洗表面粗糙度缓慢增大。在激光功率为 300 W 和 500 W,且扫描次数不大于 4 时,激光清洗表面粗糙度呈缓慢增大的趋势;当扫描次数大于 4 次时,激光

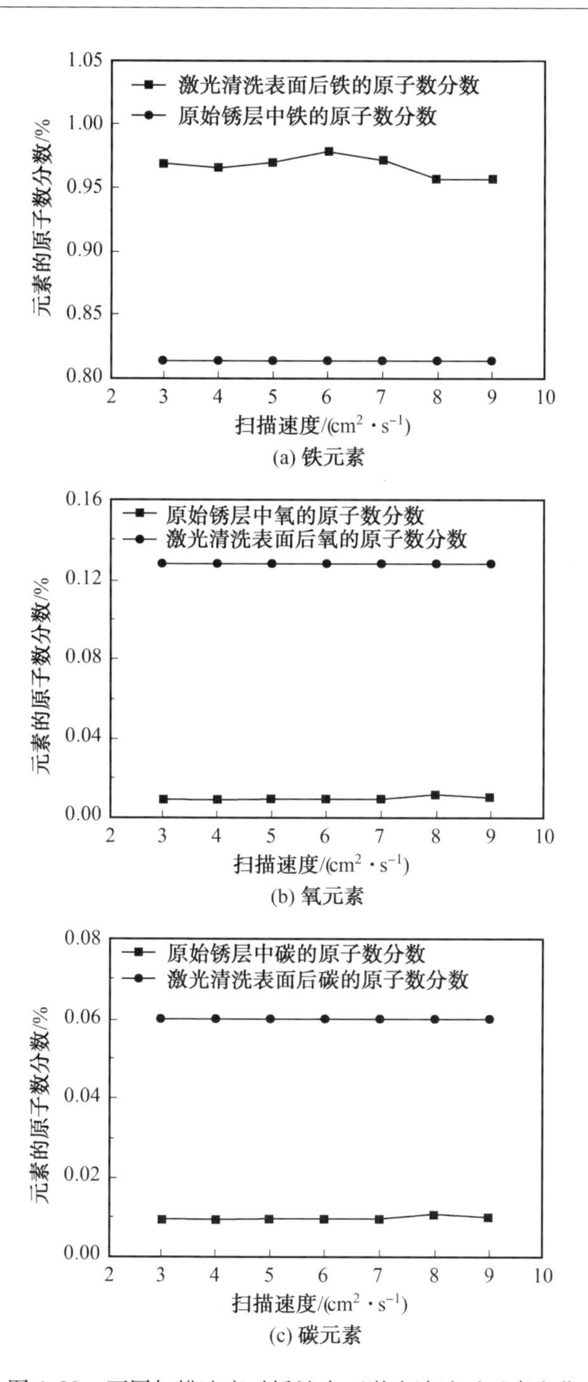

(a) 铁元素

(b) 氧元素

(c) 碳元素

图 4.28　不同扫描速度时锈蚀表面激光清洗后元素变化

清洗表面粗糙度迅速增大。由上述分析可知,在相同的扫描次数下,激光功率为100 W的清洗表面粗糙度比功率为500 W时获得的清洗表面粗糙度要小。在激光功率为100 W时,随着激光扫描次数的增加,样品表面的颜色没有明显变化,呈现银白色;在功率为300 W时,随着激光扫描次数的增加,样品表面由银白色逐渐变黑,但变化不明显;在功率为500 W时,不同激光扫描次数时获得的清洗表面均为黑色,且出现表面损伤。在相同的激光扫描次数和扫描速度的条件下,激光功率越高,样品的表面粗糙度就越大,当激光功率达到某值时出现损伤,形成表面凹坑和烧蚀层。

表4.15　激光功率、扫描次数对清洗表面粗糙度的影响

功率/W	次数						
	1	2	3	4	5	6	7
100	0.35	0.41	0.46	0.56	0.74	0.79	0.81
300	0.84	1.1	1.3	1.5	3.1	4.5	6.7
500	0.85	1.5	1.55	1.6	3.6	6.1	7.4

注:激光扫描速度为1 200 mm/s,离焦量为±0.5 mm

表4.16给出了扫描速度对激光清洗后锈蚀表面粗糙度的影响结果。可以看出,在功率同为300 W且扫描次数相同的条件下,扫描速度为3.0 cm^2/s时获得的表面粗糙度明显高于扫描速度为10 cm^2/s时获得的表面粗糙度。这是因为在除锈过程中,当激光输出功率和扫描次数相同时,激光光束与样品表面的相互作用由扫描速度决定。扫描速度越大,激光光束在样品表面上作用的时间越短,则样品表面获得的激光辐照能量越少,产生熔凝的可能性降低,从而直接影响表面粗糙度的大小。因此,同种激光在激光功率和扫描次数相同的条件下,扫描速度越快,激光清洗后的表面粗糙度越小。

表4.16　扫描速度对激光清洗后锈蚀表面粗糙度的影响结果

扫描速度/($cm^2\cdot s^{-1}$)	扫描次数						
	1	2	3	4	5	6	7
3.0	0.48	0.71	1.1	1.53	1.62	2.1	2.2
10.0	0.42	0.45	0.49	0.65	0.72	0.75	0.80

注:激光功率为300 W,离焦量为±0.5 mm

图4.29所示为激光清洗前后样品的表面粗糙度值的变化情况。由图

4.29 可以看出,碳钢原始的表面粗糙度值分布稳定且平均值较小,而锈层的表面粗糙度值分布较分散且平均值较大。激光清洗后,碳钢的表面粗糙度值趋于稳定值,略高于碳钢原始表面粗糙度值,但明显低于激光清洗前锈蚀表面的粗糙度值,表明激光清洗可以显著降低锈蚀表面的粗糙度值。

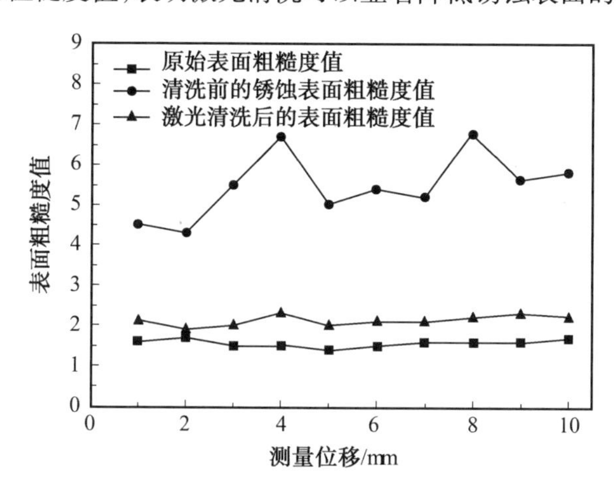

图 4.29 激光清洗前后样品的表面粗糙度值的变化情况

3. 激光清洗工艺参数对锈蚀表面显微硬度的影响

尽管激光除锈在基体表面产生的热影响小,而且深度很浅,但是由于单点激光能量密度高,且可使基体表面材料晶格粒子逃离或偏离平衡位置,从而引起激光清洗表面组织和性能发生变化。表 4.17 给出了激光清洗前后基材表面不同测试点的显微硬度值及平均值的变化情况。可以看出,锈蚀表面的显微硬度值分布没有明显的规律性,比较散乱,但其显微硬度平均值较高,达到 HV 217.6;原始基材表面各点显微硬度分布比较均匀,各点显微硬度的离散比较小,显微硬度平均值较低,约为 HV 173.3;锈蚀表面经过激光清洗后表面硬度值波动较大,各点显微硬度的离散比较大,显微硬度平均值较高,约为 HV 211.0,其显微硬度高于原始基材表面的显微硬度。

表 4.17 激光清洗前后基材表面不同测试点的显微硬度值及平均值的变化情况

显微硬度 $/HV_{0.2}$	试验编号										平均值
	1	2	3	4	5	6	7	8	9	10	
原始表面	176	171	172	174	172	173	174	175	173	173	173.3
锈蚀表面	177	178	189	256	321	170	178	236	251	220	217.6
清洗表面	192	196	215	205	217	220	223	209	214	219	211.0

在激光清洗过程中,单点高能激光作用于基材表面,使表面出现褶皱状硬化层。图4.30给出了锈蚀表面激光清洗后的微观形貌。由图4.30可以看出,在脉冲激光作用下,碳钢表面呈现横纵排列规律的凹坑,凹坑内部锈层几乎被除净,并呈现光亮的色泽。凹坑边缘呈现环状凸起,这是在激光冲击的作用下,内部的金属流向边缘堆积,相邻凹坑的环形部分均有重叠部分。激光冲击形成的薄层组织表面一般呈压应力状态,这种压应力状态可以提高碳钢表面的硬度。在局部区域,凹坑并未覆盖而残留下锈点。因此,可以通过适当地提高激光光束之间的搭接率来减少残留锈蚀的原子数分数,从而提升激光除锈的效果。从上述分析可以发现激光清洗不仅具有良好的除锈效果,而且具有表面强化效果,可在一定程度上改善碳钢表面的力学性能。

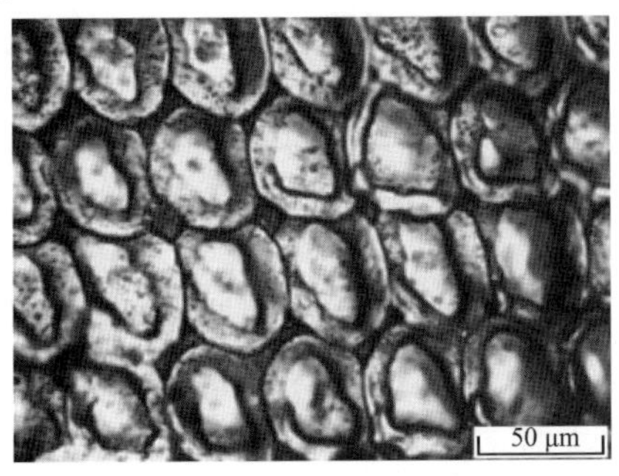

图4.30　锈蚀表面激光清洗后的微观形貌

表4.18给出了激光清洗锈蚀表面不同微区点的元素组成与相对含量比较。由表4.18可以看出,激光光斑内和激光光斑二次搭接处的碳元素相对含量要明显高于激光光斑三次搭接处的碳元素相对含量,铁元素的相对含量比较高,但没有发现氧元素的存在,说明碳钢表面的锈蚀在激光作用下清除得比较彻底。

表4.18　激光清洗锈蚀表面不同微区点的元素组成与相对含量比较

元素	相对含量/%		
	激光光斑内	激光光斑二次搭接处	激光光斑三次搭接处
C	11.28	12.93	7.22
Fe	88.09	86.22	92.35
O	0	0	0

由以上结果可以得出,激光清洗可以有效清洗金属表面的锈蚀,单激

光清洗参数对锈蚀的清洗效果具有显著影响,只有在激光功率离焦量和扫描速度等参数优化的条件下,才能将锈层清除而不损伤基材。对碳钢表面用优化工艺参数激光除锈后,不仅在宏观上看不到任何锈蚀物,其金相组织照片上也看不到锈蚀物的存在。当激光功率越高、扫描速度越低时,激光清洗后的表面粗糙度越大,表面会出现基体损伤。激光除锈表面形成很薄的表面硬化层,在激光光斑和搭接处没有氧元素存在,说明表层不是氧化铁。

4.3　超细磨料喷射清洗技术

4.3.1　超细磨料喷射清洗工艺与评价指标

磨料喷射清除工件表面污染物是利用磨料射流中粒子对工件表面的撞击作用,当粒子的入射速度超过某一临界值,就会对工件表面产生冲蚀作用。衡量磨料喷射清洗效果的参数除了用单位时间的失重来表示外,还可用平均清洗深度、清洗后的表面粗糙度、残余应力情况及材料去除率来表示。材料去除率不是材料的固有属性,其定义为单位质量磨料粒子造成工件材料损失的质量或体积。材料去除率是一个受系统因素影响的参数,可作为对比不同材料清洗质量好坏的参数。它主要受环境参数、磨料性质及材料性能的影响。

1. 磨料喷射清洗工艺的影响因素

入射角指粒子入射轨迹与工件表面的夹角。材料的冲蚀率和冲击角度有密切关系,典型的塑性材料(各种金属合金)的最大冲蚀率出现在15°~30°,典型的脆性材料(陶瓷、玻璃)的最大冲蚀率则发生在正向冲蚀条件下,其他的材料介于两者之间。清洗过程中,应当根据清洗零部件的材料、形状和结构选择合适的喷射清洗角度,提高清洗效率。

粒子冲击速度对清洗质量和效率具有重要影响,冲击粒子携带的能量($E=mv^2/2$)越高,清洗效率就越高。研究表明,磨料喷射清洗过程存在一个冲击速度的下限,它取决于粒子和材料性能,当粒子的冲击速度低于该值时,粒子和工件表面只发生弹性碰撞。材料的冲蚀率和粒子的冲击速度呈现指数关系:

$$E=kv^n$$

式中,n 与冲蚀条件和材料性能有关,对于韧性材料,小角度冲击时,$n=$

2.2～2.4；在正向冲蚀条件下，$n=2.55$；对于陶瓷材料，$n=3$[9]。

固体粒子的粒度和形状是影响喷射清洗质量的重要因素。塑性材料的冲蚀率在一定粒度范围内随着粒度的增大而增加，但当粒子超过临界尺寸后，冲蚀率趋于平稳，这一现象称为粒度效应，粒度效应的临界尺寸随材料及喷射条件的变化而变化。尖锐粒子的冲击清洗效率要高于球形粒子的冲击清洗效率，硬质颗粒的冲击破坏能力要高于软质颗粒。还有一个值得注意的是粒子冲击过程中的碎裂现象，在讨论入射角对材料清洗效果的影响时，只考虑了平整的原始表面和尺寸完整均匀的粒子，但是随着入射角的增加，脆性磨料粒子撞击后破碎的概率也增大，破碎粒子会对工件表面产生二次冲击，进而提高正向冲击条件下的清洗效率。

韧性材料和脆性材料受到冲击时的材料去除机理是截然不同的。材料的延伸率是辨别脆性材料和韧性材料的指标，对于延伸率小于5%的脆性材料，断裂韧性是影响其冲蚀行为的重要因素。对于韧性材料，粒子和材料表面的显微硬度比对材料的冲蚀行为有重要影响，粒子的相对硬度越高，则清洗效率越高。

2. 磨料喷射清洗工艺参数优化。

超细磨料清洗系统装置主要由供气机构、喷枪、供料机构及工作台组成，如图4.31所示[10]。磨料喷嘴尺寸可变，在本试验中喷嘴直径为6 mm，工作压力依靠空压机来调节，在0～1.0 MPa连续可调，通过供料机构控制磨料流量，在试验过程中将喷枪固定，改变工作台角度以实现多角度喷射过程，工作台旋转角度为0°～90°[10]。试验前，采用酒精对试样进行超声波清洗，功率为40 W，试验结束后，用场发射扫描电子显微镜分析试样表面及磨屑的形貌。通过X射线应力仪测定冲蚀试样中心位置的残余应力变化，所用仪器型号为X-350A型，并使用CSM公司的Revertest划痕仪测量喷射区域的表面粗糙度。

选用铝合金材料作为清洗对象，试样尺寸为30 mm×10 mm×2 mm，铝合金表面用砂纸打磨（$Ra<1\ \mu m$），磨料选用不同粒径的氧化铝（Al_2O_3）颗粒（50目、140目）和碳酸氢钠（$NaHCO_3$）颗粒（270目）。利用多因素正交试验，研究了碳酸氢钠颗粒、氧化铝颗粒在不同磨料用量、喷射距离及压力条件下对铝合金薄片的表面粗糙度及残余应力分布的影响，优化并获得最优的清洗方案。表4.19所示为正交试验的试验条件。

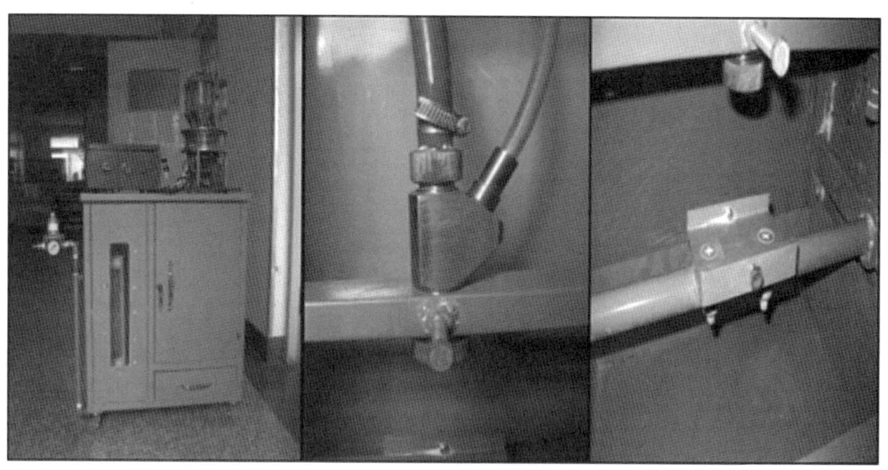

(a) 清洗装置外观　　(b) 喷枪外形　　(c) 工作台

图 4.31　磨料喷射清洗装置

表 4.19　正交试验的试验条件

水平	*A*(磨料)/目	*B*(喷射压强)/MPa	*C*(距离)/mm	*D*(磨料量)/g
Ⅰ	Al_2O_3(50)	0.6	75	150
Ⅱ	Al_2O_3(140)	0.35	45	100
Ⅲ	$NaHCO_3$(270)	0.1	60	50

在试验过程中,磨料喷射清洗过程如图 4.32 所示。高压气体通过气体喷嘴快速射入混合腔,气体的快速流动造成腔内压力小于大气压,磨料粒子在压力差的作用下被吸入混合腔。粒子在压力气体的推动下,经过喷嘴收缩区域的加速过程,快速射出磨料喷嘴,喷射到工件表面。表 4.20 所示为正交试验结果,从时间列表中可以看出,磨料喷射清洗过程的时长,不仅与喷射压力有关,还与喷射磨料用量以及磨料的粒径密切相关,清洗过程中喷射压力越高,使用的磨料量越少,磨料的粒径越小,则相应的清洗周期越短。磨料的粒径越小,则磨料粒子通过喷嘴时受到的阻力越低,同时获得的速度越高,如 5 号试样在磨料量多的条件下,清洗周期依然短于 2 号试样的清洗周期。

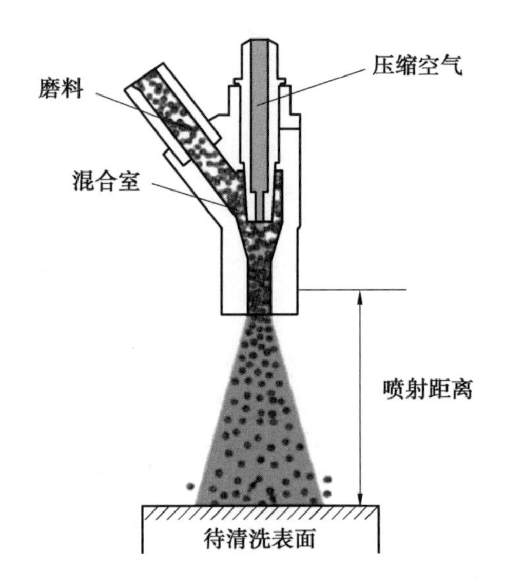

图 4.32　磨料喷射清洗过程

表 4.20　正交试验结果

编号	试验参数				试验指标		
	磨料	喷射压强/MPa	距离/mm	磨料量/g	时间	表面粗糙度 Ra/μm	残余应力/MPa
1	AⅠ	0.6	75	150	2′2″	8.85	−29±11
2	AⅠ	0.35	45	100	1′45″	5.25	−33±8
3	AⅠ	0.1	10	50	1′44″	2.25	−29±14
4	AⅡ	0.6	75	50	45″2	2.71	−46±10
5	AⅡ	0.35	45	150	1′23″	8.99	−45±24
6	AⅡ	0.1	10	100	1′32″	2.29	−50±13
7	AⅢ	0.6	75	100	57″1	3.5	−53±11
8	AⅢ	0.35	45	50	44′5″	10.38	−42±20
9	AⅢ	0.1	10	150	3′18″	14.10	−13±8

(1)表面粗糙度分析。

通过划痕仪测试,测得磨斑中心线上的表面粗糙度,在测试过程中划痕力为0.9 N。每个试样测量多次取平均值,结果见表4.20。图4.33所示为5号试样经过超细磨料清洗后的表面粗糙度测量结果,清洗区域的深度为15 μm,宽度为6.8 mm。表面粗糙度的正交试验分析结果见表4.21,由表中试验结果的均值($\overline{K}$)和极差(R)分析可知,$NaHCO_3$磨料对表面粗糙度的影响最大，当压力为0.35 MPa、距离为45 mm时，消耗的磨料为150 g。极差分析表明，对表面粗糙度影响因素的次序依次为磨料质量、粒径、压力和距离。

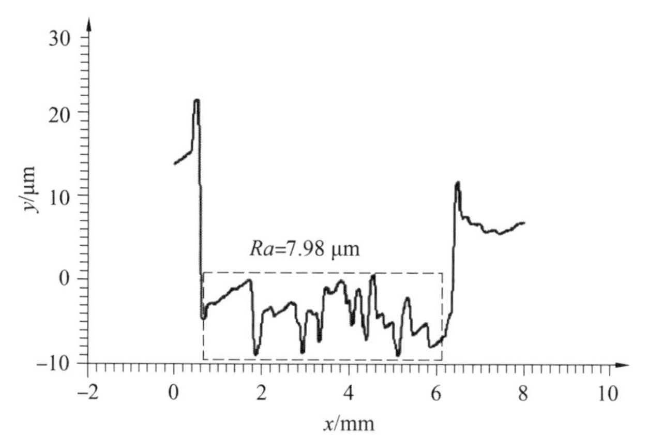

图4.33 5号试样经过超细磨料清洗后的表面粗糙度测量结果

表4.21 表面粗糙度的正交试验分析结果

方差分析	磨料粒径/μm	压力/MPa	距离/mm	磨料质量/g
K_1	16.35	15.06	21.52	31.94
K_2	13.99	24.62	22.06	11.04
K_3	27.98	18.64	14.71	15.34
$\overline{K}_1$	5.45	5.02	7.17	10.64
$\overline{K}_2$	4.66	8.21	7.35	3.68
$\overline{K}_3$	9.33	6.21	4.9	5.11
R	4.67	3.19	2.45	6.96

图4.34所示喷射处理后铝合金的表面形貌图，分别对应1、4、7号样品。1号试样的表面粗糙度要高于4、7号样品的表面粗糙度，且被清洗区域不规则，磨料尺寸越大，实际的冲击接触面积也越大；磨料的尺寸越小，喷射区域也越平整。由以上结果可知，可以选择不同尺寸的磨料，结合后续再制造工艺流程，主动控制喷射清洗后的表面粗糙度。

(2)残余应力分析。

图4.35所示为超细磨料喷射清洗后表面的典型X射线应力仪测试结果。各试样中心区域的残余应力值及其误差见表4.20。以残余应力为评价指标，对超细磨料清洗试样表面正交试验结果进行正交分析，残余应力正交分析结果列于表4.22。由表4.22可以得出，对应残余压应力最大值

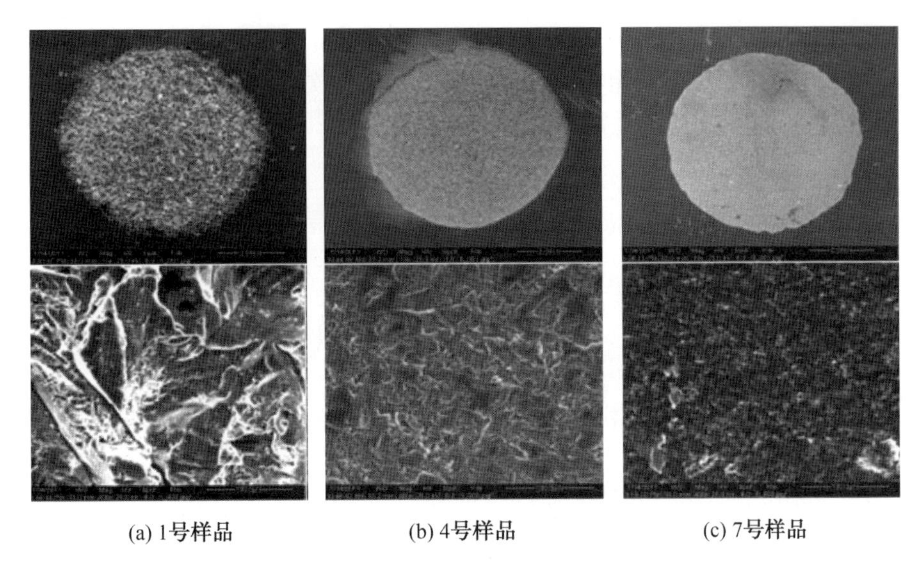

(a) 1号样品　　(b) 4号样品　　(c) 7号样品

图4.34　喷射处理后铝合金的表面形貌

的最佳水平为粒径为140目(氧化铝),喷射压力为0.6 MPa,距离为60 mm,磨料量为100 g。残余应力的影响次序为粒径尺寸、磨料质量、压力和距离。

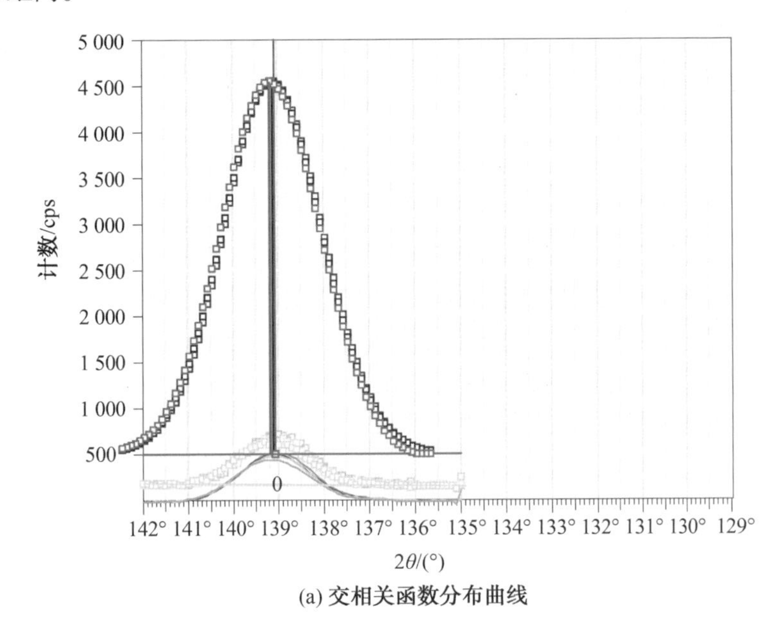

(a) 交相关函数分布曲线

图4.35　超细磨料喷射清洗后表面的典型X射线应力仪测试结果

测量结果				
ψ	0.0°	15.0°	30.0°	45.0°
2θ	139.015°	139.083°	139.088°	139.112°
峰值计数	672	535	464	493
半高宽度	1.75°	1.80°	1.77°	1.88°
积分强度	1 260.2	1 010.7	879.2	953.9
积分宽度	1.88°	1.89°	1.89°	1.93°
应力值 σ/MPa	−33			
误差 Δσ/MPa	± 8			

(b) 测量结果

续图 4.35

表 4.22 残余应力正交分析结果

方差分析	磨粒粒径/目	压力/MPa	距离/mm	磨料质量/g
K_1	91	128	121	87
K_2	141	120	92	136
K_3	108	92	127	117
$\overline{K_1}$	30.3	42.67	40.33	29
$\overline{K_2}$	47	40	30.67	45.3
$\overline{K_3}$	36	30.67	42.3	39
R	16.7	12	11.63	16.3

3. 在磨料射流清洗过程中的冲蚀行为

通过超细磨料正向清洗 45 钢表面研究其正向冲蚀行为,进一步揭示超细磨料射流清洗机理。45 钢试样尺寸为 30 mm×10 mm,表面采用砂纸打磨。

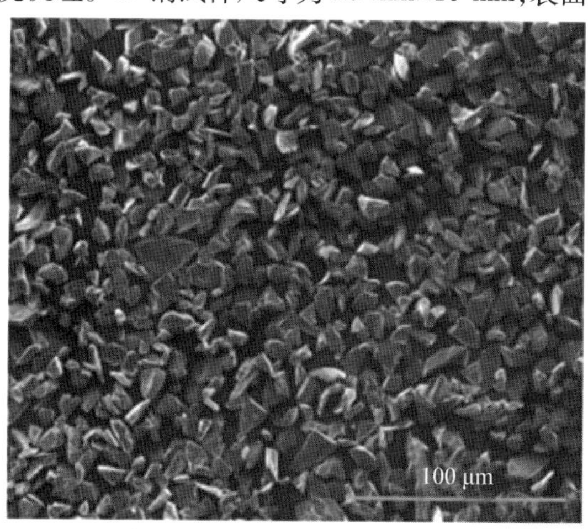

图 4.36 碳化硅磨料的表面形貌

超细磨料粒子为尺寸 10 μm 的碳化硅(SiC)颗粒,其表面形貌如图 4.36 所示。所用 SiC 颗粒为边缘尖锐的多面体,颗粒大小均匀。表 4.23 给出了超细磨料射流清洗的工艺参数。

表 4.23　超细磨料射流清洗的工艺参数

工件材质	45 钢
磨料种类	SiC(10 μm)
喷嘴直径/mm	6
喷射距离/mm	100
入射角	90°
喷射压力/MPa	0.3,0.4,0.5
磨料量/g	100,150,200,250,300

(1)冲蚀率分析。

图 4.37 所示为 45 钢的冲蚀失重量与磨料量的关系曲线。45 钢试样在碳化硅正向冲蚀条件下产生的失重在几十毫克的量级,采用相同喷射压力,试样冲蚀失重量与磨料量成正比,有明显的上升趋势。当磨料量相同时,压力越大,冲蚀失重量也越大。

材料去除率是磨料喷射过程中去除材料的质量与磨料量的比值,是评价磨料喷射清洗的重要指标之一,其大小与冲蚀过程中冲蚀角密切相关[10]。通常认为冲蚀角为 15°~30°时,韧性材料的材料去除率最大,在正向冲击条件下,脆性材料的材料去除率最大[11]。使用直径为 120 μm 的碳化硅垂直冲击时铝的材料去除率约为 4×10^{-4}。

图 4.38 为 45 钢的材料去除率与磨料量的关系曲线。从图中可以看出,使用粒径为 10 μm 的碳化硅磨料时 45 钢的材料去除率为 $(0.6\sim1.5)\times10^{-4}$,其值较低,表明磨料粒径与材料去除率之间的关系密切。冲蚀压力对材料的去除率和冲蚀磨料量具有重要影响,在不同的冲蚀压力下,材料去除率先增加后逐渐减小。冲蚀压力升高,材料去除率不断降低[10,12]。

(2)残余应力分析。

图 4.39 所示为 45 钢试样表面的残余压应力与磨料量之间的关系曲线。由图 4.39 可以看出,45 钢试样冲蚀后压应力约为 320 MPa。测得原始表面的压应力值约为 280 MPa,这说明冲蚀能够提高表面的残余压应力。压力一定的条件下,残余压应力随磨料量先增大后减小。在磨料量相同的条件下,残余压应力值随压力增大而减小。以上结果与材料的应力分

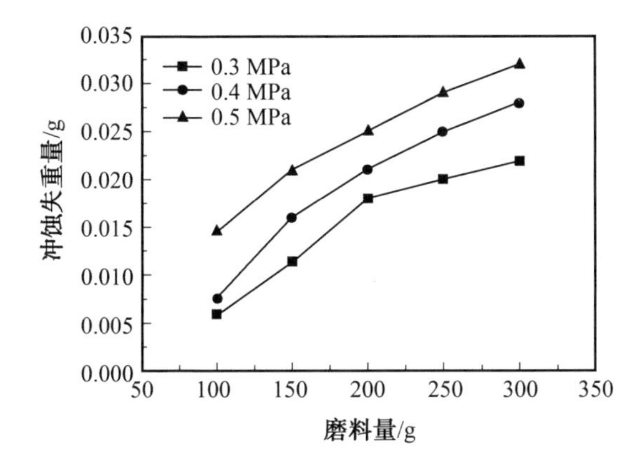

图 4.37 45 钢的冲蚀失重量与磨料量的关系曲线

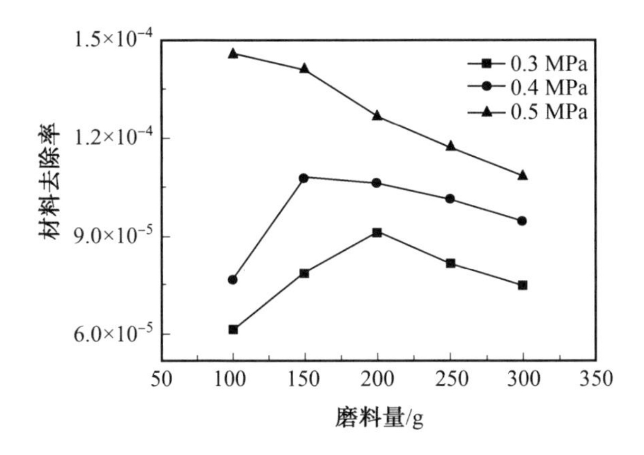

图 4.38 45 钢的材料去除率与磨料量的关系曲线

布有关,原始 45 钢试样的残余压应力沿深度呈递减趋势,在 SiC 磨料的冲击作用下,试样表面材料被去除,虽然喷射提升了残余压应力,但随着材料的不断去除,残余压应力逐渐减小。

为了研究超细磨料喷射对深度方向应力变化的影响,利用电化学腐蚀技术,逐层去除样品表面材料,分层测量残余压应力。图 4.40 所示为超细磨料射流清洗后 45 钢试样在深度方向残余压应力的变化曲线。由图可知,45 钢的应力沿深度方向为压应力,随着深度的增加,应力值减缓速度变小。喷射压力对深度方向残余压应力曲线影响较小。当深度为 0 ~ 10 μm 时,试样的残余压应力沿深度方向要大于未冲蚀试样的残余压应力,这说明超细磨料的喷射冲击对 45 钢的影响深度约为 10 μm,但试样残余压应力沿深度方向的大小趋势一致。

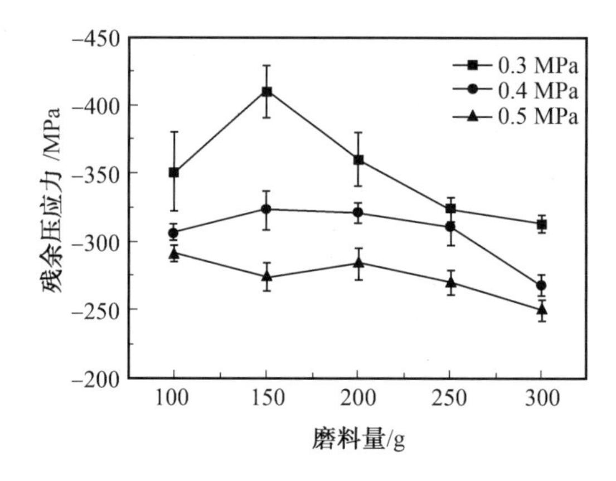

图 4.39　45 钢试样表面的残余压应力与磨料量之间的关系曲线

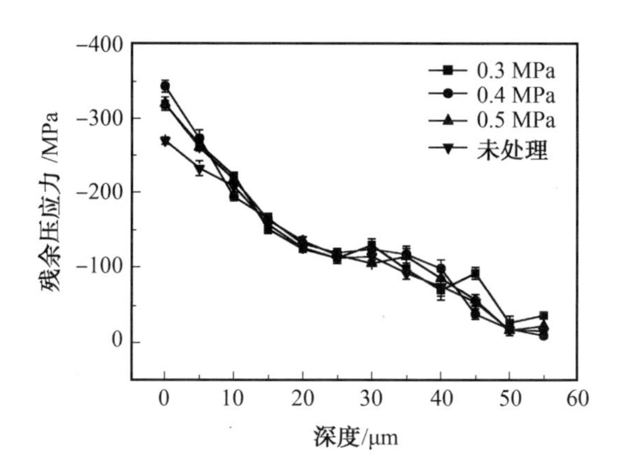

图 4.40　超细磨料射流清洗后 45 钢试样在深度方向残余压应力的变化曲线

(3)冲蚀表面形貌分析。

磨料量影响 45 钢表面微观塑性变形的大小。图 4.41 所示为不同磨料量下 45 钢表面超细磨料射流清洗后的微观形貌。在磨料量为 10 g 条件下,冲蚀表面分布着不同尺寸的冲蚀微坑,由微坑倾向可判断粒子冲击方向。喷射粒子增加,会增大冲蚀微坑,产生脊状突起结构,这些结构影响 45 钢的表面粗糙度。

由冲蚀表面形貌可推断其变形机理,如图 4.42 所示,当粒子撞击 45 钢表面时,粒子分布具有不均匀性,粒子撞击集中在一些区域,使得部分材料受冲击挤压变形,挤压使得表面形成脊部与凹坑。大量粒子的冲击作用使得脊部与凹坑交织在一起,形成最后的冲蚀表面形貌。

磨料粒子喷射清洗要去除工件表面的材料,如图 4.43 所示,中间两幅

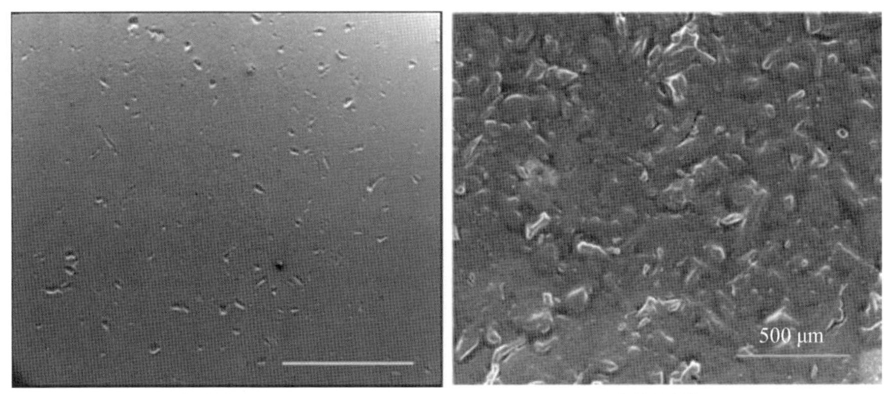

(a) **磨料量为** 10 g　　(b) **磨料量为** 300 g

图 4.41　不同磨料量下 45 钢表面超细磨料射流清洗后的微观形貌

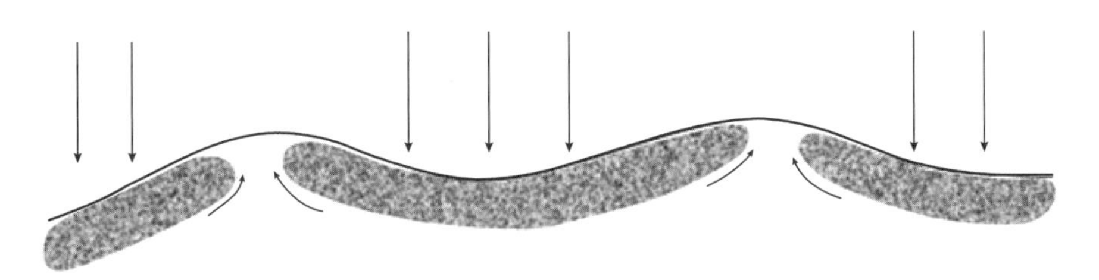

图 4.42　冲击挤压表面变形原理图

图分别为清洗前后 45 钢试样的照片。可以看出，冲蚀使表面失去镜面光泽。从微观形貌可以看出，抛光表面存在少量微小划痕，喷射之后表面的粗糙度增大，但除去了表面的划痕。冲蚀后表面粗糙度虽然大于抛光表面的粗糙度，但其粗糙度值的分布更均匀。

(a) **清洗前**　　(b) **清洗后**

图 4.43　喷射清洗前后的样品形貌图

正向冲蚀通常分为3个区域[13]，如图4.44所示。冲蚀的最外表面为软化区，深度约为15 μm；在其下方为加工硬化区，硬化区的深度与实际喷射参数有关；硬化区下方是未受影响区。软化区相对较软，所以材料冲蚀去除之前，粒子会嵌入软化区。如图4.45所示，冲蚀区域和未冲蚀区域区别明显，斑点区用EDS能谱仪测量表明，碳化硅颗粒嵌入在软化区域。由嵌入粒子的直径可知，受冲击速度限制，粒径大的磨料难以嵌入，当嵌入粒子粒径较小时，嵌入粒子对样品质量的影响忽略不计。

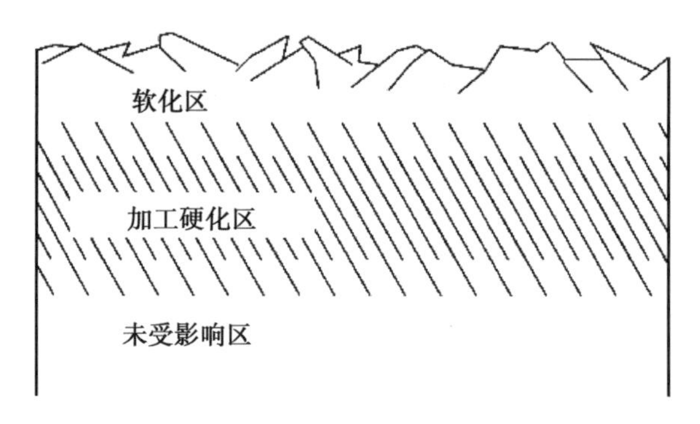

图4.44　硬化区域分布示意图

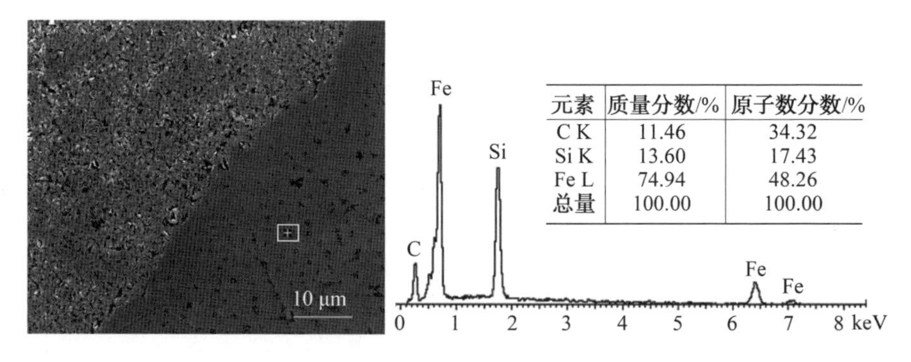

元素	质量分数/%	原子数分数/%
C K	11.46	34.32
Si K	13.60	17.43
Fe L	74.94	48.26
总量	100.00	100.00

图4.45　粒子嵌入的SEM形貌图与粒子EDS能谱图

硬度对冲蚀表面的塑性变形影响较大，图4.46所示为45钢和LY12铝合金的冲蚀表面形貌。从冲蚀表面的SEM形貌照片可以看出，在尖锐碳化硅粒子的冲击剪切作用下，LY12铝合金表面发生了严重的塑性变形，表面形貌十分不规则；而45钢材料表面较为平整，相比之下塑性变形明显减轻。45钢表面冲蚀试验前的显微硬度为$HV_{0.2}$185，铝合金试样表面冲蚀前的显微硬度为$HV_{0.2}$115。以上结果与冲蚀试样表面硬度密切相关，即硬度对材料耐冲蚀性具有重要影响，主要原因是高硬度磨料粒子在磨料喷射(冲蚀)过程中在材料表面碰撞过程主要表现为弹性碰撞,因此在对材料的去除作用下,对表面形貌的影响较小[10]。

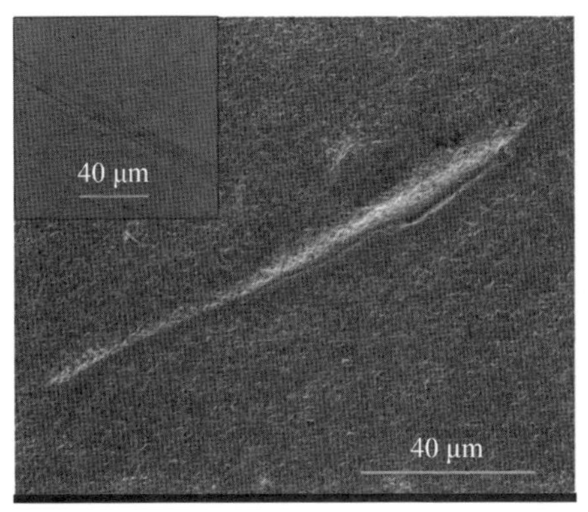

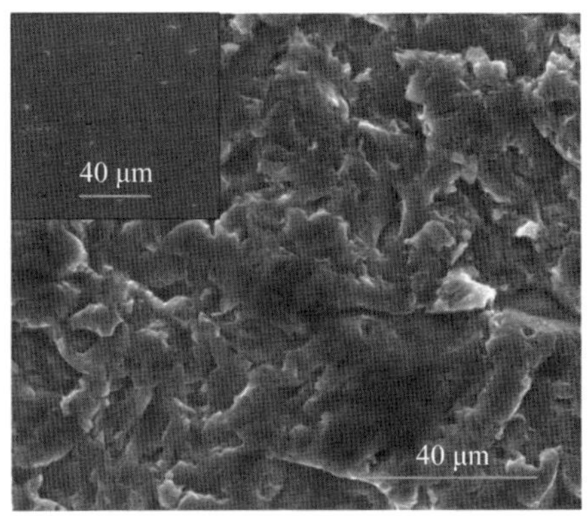

图4.46　45钢与LY12铝合金的冲蚀表面形貌

4. 塑性材料的冲蚀材料去除形式

塑性材料在磨料粒子冲蚀过程中表面材料会被去除,材料的主要去除形式包括剪切去除和剥落去除两种。小角度冲击时主要发生剪切变形,剪切变形分为犁削和其他切削形式,其切削特征为切削轨迹长,中间深两边浅[14]。第一类切削过程是在粒子反复冲击下去除的。在小角度时发生剪切材料去除,正向条件下也会有剪切去除。图4.47所示为材料切削去除的特征形貌。在粒子冲蚀过程中,除沿射流喷射外,粒子本身也存在自旋,导致粒子冲击角变小。

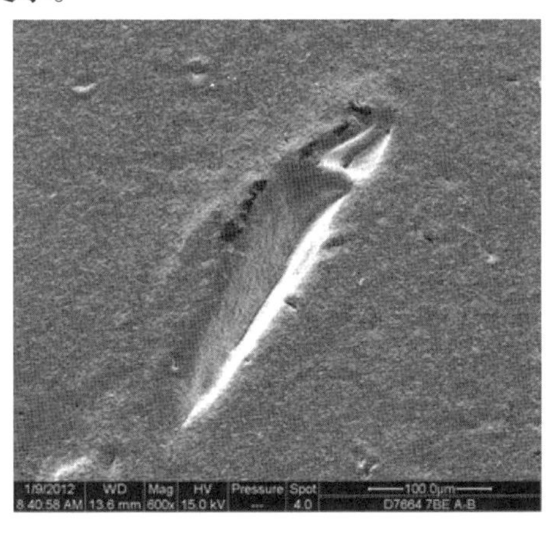

图4.47　材料切削去除的特征形貌

正向冲蚀时塑性材料表面以变形挤压为主,会导致冲蚀坑产生,材料不是直接剪切的，而是通过挤压产生堆积。如图4.48所示，从压坑形貌可判断粒子的冲击角度，如图4.48中箭头所示。粒子的反复冲击导致偏向堆积产生疲劳，裂纹扩展导致材料剥落。

图4.48　45钢表面冲蚀压坑形貌

片层剥落理论表明，粒子反复锻打，使材料表面发生塑性变形，使凹坑中材料片状剥落，这种剥落的尺寸大，通常是在喷丸或高强度喷射条件下发生的。在喷射过程中，粒子能量通常较小，难以产生片状磨屑和大块剥落。缩短冲蚀后清洗时长，可发现大面积的片状剥落情况，偏向堆积受阻碍较大，当滑移受阻，凸起顶部产生大量位错塞积，凸起顶部产生应力集中，从而导致位错塞积处产生疲劳裂纹[15]。裂纹进一步长大，产生片层磨屑。片层磨屑与基体之间的结合力较小，易清洗去除。如图4.49所示，片层磨屑出现在偏向堆积的脊部位置，并沿脊部扩展生长，剥落区的片状磨屑围绕椭圆区域向四周开裂，露出基体。尽管片状磨屑的尺寸小，但在冲蚀开始时会大量产生，因此，片状剥落也是冲蚀磨损的一种主要去除方式。

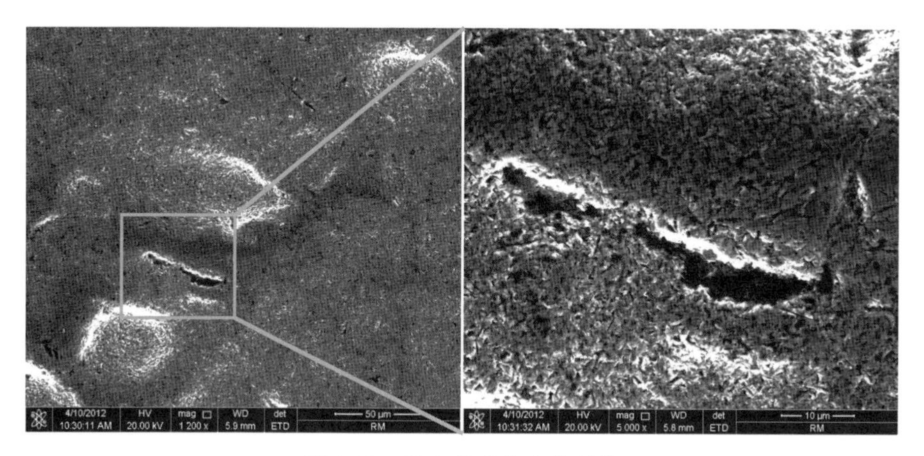

图 4.49　偏向堆积的疲劳裂纹

磨屑是冲蚀磨损产生的,磨屑反映了冲蚀过程中的机械和物理作用机理。磁铁捕获的磨屑典型形貌如图 4.50 所示,块状磨屑可以推断为压坑偏向堆积断裂产生的。片状磨屑的边缘较薄,主要呈现多层结构。块状磨屑与片状磨屑说明,韧性材料冲蚀磨损材料去除的主要形式为块状剥落和片状剥落。

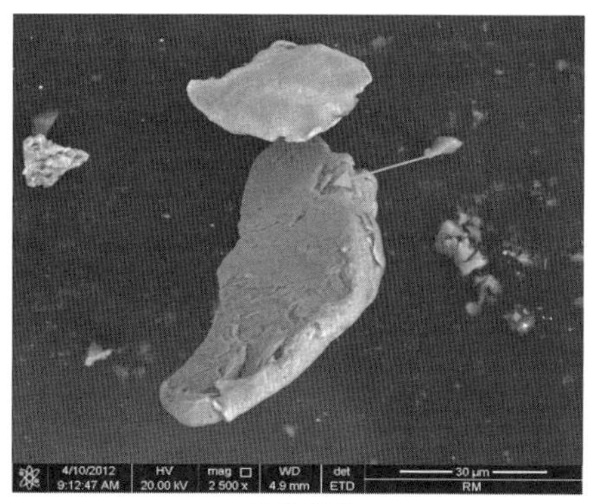

(a) 块状磨屑

(b) 片状磨屑

图 4.50　磁铁捕获的磨屑典型形貌

4.3.2　磨料喷射清洗机理

超细磨料喷射清洗的材料去除原理是基于冲蚀磨损。冲蚀磨损会引起材料破坏,研究冲蚀磨损机理及冲蚀磨损产生的损失具有重要意义。塑性材料和脆性材料具有完全不同的冲蚀磨损机理。脆性材料冲蚀磨损较为复杂,尚无统一模型。脆性材料也会产生塑性变形,但进一步会产生环状裂纹和赫兹裂纹。弹塑性压痕破裂理论认为，当粒子冲击作用超过裂纹阈值，会在弹性区下方有径向裂纹产生，粒子回弹导致横向裂纹，横向裂纹引起材料去除。

1. 在微切削过程中单个粒子的动力学方程

对于无变形粒子小角度冲击，为简化模型做出如下假定：粒子不变形、不开裂，且粒子为线接触，简化为二维情况；粒子转角很小，冲击时间很短；反作用力可以转化为垂直与水平两个方向，二者比值为常量 $\gamma=F_y/F_x$；粒子与基体接触位置的比值为定值 $\varphi=l/Y$。在此基础上建立图 4.51 所示的二维模型。研究入射粒子，由虚功原理可知，$W_{out}-W_{in}=0$（W_{in}为粒子入射时携带的能量；W_{out}为粒子完成切削输出的功）。

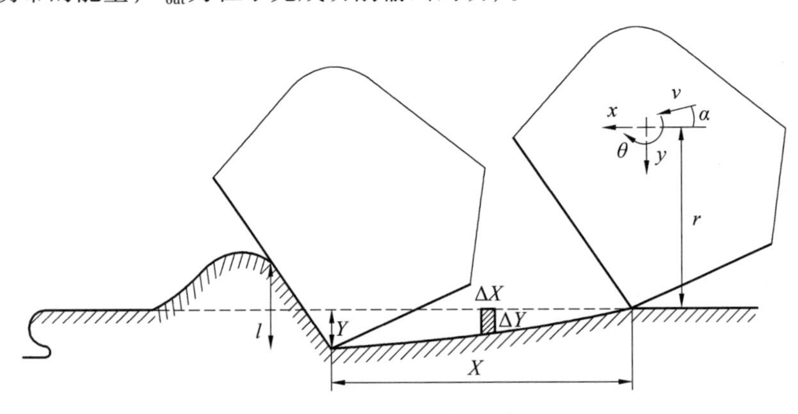

图 4.51　微切削过程示意图

$$\varphi bp\gamma Y\Delta Y-F_{in\,y}\Delta Y=0 \tag{4.7}$$

$$\varphi bpY\Delta X-F_{in\,x}\Delta X=0 \tag{4.8}$$

$$\varphi bpYr\Delta\theta-M_{in\,\theta}\Delta\theta=0 \tag{4.9}$$

上述3个方程中，b 为粒子宽度；p 为塑性流动应力；X，Y 为粒子沿 x 和 y 方向的运动方程；θ 为粒子绕 z 轴旋转的角度；r 为中心到接触点的垂直距离；$F_{in\,y}=m\ddot{Y}$，$F_{in\,x}=m\ddot{X}$，$M_{in\,\theta}=I\ddot{\theta}$；$I$ 为粒子相对重心的转动惯量；m 为粒子质量；α 为入射角。

已知粒子冲击速度 v，当 $t=0$ 时，粒子刚入射到表面，$Y=0$，$\dot{Y}=v\sin\alpha$，代入式(4.7)，解得

$$Y=\frac{v}{\beta}\sin\alpha\sin\beta t \tag{4.10}$$

$$\ddot{Y}=-\beta v\sin\alpha\sin\beta t \tag{4.11}$$

将式(4.10)、式(4.11)代入式(4.7)，解得

$$\beta=\sqrt{\frac{\gamma\varphi pb}{m}} \tag{4.12}$$

当 $t=0$ 时，$X=0$，$\dot{X}=v\cos\alpha$，代入式(4.8)，解得

$$X=\frac{v\sin\alpha}{\beta\gamma}\sin\beta t+vt\cos\alpha-\frac{vt\sin\alpha}{\gamma} \tag{4.13}$$

当 $t=0$ 时，$\theta=0$，$\dot{\theta}=\dot{\theta}_0$（$\dot{\theta}_0$ 为粒子初始的角速度），代入式(4.9)，解得

$$\theta=\frac{mrv\sin\alpha}{\beta\gamma I}[\sin\beta t-\beta t]+\dot{\theta}_0 t \tag{4.14}$$

2. 微切削过程的去除体积

粒子冲击去除体积 V 为

$$V=b\int_0^{t_c}Y\mathrm{d}X_{t_c}=b\int_0^{t_c}Y\left[\frac{\mathrm{d}}{\mathrm{d}t}(X+r\theta)\right]\mathrm{d}t \tag{4.15}$$

式中，t_c 为切削时间。

将式(4.10)、式(4.13)和式(4.14)代入式(4.15)，整理得

$$V=V_1+V_2$$

$$V_1=\frac{3v^2b\sin\alpha}{\beta\gamma}\int_0^{t_c}\sin\beta t\cos\beta t\mathrm{d}t \tag{4.16}$$

$$V_2=\frac{bv\sin\alpha}{\beta}\left[v\cos\alpha-\frac{3v\sin\alpha}{\gamma}\right]\int_0^{t_c}\sin\beta t\mathrm{d}t \tag{4.17}$$

微切削出现两种结果，一种为削后飞离；另一种为动能耗尽，停止运动，材料未被去除。对于第一种情况，粒子出射 x 方向速度不为0。则离开时 $Y=0$，故 $\sin(\beta t_c)=0$，即 $\beta t_c=0$ 或 $\beta t_c=\pi$，代入式(4.16)、式(4.17)，积分得

$$V_1=\frac{-3v^2b\sin\alpha}{4\beta^2\gamma}\cos 2\beta t\Big|_0^{t_c}=0 \tag{4.18}$$

$$V_2=\frac{-v^2b\sin\alpha}{\beta^2}\left[\cos\alpha-\frac{3\sin\alpha}{\gamma}\right]\cos\beta t\Big|_0^{t_c}=\frac{mv^2}{\varphi\gamma p}\left(\sin 2\alpha-\frac{6}{\gamma}\sin^2\alpha\right) \tag{4.19}$$

即

$$V=V_1+V_2=\frac{mv^2}{\varphi\gamma p}\left(\sin 2\alpha-\frac{6}{\gamma}\sin^2\alpha\right) \tag{4.20}$$

当动能耗尽时，$\dot{X}_{t_c}=0$，粒子转动很小，令 $\dot{X}_{t_c}=\dot{X}+r\dot{\theta}=0$，利用前取 $I=\frac{mr^2}{2}$，$\dot{\theta}_0=0$，解得

$$\cos \beta t_c = 1 - \frac{\gamma}{3\tan \alpha} \tag{4.21}$$

将式(4.21)代入式(4.16)和式(4.17),积分得

$$V_1 = \frac{-3v^2 b\sin \alpha}{2\beta^2 \gamma}(\cos \beta t)^2 \Big|_0^{t_c} = \frac{bv^2 \sin \alpha \cos \alpha}{\beta^2} - \frac{bv^2 \gamma \cos^2 \alpha}{6\beta^2} \tag{4.22}$$

$$V_2 = \frac{-v^2 b\sin \alpha}{\beta^2}\left[\cos \alpha - \frac{3\sin \alpha}{\gamma}\right]\cos \beta t \Big|_0^{t_c} = \frac{bv^2 \gamma \cos^2 \alpha}{3\beta^2} - \frac{bv^2 \sin \alpha \cos \alpha}{\beta^2} \tag{4.23}$$

$$V = V_1 + V_2 = \frac{bv^2 \gamma \cos^2 \alpha}{6\beta^2} = \frac{mv^2 \cos^2 \alpha}{6\varphi p} \tag{4.24}$$

当 $\alpha = \alpha_0 = \arctan\left(\frac{\gamma}{6}\right)$ 时,$\cos(\beta t_c) = -1$,即 $\beta t_c = \pi$,有

$$E = \frac{V}{m} = \begin{cases} \frac{v^2}{\varphi \gamma p}\left(\sin 2\alpha - \frac{6}{\gamma}\sin^2 \alpha\right) & (0° \leqslant \alpha \leqslant \alpha_0) \\ \frac{v^2}{\varphi \gamma p}\frac{\gamma \cos^2 \alpha}{6} & (\alpha_0 \leqslant \alpha \leqslant 90°) \end{cases} \tag{4.25}$$

3. 微切削模型的有限元模拟

利用 ABAQUS/CAE 建立二维切削模型,采用四边形热力耦合四节点积分单元。由于粒子切削尺寸小,并产生剧烈热效应,因而网格划分时应尽量细密。同时,假设磨料粒子为分析刚体,不考虑其变形。切削塑性变形属于非线性问题,四边形热力耦合四节点积分单元会随着粒子运动被压扁、扭曲,从而可能引起误差,需要通过自适应网格提高计算速度,改善模型的失真情况[16]。

粒子切削周期短、速度高,在高速切削过程中会引起强烈的摩擦作用,并产生大量摩擦热。磨料粒子微切削过程不仅涉及材料的塑性屈服准则和流动准则,而且涉及材料的硬化准则,同时需要考虑材料的硬化效应和软化效应。工件材料选择 AISI4340,采用 Johnson-Cook 本构关系[17-19](见式(4.1))。

在冲蚀磨损过程中,粒子速度为 0～100 m/s,模拟不同速度条件下粒子的微切削过程,获得其应力场的分布(图 4.52),得到粒子的受力分布,用来修正微切削模型。

(1)入射角对 γ 值的影响。

如式(4.25)所示,当入射角 α 一定时,方向系数 γ 对材料去除率影响较大。Finnie 假设 $\gamma=2$,得到曲线如图 4.53 所示。该曲线说明材料去除率的最大值约在 $\alpha=20°$时发生。γ 值与冲蚀角度有很大关系。

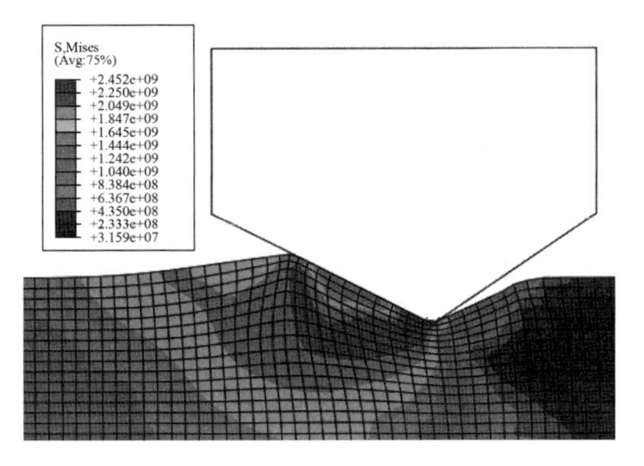

图 4.52　微切削模型的应力场分布云图

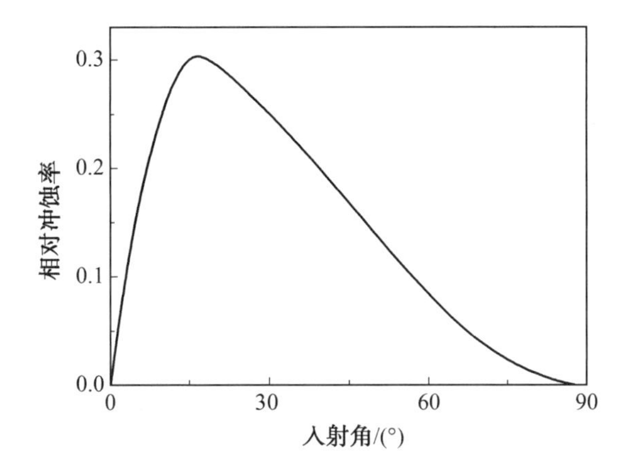

图 4.53　相对冲蚀率随入射角的变化曲线

通过模拟,得到当冲蚀速度为 50 m/s 时 γ 值与时间的关系曲线,如图 4.54所示。γ 值在开始时波动,随后振幅变小,呈周期性变化,30°以下变化平缓,角度增加,振幅增大且呈上升趋势。如图 4.55 所示,γ 值与入射角成正比,当入射角为 10°~35°时,γ 值接近 2,随着入射角增大,γ 值迅速增加。

通过模拟速度对冲蚀磨损的影响,得到了 γ 值与时间的关系曲线,从图 4.56 中可以看出,冲蚀角为 10°和 30°时,在不同冲蚀速度条件下的 $\gamma-t$ 曲线十分相近。当入射角为 45°时,$\gamma-t$ 曲线的趋势一致,但可以看出,冲蚀速度越大,γ 值也越大。

(2)γ 值对材料去除率曲线的影响。

考察 γ 值对材料去除率的影响,构造函数 $\Gamma(\gamma)$,计算 γ 值在(1,69)上时,相对材料去除率是连续的。如图 4.57 所示,随着 γ 值的增大,最大

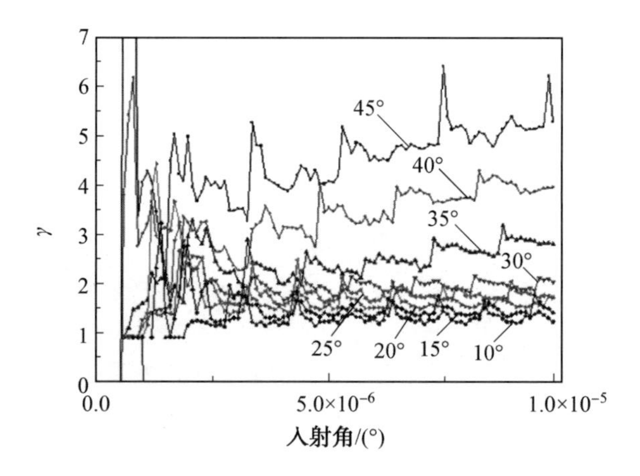

图4.54　冲蚀速度为50 m/s时入射角对γ值的影响

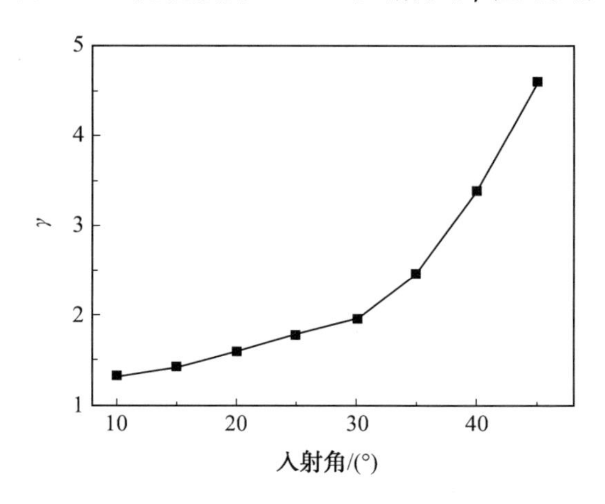

图4.55　γ值随入射角的变化曲线

值逐渐降低，最大值对应的入射角变大。由函数连续的条件可知，极大值可能出现的角度为16.62°～43.57°，所以为提高清洗效率，应保证入射角在该范围内。

$$\Gamma(\gamma)=\frac{1}{\gamma}\left(\sin 2\alpha-\frac{6}{\gamma}\sin^2\alpha-\frac{\gamma\cos^2\alpha}{6}\right) \tag{4.26}$$

4.3.3　超细磨料射流清洗评价指标与应用

超细磨料射流清洗技术可实现再制造绿色清洗与表面预处理过程的一体化，在清除服役工件表面的粉尘、油污、锈层、无机垢层、表面涂覆层的基础上，实现工件表面粗糙度的主动控制，同时引入残余压应力，为后续不

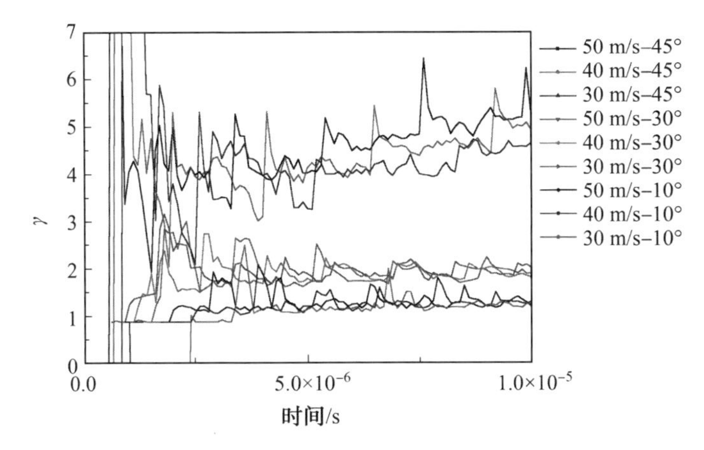

图 4.56　冲蚀速度和入射角对 γ 值的影响

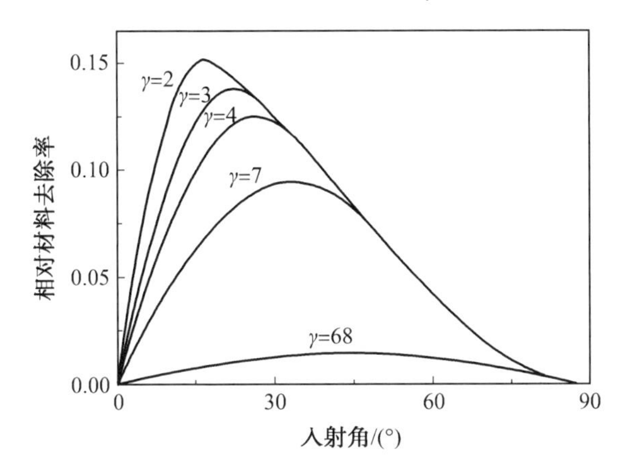

图 4.57　在不同 γ 值条件下入射角对相对材料去除率的影响

同的再制造成形工艺提供基础的毛坯表面。

1. 清洗评价指标

利用超细磨料喷射清洗机械零部件，会去除工件表层很薄的一层材料，清洗过后材料表面会失去光泽，露出新鲜的机体，对于结层较厚的积炭、垢层通常可用观测法判断。对于油污和锈蚀，《钢铁件涂装前除油程度检验方法》（GB/T 13312—1991）和《涂装前钢材表面锈蚀等级和除锈等级》（GB 8923—2011）提供了简单易行的检测方法和判断指标[20-22]。

除油检验结果分为合格和不合格。检验过程首先除去样品表面的积水，然后将 G 型极性溶液（有机酸与硫酸盐溶液组成的浅蓝色溶液）滴在试样表面，然后将 A 型验油纸贴在试样表面，约 1 min 后观察验油纸的变色情况，A 型验油纸原本为略带浅黄色的试纸，贴到 G 型极性溶液的试样表面后，会变为红棕色，若显色完整、连续均匀，则证明除油效果合格。若显色状况不连续，呈稀疏点状或块状，则说明清洗除油不合格。

依据《涂装前钢材表面锈蚀等级和除锈等级》，涂装前试样表面锈蚀程度和除锈质量根据目视评定等级。锈蚀等级根据锈蚀情况分为 A、B、C、D 4 个等级。A 级样品表面全面覆盖着氧化皮，几乎没有铁锈；B 级样品表面已发生锈蚀，并且部分氧化皮已经剥落；C 级样品表面氧化皮已因锈蚀而剥落，或者可以刮除，并且有少量点蚀；D 级样品表面氧化皮已因锈蚀而全面剥离，并且已普遍发生点蚀[21]。

喷射除锈等级用“Sa”表示，字母后的数字代表其清除氧化皮、铁锈和油漆涂层等附着物的等级。Sa1 级试样表面应无可见的油脂和污垢，并且没有附着不牢的氧化皮、铁锈和油漆涂层等附着物；Sa2 级试样表面应无可见的油脂和污垢，并且氧化皮、铁锈和油漆层等附着物已基本清除，其残留物应该是牢固附着的。Sa2.5 级钢材表面应无可见的油脂、污垢、氧化皮、铁锈和油漆层等附着物，任何残留的痕迹应仅是点状或条纹的轻微色斑。Sa3 级钢材表面应无可见的油脂、污垢、氧化皮、铁锈和油漆涂层等附着物，该表面应显示均匀的金属色泽。

2. 表面预处理评价指标

微磨料喷射后工件表面的粗糙度和残余应力状态是评价预处理效果的主要参数，材料的冲蚀率是评价材料耐冲蚀性能的主要指标，通过系统研究环境因素、磨料性能以及材料性能等因素对冲蚀率、工件表面的粗糙度、残余应力状态的影响，建立关键影响因素与评价指标的数学关系，则能够实现表面预处理的主动控制。

在大样本条件下，可以利用回归分析法，建立关键影响因素与表面粗糙度、残余应力、冲蚀率的回归方程，通过已知的参数与结果数据，确定方程中的未知数，从而实现对目标参数的精确预测。

$$Ra = \alpha_0 + \sum_{i=1}^{k} \alpha_i X_i + \sum_{i=1}^{k} \alpha_{ii} X_i^2 + \sum \sum_{i<j} \alpha_{ij} X_i X_j + \varepsilon_{Ri} \quad (4.27)$$

$$S = \beta_0 + \sum_{i=1}^{k} \beta_i X_i + \sum_{i=1}^{k} \beta_{ii} X_i^2 + \sum \sum_{i<j} \beta_{ij} X_i X_j + \varepsilon_{Si} \quad (4.28)$$

$$E = \gamma_0 + \sum_{i=1}^{k} \gamma_i X_i + \sum_{i=1}^{k} \gamma_{ii} X_i^2 + \sum \sum_{i<j} \gamma_{ij} X_i X_j + \varepsilon_{Ei} \quad (4.29)$$

3. 超细磨料清洗技术的应用

某型号舰艇发动机喷油器长期工作后表面产生了锈蚀、氧化层及油垢等污染物，原有的涂镀层也发生了轻微的剥落现象，修复前需要对其表面进行清洗。喷油器是一个集成零部件，含有一个塑料包覆的电气元件，无法采用传统化学浸泡式清洗。由于喷油器结构复杂，螺旋弹簧部位无法拆卸，手工清洗费时费力，且容易留下清洗死角。针对这一清洗难题，应用微磨料喷射技术对其进行了很好的解决，不仅达到了预期的清洗目的，还优化了零部件表面的粗糙度和残余应力状态（图 4.58）。其清洗工艺流程为：①对喷油器孔口处用橡皮泥进行封堵，使用电气元件进行套袋保护；②选用粒径为 10 μm 的硬质碳化硅颗粒，在喷射压力为 0.5 MPa 的条件下对喷油器进行清洗，清洗过程用时不到 2 min，使用磨料量约为 100 g，在清洗过程中，由于磨料粒子具有弹射效应，因此被弹簧挡住的区域也能被均匀地清洗，实现清洗无死角，然后利用无水乙醇对处理后的表面进行除尘清洗；③对清洗后的表面做防锈处理。

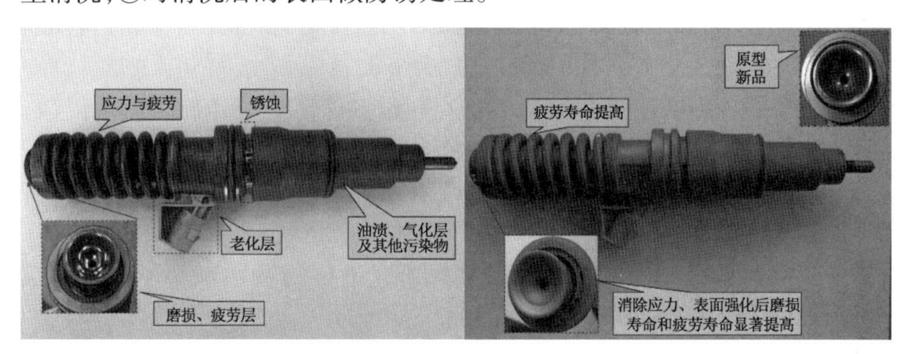

(a) 清洗前　　(b) 清洗后

图 4.58　磨料喷射清洗舰船发动机喷油器前后对比照片

通过利用超细磨料喷射清洗技术，成功地解决了某型号舰艇发动机喷油器修复中的清洗难题，为该类零部件的修复预处理提供了高效率、低成本的新技术手段和方法。

本章参考文献

[1] 张涛，王铎. 撞击力-压入位移关系的弹性分析[J]. 哈尔滨工业大学学报，1990(1)：26-35.

[2] 徐楠. 42CrMo 钢疲劳可靠性分析与裂纹萌生微观机理研究[D]. 济南：山东大学，2006.

[3] SINGH H，ARVIN D，DORAI K. Constructing valid density matrices on an

NMR quantum information processor via maximum likelihood estimation[J]. Physics Letters A,2016,380 (38): 3051-3056.
[4] 李伟. 激光清洗锈蚀的机制研究和设备开发[D]. 天津: 南开大学, 2014.
[5] 中国机械工程学会再制造工程分会. 再制造技术路线图[M]. 北京: 中国科学技术出版社,2016.
[6] 章恒刘,伟嵬,董亚洲,等. 低频 YAG 脉冲激光除漆机理和实验研究[J]. 激光与光电子学进展,2013,50 (12): 114-120.
[7] 施曙东,杜鹏,李伟,等. 1 064 nm 准连续激光除漆研究[J]. 中国激光, 2012,39 (9): 58-64.
[8] 宋峰,刘淑静,邹万芳. 激光清洗——脱漆除锈[J]. 清洗世界,2005,21 (11): 38-41.
[9] SCHOTT P. Method of using an abrasive material for blast cleaning of solid surfaces: US 5531634[P/OL]. 1996-07-02.
[10] 吉小超,张伟,于鹤龙,等. 45 钢在超细 SiC 颗粒作用下的正向冲蚀行为[J]. 中国表面工程,2012,26(5):67-72 .
[11] FINNIE I. Erosion of surface by solid particles[J]. Wear, 1960(3): 87-103.
[12] 董刚,张九渊. 固体粒子冲蚀磨损研究进展[J]. 材料科学与工程学报,2003(21): 307-312.
[13] LIEBHARD M, LEVY A. The effect of erodent particle characteristics erosion of metals[J]. Wear,1991(151): 381-390.
[14] SHIPWAY P, HUTCHINGS I. The role of particle properties in the erosion of brittlematerials[J]. Wear,1996(193): 105-113.
[15] 王习术. 材料力学行为试验与分析[M]. 北京: 清华大学出版社, 2007.
[16] EVANS A, GULDEN M, ROSENBLATT M. Impact damage in brittle materials in the elastic-plastic response regime[J]. Proceedings of the Royal Society of London(Series A),1978(361): 343-365.
[17] 刘家浚,李诗卓,周平安. 材料磨损原理及其耐磨性[M]. 北京: 清华大学出版社,1993.
[18] 石亦平,周玉蓉. ABAQUS 有限元分析实例详解[M]. 北京: 机械工业出版社,2011.
[19] 庄茁,张帆,岑松,等. ABAQUS 非线性有限元分析与实例[M]. 北京:

科学出版社,2005.
[20] 李异. 金属表面清洗技术[M]. 北京：化学工业出版社,2007.
[21] 全国涂料和颜料标准化技术委员会. 涂装前钢材表面锈蚀等级和除锈等级：GB 8923—2011[S]. 北京：中国标准出版社,1988.
[22] 广州电器科学研究所. 钢铁件涂装前除油程度检验方法：GB/T 13312—1991[S]. 北京：中国标准出版社,1991.

第5章　典型机械产品的再制造拆解与清洗技术

为推进再制造产业向规模化、规范化和专业化发展，充分发挥试点示范引领作用，结合再制造产业发展形势，国家发展和改革委员会及国家工业和信息化部先后发布了再制造试点，截至2018年12月我国再制造试点企业已有153家。同时，为平台式推进我国再制造产业的发展，按照“技术产业化、产业积聚化、积聚规模化、规模园区化”的发展模式，国家已批复建设湖南长沙、江苏张家港、上海临港、安徽合肥、河北河间等多家再制造产业示范基地。在国家产业政策激励下，在试点企业和产业示范园区的示范带领下，我国再制造产业蓬勃发展，再制造产品领域不断扩大，涵盖了工程机械、电动机、办公设备、石油机械、机床、矿山机械、内燃机、轨道车辆、汽车零部件等产品领域。清洗和拆解作为产品再制造的重要工序，其技术发展在支撑再制造产业发展过程中发挥了不可忽视的重要作用。本章重点介绍典型机械产品再制造过程中涉及的拆解清洗技术及工艺流程。

5.1　汽车发动机的再制造拆解与清洗技术

汽车发动机再制造是再制造工程中最典型的应用实例。汽车发动机再制造从社会的需求性、技术的先进性及效益的明显性等几方面为废旧机电产品的再制造树立了榜样。2010年，我国达到报废标准的汽车有400万辆，预计2020年报废量将超过1 400万辆，这些报废汽车中的发动机绝大多数都有再制造的价值。由于发动机再制造比发动机大修在性能价格方面占据明显的优势，因而以发动机再制造取代发动机大修是今后的必然趋势[1]。

国外发动机再制造已有50多年的历史，在人口、资源和环境协调发展的绿色发展理念的指导下，汽车发动机再制造的内涵更加丰富，意义更显重大，尤其是把先进的表面工程技术引用到汽车发动机再制造后，构成了具有中国特色的再制造技术，对节约能源、节省材料和保护环境的贡献更加突出。

5.1.1　汽车发动机再制造拆解技术应用

发动机再制造的主要工序包括拆解、分类清洗、再制造加工和组装，如图 5.1 所示。

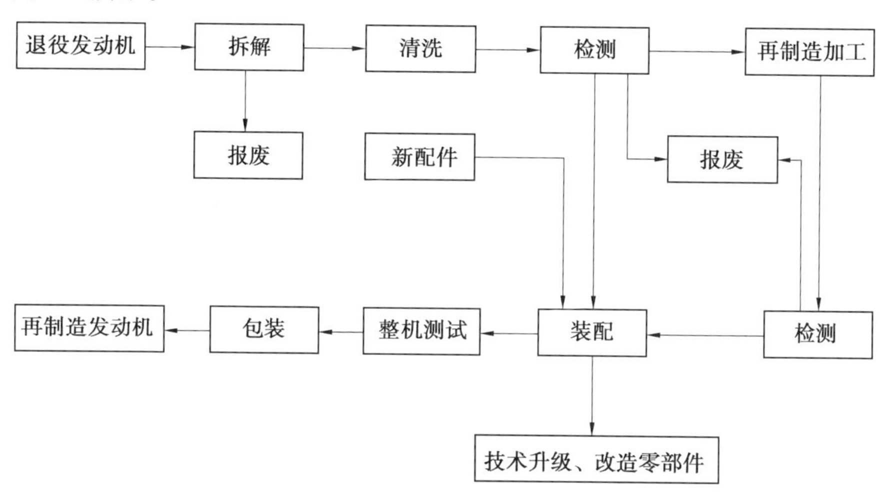

图 5.1　发动机再制造的工艺流程图

卡特彼勒再制造运行模式如图 5.2 所示。

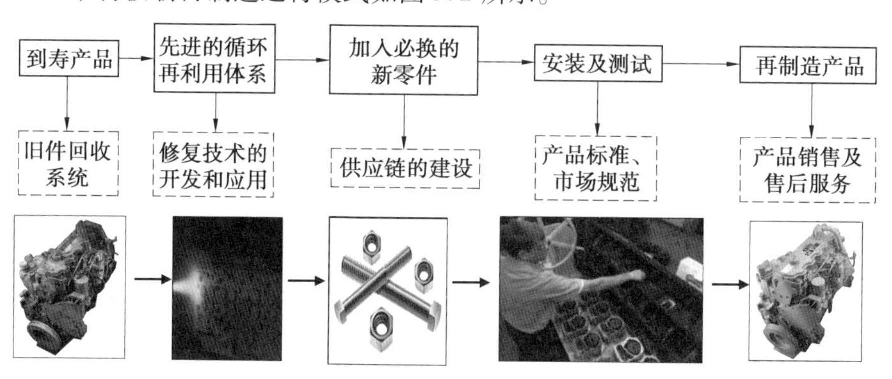

图 5.2　卡特彼勒再制造运行模式

拆解是指采用一定的工具和手段，解除对零部件造成约束的各种连接，将产品零部件逐个分离的过程。高效、无损与低成本的拆解是发展目标。在拆解过程中直接淘汰发动机中的活塞总成、主轴瓦、油封、橡胶管及气缸垫等易损零部件，一般这些零部件因磨损、老化等原因不可再制造或者没有再制造价值，装配时直接用新品替换。再制造发动机拆解流程如图 5.3 所示。拆解后的发动机主要零部件如图 5.4 所示，无修复价值的发动机易损件如图5.5所示。

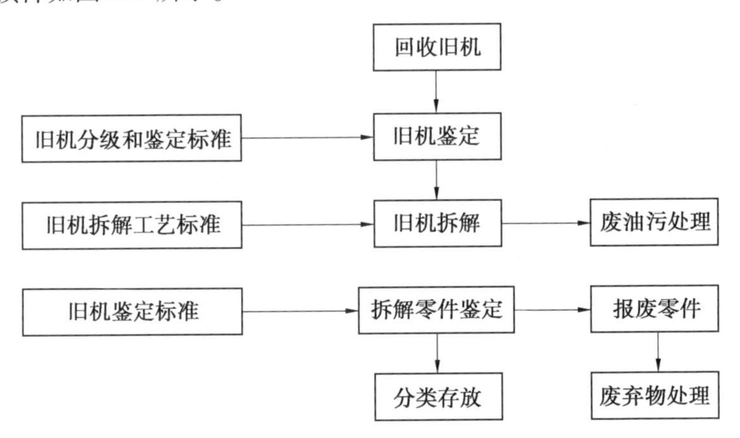

图5.3　再制造发动机拆解流程

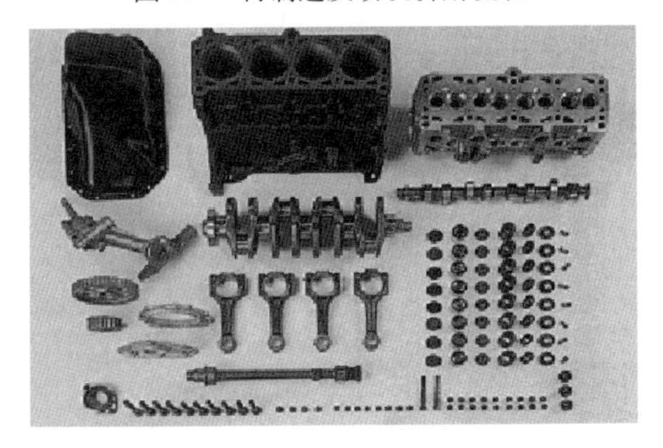

图5.4　拆解后的发动机主要零部件

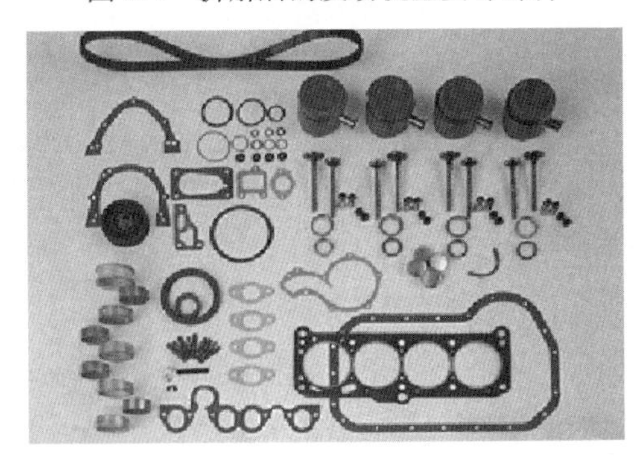

图5.5　无修复价值的发动机易损件

进入发动机再制造拆解前，拆解人员需要熟悉该款发动机的相关资料，了解发动机的零部件安装关系及构造特点，明确拆解要求，掌握拆解的注意事项。

废旧发动机到达再制造拆解生产线后，首先要观察发动机的外部构造，进行外部清洗，清除发动机外部的油污，以保证拆解场地的清洁，避免拆解过程中零部件被沾污或杂物落入机器内部[2]；其次把发动机提升起来并使发动机靠近拆装翻转架，用螺栓将发动机固定，拆解提升机吊链。然后分解发动机，目测每个零部件是否有损坏迹象，检查运动件是否发生过量磨损，检查所有零部件是否有过热、不正常磨损和碎裂的迹象，检查衬垫和密封件是否有泄漏的迹象。

主要拆解步骤如下：

（1）拆下进排气歧管、气缸盖及衬垫。

拆解时可用手锤木柄在气缸盖周围轻轻敲击，使其松动。也可以在气缸盖两端留两枚螺栓，将其余的缸盖螺栓全部取下，此时，扶住发动机转动曲轴，由于气缸内的空气压力作用，因此气缸垫很容易离开缸体。然后拆下气缸盖和气缸垫。

（2）检查离合器与飞轮的记号。

将发动机放倒在台架上，检查离合器盖与飞轮上有无记号，如无记号应做记号，然后对称均匀地拆下离合器固定螺栓，取下离合器总成。

（3）拆下油底壳。

拆下油底壳、衬垫及机油滤清器和油管，同时拆下机油泵。

（4）拆下活塞连杆组。

①将所要拆下的连杆转到下止点，并检查活塞顶、连杆大端处有无记号，如无记号应按顺序在活塞顶、连杆大端做上记号。

②拆连杆螺母，取下连杆端盖、衬垫和轴承，并按顺序分开放好，以免混乱。

③用手推连杆，使连杆与轴颈分离，用手锤木柄推出活塞连杆组。

④取出活塞连杆组后，应将连杆端盖、衬垫、螺栓和螺母按原样装上，以防错乱。

（5）拆下气门组。

①拆下气门室边盖及衬垫，检查气门顶有无记号，如无记号应按顺序在气门顶部用钢字号码或尖铳做上记号。

②在气门关闭时，用气门弹簧钳将气门弹簧压缩。用起子拔下锁片或用尖嘴钳取下锁销，然后放松气门弹簧钳，取出气门、气门弹簧及弹簧座。

（6）拆下启动爪、皮带轮。

拆下启动爪、扭转减振器和曲轴皮带轮，然后用拉拔器拉出曲轴皮带轮,不允许用手锤敲击皮带轮的边缘,以免皮带轮发生变形或碎裂。

(7)拆下正时齿轮盖。

拆下正时齿轮盖及衬垫。

(8)拆凸轮轴及气门挺杆。

检查正时齿轮上有无记号,如无记号应在两个齿轮上做出相应的记号。再拆去凸轮轴前、中、后轴颈衬套固定螺栓及衬套,然后平衡地抽出凸轮轴;取出气门挺杆及挺杆架。

(9)将发动机在台架上倒放,拆下曲轴。

首先撬开曲轴轴承座固定螺栓上的锁片或拆下锁丝。拆下固定螺栓,取下轴承盖及衬垫并按顺序放好,抬下曲轴,再将轴承盖及衬垫装回,并将固定螺栓拧紧少许。

(10)拆下飞轮。

旋出飞轮固定螺栓,从曲轴突缘上拆下飞轮。

(11)拆下曲轴后端。

拆下曲轴后端油封及飞轮壳。

(12)分解活塞连杆组。

①用活塞环装卸钳拆下活塞环。

②拆下活塞销。首先在活塞顶部检查记号,再将卡环拆下,用活塞销铳子将活塞销铳出,并按顺序放好。

将发动机拆解成全部的零部件后,可进行初步的检测,将明显不能再制造的零部件报废并登记,将可以利用或可以再制造后利用的零部件分类加以清洗,并进入下一道再制造工序。

5.1.2　汽车发动机再制造清洗工艺与技术

1. 清洗对象

清洗对象指待清洗的物体,如组成机器及各种设备的零部件、电子元件等。制造这些零部件和电子元件等的材料主要有金属材料、陶瓷(含硅化合物)及塑料等,针对不同的清洗对象要采取不同的清洗方法。图 5.6 为汽车退役零部件的主要污垢及清理后的表面状态。表 5.1 所示为汽车产品使用中产生的污垢。

表 5.1 汽车产品使用中产生的污垢

污垢种类		存在位置	主要成分	特性
外部沉积物		零部件外表面	尘埃、油腻	容易清除,难以除净
润滑残留物		与润滑介质接触的各零部件	老化的黏质油、水、盐分、零部件表面腐蚀变质的产物	成分复杂,呈垢状,需针对其成分进行清除
碳化沉积物	积炭	燃烧室表面、气门、活塞顶部、活塞环、火花塞	碳质沥青和碳化物、润滑油和焦油,少量的含氧酸、灰分等	大部分是不溶或难溶成分,难以清除
	类漆薄膜	活塞裙部、连杆	碳	强度低,易清除
	沉淀物	壳体壁、曲轴颈、机油泵、滤清器、润滑油道	润滑油、焦油,少量碳质沥青、碳化物及灰分	大部分是不溶或难溶成分,不易清除
水垢		冷却系统	钙盐和镁盐	可溶于酸
锈蚀物质		零部件表面	氧化铁、氧化铝	可溶于酸
检测残余物		零部件各部位	金属碎屑、检测工具上的碎屑;汗渍、指纹	附着力小,容易消除
机械加工后的残留物		零部件各部位	金属碎屑,抛光膏、研磨膏的残留物,加工后残留的润滑液、冷却液等	附着力不大,但需要清洗干净

2. 清洗介质

在清洗过程中,提供清洗环境的物质称为清洗介质,又称为清洗媒体。清洗媒体在清洗过程中起着重要的作用,一是对清洗力起传输作用,二是防止解离下来的污垢再吸附。

3. 清洗力

清洗对象、污垢及清洗介质三者间必须存在一种作用力,才能使得污垢从清洗对象的表面清除,并将它们稳定地分散在清洗介质中,从而完成清洗过程,这个作用力即是清洗力。在不同的清洗过程中,起作用的清洗力亦有不同,如前所述大致可分为以下几种:溶解力和分散力、表面活性力、化学反应力、吸附力、物理力和酶力。

图 5.7 和图 5.8 分别为高温分解清洗系统和高压水射流清洗系统。

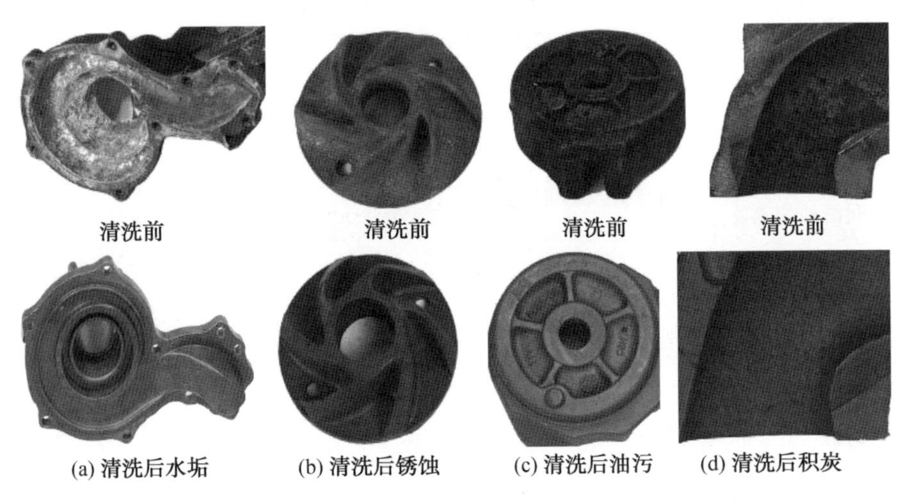

(a) 清洗后水垢　(b) 清洗后锈蚀　(c) 清洗后油污　(d) 清洗后积炭

图 5.6　汽车退役零部件的主要污垢及清理后的表面状态

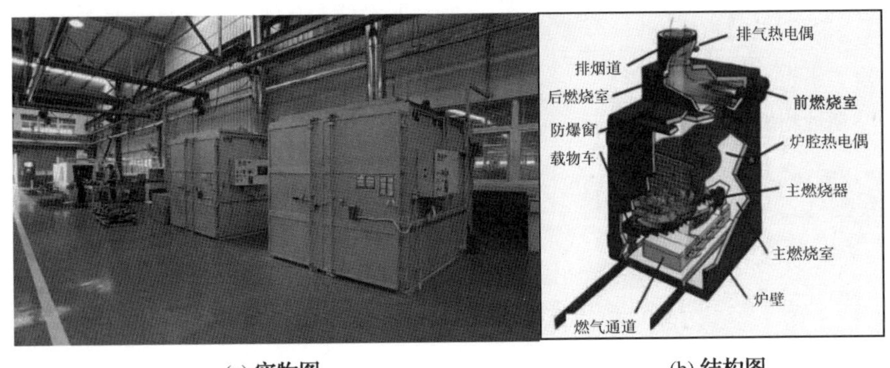

(a) 实物图　(b) 结构图

图 5.7　高温分解清洗系统

4. 常用的再制造清洗方法。

发动机拆解前的整机清洗与拆解后的零部件清洗目的不同。零部件清洗主要是为再制造下道工序(即零部件检验)做准备,为了保证检验的可靠性和准确性,对清洗后零部件的清洁度要求很高。而整机清洗主要是为了消除发动机拆解过程中的污染源,因此清洁度相对要求不高[3]。

常用大型机械零部件清洗方法有浸渍清洗、喷淋清洗、超声波清洗、喷气清洗、刷洗及流液清洗等。根据发动机整机清洗的目的、污染源、发动机的特点及生产率,发动机外部的清洗以压力蒸汽吹扫为好。通过压力蒸汽对发动机外部吹扫,蒸汽遇冷态发动机后产生凝结水,在压力蒸汽的吹扫下冲刷油泥等污物,油泥可以从发动机外部剥落,由机械装置排除,不直接

(a) 实际清洗过程

(b) 高压水射流清洗设备外观

图 5.8　高压水射流清洗系统

进入清洗液,减少对清洗液的污染。

对于发动机内部的清洗,首先拆除机油滤清器,采用重力控油的方法让残留的润滑油自然排出。拆除发动机的所有外附件、气缸盖和各油道水道碗形塞以及螺塞,将发动机放入加热的清洗液,使清洗液快速上下冲洗发动机内部,发动机内部的润滑油受热后在清洗液表面活化剂的作用下由清洗液带出。然后再使用喷淋清洗,在发动机水平旋转的同时清洗液对发动机进行高压喷淋。最后经过压缩空气吹水及烘干,发动机整机清洗完成。

根据发动机整机清洗流程和生产纲领,选择清洗机的结构形式,例如,发动机再制造年产能为 1 万台,单班大约班产 35 台,可选择往复式单台清洗形式。如果年产能大于 3 万台单班工作,可选择隧道式托盘节拍推进型清洗机。

汽车发动机整机清洗机(以往复式清洗机为例)主要结构如下:

①清洗液加热净化系统,包括清洗液储箱、蒸汽加热器、清洗液粗滤和精滤、大流量加压泵、高压喷淋泵、自动提油机和自动提渣机。

②清洗工作台,包括工作台往复推进机构和工作台旋转机构。

③清洗舱,包括舱门闭锁机构、蒸汽喷嘴、喷淋喷嘴、压缩空气喷嘴和液位快速上下进出口。

④切水系统,包括高压风机、风刀、软管及斜坡等,可吹干工件上大部分的水。

⑤油泥机械排出机构,直线油缸、刮板。

⑥动能供应系统,包括水、电、蒸汽、压缩空气和液压站。

⑦自动化控制系统,采用 PLC 控制可实现单机自动化工作、预留各流程节点时间调整窗、清洗液温度自动控制和清洗液液位自动控制。

发动机整机清洗机的主要工作参数为:清洗液温度控制在 70 ~ 85 ℃,

液位快速上下时开启大流量加压泵,压力可为0.15 MPa,流量可根据清洗舱的容积和液位快速上下冲洗的速度选定。当喷淋时开启高压喷淋泵,压力为0.2~0.35 MPa,压力可调,流量可根据清洗舱内喷嘴的数量选定。

发动机整机清洗的洗净率约为85%,个别死角可能未清洗到,但已不会造成拆解场地的环境污染。单台发动机清洗时间约为10 min,可根据发动机的大小和清洁程度调整生产节拍,可满足单班年产1万台,三班年产3万台的目标。

将该方案应用在汽车发动机的再制造生产工艺中,经一年的使用,对比之前的情况,有效杜绝了润滑油等污染物在发动机拆解过程中对环境的污染,有效改善了操作者的劳动条件,经过使用获得了较好的效果,可以推广到内部有润滑油的箱型设备再制造拆解工序,如汽车变速箱、汽车前后桥、减速器及空压机等大部件批量化的拆解。

拆解后保留的零部件可根据零部件的用途、材料,选择不同的清洗方法。清洗方法可以粗略分为物理清洗方法和化学清洗方法两类,然而在实际的清洗中,往往兼有物理作用和化学作用。汽车产品的再制造主要针对金属制品,表5.2列出了再制造汽车零部件常用的清洗方法。

表5.2 再制造汽车零部件常用的清洗方法

清洗工艺	工作原理	清洗介质	优点	缺点
浸泡清洗	将工件在清洗液中浸泡、湿润而洗净	溶剂、化学溶液、水基清洗液	适合小型件大批量;多次浸泡,清洁度高	时间长;废水、废气对环境污染严重
淋洗	利用液流下落时的重力作用进行清洗	水、纯水、水基清洗液等	能量消耗小,一般用于清洗后的冲洗	不适合清洗附着力较强的污垢
喷射清洗	喷嘴喷出中低压的水或清洗液清洗工件表面	水、热水、酸或碱溶液、水基清洗液	适合清洗大型、难以移动、外形不适合浸泡的工件	清洗液在表面停留时间短,清洗能力不能完全发生作用
高压水射流清洗	用高压泵产生高压水经管道到达喷嘴,喷嘴把低速水流转化成低压高流速的射流,冲击工件表面	水	清洗效果好、速度快;能清洗形状和结构复杂的工件,能在狭窄空间下进行;节能、节水;污染小;反冲击力小	清洗液在工件表面停留时间短,清洗能力不能完全发生作用

续表 5.2

清洗工艺	工作原理	清洗介质	优点	缺点
喷丸清洗	用压缩空气推动一股固体颗粒料流对工件表面进行冲击从而去除污垢	固体颗粒	清洗彻底、适应性强、应用广泛、成本低;可以达到规定的表面粗糙度	粉尘污染严重;产生固体废弃物;噪声大
抛丸清洗	用抛丸器内高速旋转的叶轮将金属丸粒高速地抛向工件表面,利用冲击作用去除表面污垢层	金属颗粒	便于控制;适合大批量清洗;节约能源、人力,成本低;粉尘影响小	噪声较大
超声波清洗	在清洗液中存在的微小气泡在超声波作用下瞬间破裂,产生高温、高压的冲击波,此种超声空化效应导致污垢从工件表面剥离	水基清洗液、酸或碱的水溶液	清洗效果彻底,剩余残留物很少;对被清洗件表面无损;不受清洗件表面形状限制;成本低,污染小	设备造价昂贵;对质地较软、声吸收强的材料清洗效果差
热分解清洗	高温加热工件使其表面污垢分解为气体、烟气,离开工件表面	—	成本低、效率高,能耗低,污染小	不能清洗熔点低或易燃的金属件
电解清洗	电极上逸出的气泡的机械作用剥离工件表面黏附的污垢	电解液	清洗速度快,适合批量清洗;电解液使用寿命长	能耗大,不适合清洗形状复杂的工件

(5)发动机缸盖的清洗流程[4]。

①高温分解清洗。将零部件装入高温分解炉中,封严炉门,按分解炉操作规程高温烘烤,使零部件表面的漆膜、油污在高温下分解或焚烧。

②抛丸清洗。将零部件挂到抛丸机工装吊具上,将挂好零部件的吊具放入抛丸机进行抛丸处理。为防止划伤精度要求高的表面,对其表面进行防护。

③清丸处理。将零部件挂到清丸机工装上并放入清丸机进行清丸处

理，对进行完清丸处理的零部件拆下安装的防护。

④打磨处理。用手持式打磨机对零部件表面、螺丝孔、气道和水道进行打磨，将零部件表面上的残留锈迹打磨干净。

⑤加热清洗。将处理完的缸盖放入清洗机中进行加热清洗。

（6）发动机油底壳的清洗流程[4]。

①高温分解。将待清洗油底壳装入高温分解炉中，封严炉门，按高温分解炉的操作规程在适当的温度下进行高温烘烤若干小时，使零部件表面的漆膜、油污在高温下分解或燃烧。

②抛丸处理。将烘烤后的零部件挂到抛丸机工装吊具上，并放入抛丸机进行抛丸处理。

③整形处理。检查并对油底壳外形有凹陷、磕碰等变形部位进行整形处理。

④喷漆。将零部件的加工表面进行防护，对未加工表面喷上底漆，应使漆膜均匀，色泽一致（油底壳只对外表面喷漆）。

⑤整理。将零部件加工表面上的油漆打磨干净，清理表面的残余锈迹，使表面干净、光洁，无锈迹和油污等附着物。

⑥试漏。将适量的煤油倒入油底壳，保持静止状态数分钟后观察有无渗漏现象。如无渗漏将转入下一工序，否则将修复后再次试漏。对于损伤严重无法再制造修复的零部件将做报废处理。

5.2　航空装备的再制造拆解与清洗技术

5.2.1　飞机管件批处理清洗设备的设计与应用

1. 概述

飞机管件是机体主要的组成零部件，管件表面质量直接影响飞行安全[5,6]。作为产品最终质量保证的体现，高清洁度、高质量的飞机管件的清洗，决定飞机管件表面质量的高低，同时，高效地清洗也在一定程度上决定了产品生产周期的长短，除此之外，低能耗、环保的目标也是工业清洗发展的方向[7,8]。

飞机通常由数以万计的结构部件组成，需要装配安装液压系统来对不同的功能部件进行控制和操纵，液压控制系统需要大量的管件附件来传输油液，执行控制动作，因此，液压系统管路的畅通状况对于飞行安全起至关重要的作用。除了管件本身的制造所引起的安全隐患，管路内部污垢堵塞也是影响飞行安全的主要诱因，对管路清洗要求更加严格，以避免因为管件的洁净问题造成飞行隐患[9,10]。

目前，针对具有薄壁、细长特点的飞机管件（外径 4 ~ 12 mm，壁厚 0.6 ~ 1.2 mm），国内清洗多采用传统清洗手段清洗，使用有机溶剂浸泡待清洗管件，结合手工清洗手段，完成对管件的清洗，缺少专用于飞机管件清洗的设备。传统清洗手段的清洗效率低，效果差，质量难以控制，在清洗过程中使用的有机溶剂多具有一定的毒害性和安全隐患，如具有挥发性的汽油。

在国内，针对飞机管件清洗的专有设备比较少见，只是在飞机维修管件的清洗上，对传统清洗工艺做了一定的改进。修改待清洗管件一端常规的圆柱形口径，加工成广口，使其口径与接头相配合，将鹿皮布放入广口端，连接好接头，在广口接口端加一定的压力，推动鹿皮布在管件内移动，过程中试管内反馈压力调节输入压力，避免造成胀管现象，待管件另一端有鹿皮布将要退出，加大广口输入端的液压油压力，增大流量，以排除管内壁的污物[11]，如图 5.9 所示。这一清洗方法通过在鹿皮布内包裹一定尺寸的钢珠，用于对导管进行修复作业。

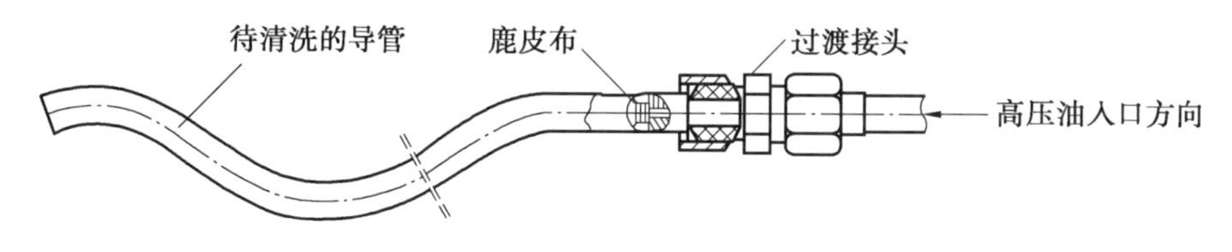

图5.9 使用鹿皮布和高压油清洗导管

国内针对液压管件的毛坯管清洗而设计的管件清洗设备有很多种，酸洗装置原理图如图 5.10 所示。作为冷拔工艺前的首道必要工序，毛坯管的清洗尤为重要，针对毛坯管酸洗的改进工艺设计的高效节能酸洗装置，通过耐酸循环泵循环使用加热后的酸液，在装有酸液的酸洗槽内，经由分配器分流至喷嘴，再经过与毛坯管相连的喷嘴，酸液流入毛坯管，实现对安放在支架上的毛坯管的内外表面酸的清洗，酸洗槽内酸液上表面覆盖一定数量的耐酸塑料球，减小酸洗槽内酸液的挥发，以及避免酸洗槽外蒸汽与槽内酸液的酸雾反应[12]。

美国安利宾（NLB）公司，始建于 1971 年，在水射流应用领域具有一定的影响力，专注于水射流产品与设备的研究与开发，该公司研究开发了针对小口径管件清洗的设备与配件，其中 Typhoon™系列旋转喷头是清洗小

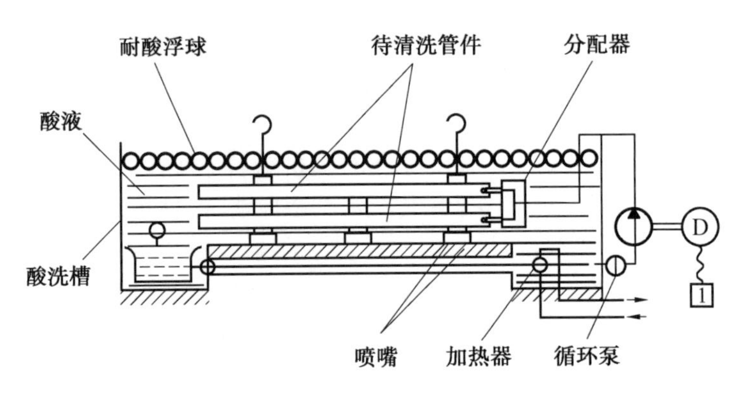

图5.10　酸洗装置原理图

口径内表面的产品，产品采用旋转高压液体形式，最高转速为7 000 r/min，将接头“圆头”端伸入待清洗的管件中，另一端与高压水源相连，输入高压水，高压水流经过具有特制结构的喷头，喷头前端分配有多个空间分布的微细孔，高压水流从微孔中流出，形成周向力，使喷头高速旋转，在管件内部形成了如同“台风”形式的水流，从而实现对管径内部的清洗。采用这种旋转的水射流清洗方法，可以实现对长度达7.6 m管件进行清洗，如对大型热交换器的清洗，且在水射流进入待清洗管件一端到出口端，射流压减小[13]。Typhoon™旋转射流喷头如图5.11所示，旋转射流喷头大型设备应用实例如图5.12所示。

图5.11　Typhoon™旋转射流喷头

2. 飞机管件清洗工艺分析

管件制造起于管坯，经历酸洗、热处理、磷化处理、皂化处理等多道工

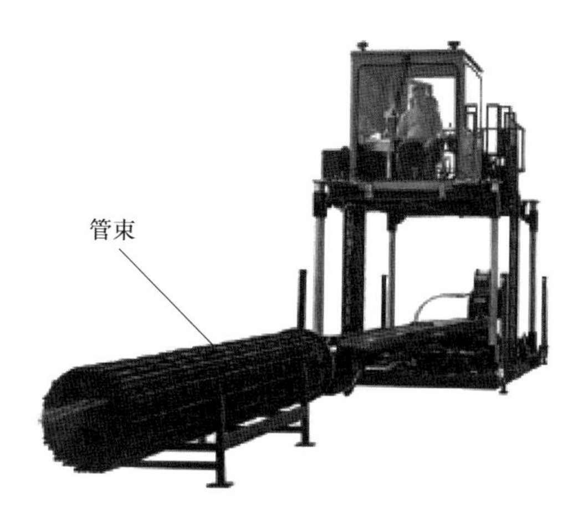

图 5.12 旋转射流喷头大型设备应用实例

艺流程。不锈钢无缝钢管制备工艺流程如图 5.13 所示[14]。

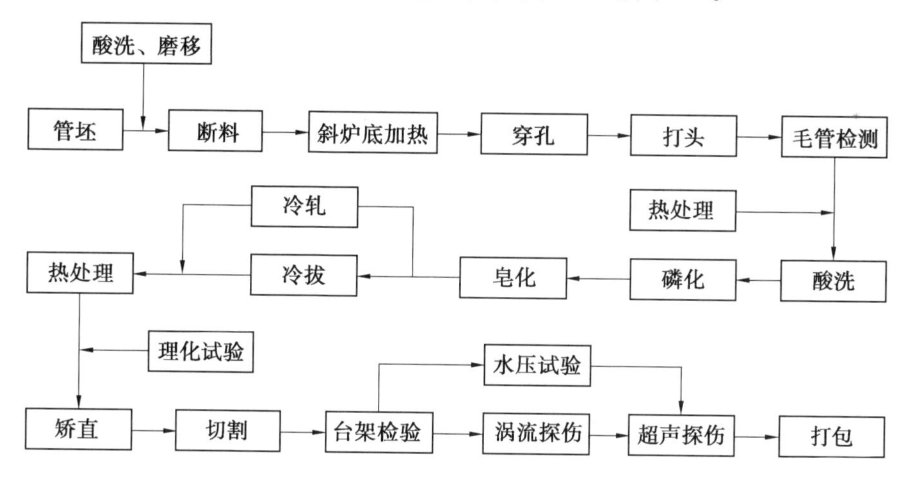

图 5.13 不锈钢无缝钢管制备工艺流程

在制管工艺流程中，不同加工工序间或某一个加工工序中，必然会出现不同种类的溶液、油脂混杂（如磷化处理中酸性盐溶液为主的溶液，皂化处理中的有机化合物等），这些溶液、油脂会在管件内外表面相互溶解、沉降，进而凝固成固态物质，并残留附着在管件内外表面上，形成清洗工艺中的污物。加工制造环境中空气中夹杂的微小固体颗粒及微生物，经过特殊的物理、化学反应，也会黏附在管件的内外表面，形成具有一定黏度的污物。

根据对毛坯管制备工艺情况的分析，管件内外表面主要附着污物有油脂、颗粒状污物、化学反应形成的污物和生物污物,以及凝固成形的污物、灰尘等。对于拥有以上污物的管件,应根据污染物类型、管道形状等实际情况采用不同清洗技术进行清洗,主要包括干冰清洗、微生物清洗、等离子清洗、水射流清洗及激光清洗等。

(1)干冰清洗管件。即使用低温 CO_2颗粒高速冲击管件内外表面附着的污物,并快速"冰冻"催化污物产生龟裂,使污物脱离。清洗管件外表面时,通过专用压力管路将加压后的低温干冰对着管件外表面,以高速(约300 m/s)冲击,催化污物自身体积膨胀(约为原体积的 800 倍),能够对管件外表面完成清洗。然而对于管件内表面,特别是小口径(最小内径4 mm)管件,无法采用有效的手段"冲击"内表面。

(2)微生物清洗管件。即采用微生物酶降解方式对管件内外表面进行清洗。若通过微生物清洗,需要将管件放入清洗容器内,在容器内加入适量溶液,浸没待清洗管件,添加微生物清洗剂,在理想清洗状态下,通过酶的降解作用,清除管件表面的油脂污物,以及微生物菌落构成的凝结固态物质。但微生物酶具有专一性,对不同的污物要采用不同的微生物酶,约束了微生物对管件清洗的有效作用。

(3)等离子清洗管件。即利用离子流对管件表面进行撞击,迫使污物脱离。对管件外表面清洗,等离子清洗可以实现高清洁度的清洗;但是对于管件的长、细的内表面清洗,等离子清洗目前没有有效的解决方式,尤其是对批量的管件的清洗。

(4)水射流清洗管件。用高速的水射流冲击管件外表面,可以获得良好的清洗效果;但对于管件的内表面清洗,目前最有效的清洗手段是采用美国安利宾(NLB)的 Typhoon™旋转射流喷头,受到局限的是 Typhoon ™旋转喷头所能清洗的最小管件内径约为 15.8 mm,不能够满足内径小于15 mm的管件内表面清洗。同时,批量的管件清洗方式,对于喷头与待清洗管件间的连接不方便,相应的用于连接的工装接头制造比较烦琐,会增加整个系统的复杂性,不便于后期的维护和使用等。

(5)激光清洗管件。即应用热能膨胀效应清除污物。对于管件外表面的清洗,若使用激光清洗方式,单根管件需要用激光清洗装置清洗两遍,才能完成对整个管件外表面的清洗,如图 5.14 所示。当激光清洗装置在清洗管件外表面时,被清洗一侧能够进行激光清洗,但另一侧的表面无法清洗,同时,对于管件内表面的清洗,无法以截面形式照射,还需要通过进一步的研究来实现。

(6)超声波清洗管件。即利用超声波空化作用,振动产生瞬间高温高

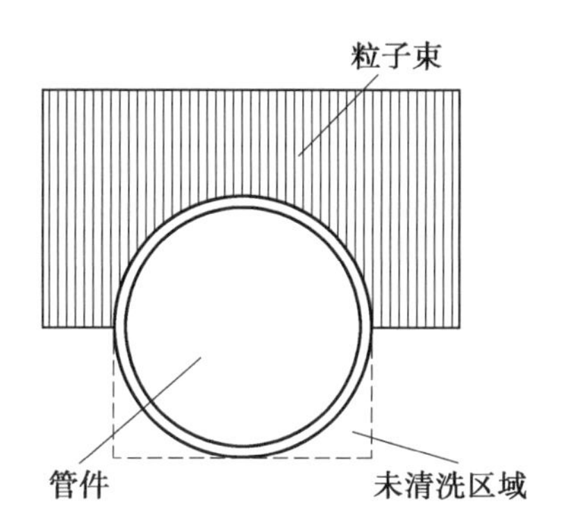

图 5.14 激光清洗管件示意简图(轴向视图)

压气泡,将附着在管件表面剥离表面,其中,超声波空化效应需要将水作为超声波传递的介质。若采用超声波清洗管件,进行批量清洗作业,需要将管件完全浸没在水中,才能够将水完全覆盖待清洗管件的表面,或充满内表面,最后完成清洗。

综上,通过对比不同清洗方式的清洗情况,发现微生物清洗和超声波清洗较其他清洗方法更适宜管件的表面清洗。然而,在应用可行性及成本上,微生物清洗所需的微生物清洗剂用于管件清洗的配制比例有一定的难度,超声波清洗相较更为容易。因此,确定对飞机管件批处理清洗所采用的清洗方式为超声波清洗。结合超声波清洗合理设计管件清洗的工艺流程,管件清洗工艺流程简图如图 5.15 所示。

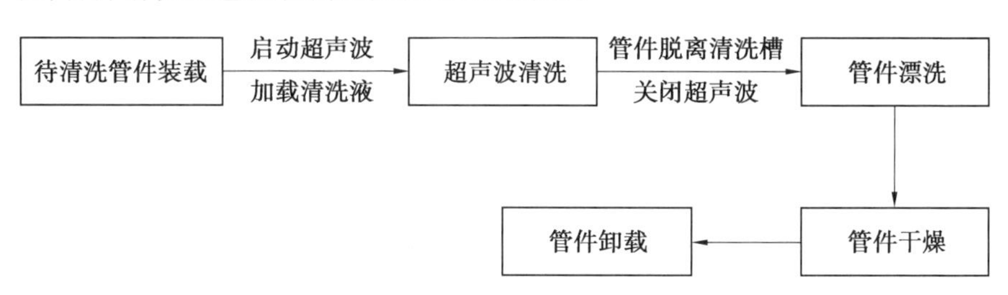

图 5.15 管件清洗工艺流程简图

根据超声波清洗特性,超声波清洗需要注意频率和温度的设定,管件清洗前需要如下的条件:

①超声波清洗频率设定为 25 kHz,根据试验研究,超声波频率在 25 kHz时振动强度最大,如图 5.16 所示。

②清洗液为水基清洗液,温度为 50 ℃,水基清洗剂在适宜的温度下有更好的清洗效果[15]。

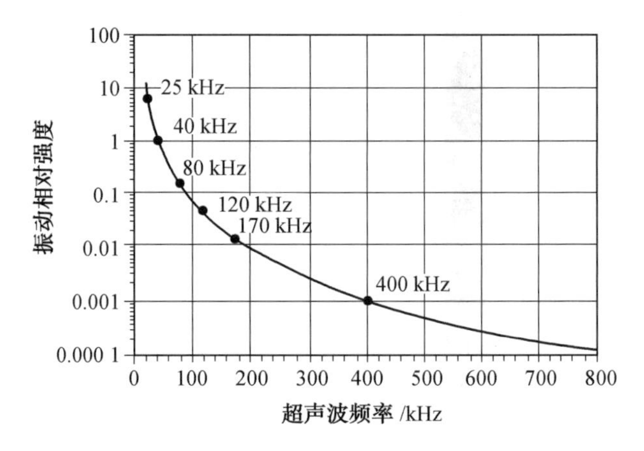

图 5.16　不同超声波频率下的振动强度对比[16]

具体清洗流程如下:管件浸没在水溶液里,超声波启动,形成超声场,在水溶液中产生振动,并通过水溶液将振动能量传递给管件表面上的污渍,产生机械效应,振动管件表面上附着的污物,清除附着力度小的部分污渍,振动过程中产生了部分热量(热效应),升温软化硬质污物,存在于水溶液中的微小气泡在超声场的作用下,迅速膨胀、破裂,产生的冲击波高速冲击管件表面的污物,使得存有缝隙的污物脱落,空化效应催化了水溶液中 H_2O 的分裂和链式反应,产生大量-OH 和强氧化性的 H_2O_2,并在空化效应产生的冲击波冲击和射流作用下,完全进入溶液,管件表面油脂、油污(如汽油 C_8H_{18})等有机物发生热解效应,反应后生成碳的化合物和水,溶在水溶液中,其他亲水有机物与大量-OH 产生自由基效应。超声波清洗完毕后,对管件内外表面进行漂洗工艺,启动漂洗系统,冲洗清除管件内外表面残留的脱落污物,最后对管件进行干燥处理,吹出管件内外表面的漂洗液残液,干燥的表面不易于形成凝固的污物,防止管件清洗完毕后的二次污染。

5.2.2　航空发动机清洗技术应用

航空发动机清洗是指在不从飞机上拆下发动机的条件下,定期或视情况对发动机实施清洗或防护。其目的是通过清洗清除附着在进气道与压气机叶片上的沉积物,保护叶片,从而延缓或消除空气中杂质对发动机性能的影响,恢复劣化了的性能,保持发动机的设计寿命,同时预防或排除发动机的某些故障[17]。表面清洗是航空发动机再制造过程中非常重要的工序,也是再制造的源头。发动机在再制造过程中需要进行宏观和微观检查。宏观检查主要包括零部件几何尺寸精度、位置精度、表面磨损、锈蚀、腐蚀等。微观检查主要是通过无损检测手段对零部件的内部组织变化、微裂纹等缺陷等进行检查。所有这些检查都是在零部件清洗干净的基础上进行的。因此，清洗是航空发动机再制造的基础[18,19]，是再制造的前提条件。清洗质量的好坏直接影响到最终再制造的质量。

由于对发动机压气机进行清洗和防护，不需要从飞机上拆下发动机，不需要分解发动机，可以直接在飞机上实施，可以大大缩短维修时间并降低维修费用。因此，国际先进航空发动机公司生产的发动机在外场广泛采用压气机清洗和防护技术。TB3-117、阿赫耶、CFM56 及 T800 等发动机的维护规范中对清洗都有明确的规定[20]。

发动机使用的环境不同，其压气机叶片沉积物各种各样，沉积物的附着力也不尽相同，但大致可以分为盐类和由沙尘、工业粉尘、昆虫、油类等组成的油脂污垢两类。它们对发动机影响作用形式差别很大。盐类物质主要通过发动机冷、热腐蚀影响发动机的寿命，而油脂污垢主要通过压气机效率影响发动机的性能。为了清洗这两类沉积物，多采用两种清洗方式，即冷清洗和热清洗。无论是冷清洗还是热清洗，为了达到清洗效果，都是在发动机运转过程中进行的。发动机运转的转速既不能太高，也不能太低，一般选择适中转速。这样既能保持清洗液对发动机有一定的撞击力和温度，又不能因转速过高而使清洗液蒸发，影响清洗效果。

冷清洗一般是指发动机在冷转状态，向发动机喷入清洗剂溶液清洗叶片上的盐类物质，所以冷清洗也称为除盐清洗。除盐清洗一般不易在高温下进行，选在冷转状态较佳，因为此时发动机的转速较小，温度又不高，除盐时不会引起发动机的热腐蚀。由于发动机冷转状态的持续时间较短，一般为几十秒，要有效清除叶片上的盐类物质，对清洗剂的性能要求很高。

热清洗一般是指发动机在慢车状态时，向发动机喷入蒸馏水或合适的清洗剂来清除叶片上的油脂污垢，从而还原发动机的性能，故热清洗又称为“恢复性能清洗”。油脂污垢在叶片上附着力较强而冷转时转速较低，一般很难进行有效清除。发动机在慢车状态时，发动机转速较高，工作时间又较长，此时向发动机气流通道喷入蒸馏水或清洗剂，利用液滴与叶片的冲击力可以基本消除叶片上的污垢，恢复发动机的性能。但是在进行热清洗时，会引起发动机的转速、温度下降，其下降量因具体的发动机而异。转速的下降量一般为10%～20%，温度的下降量一般为2～30 ℃。如果清洗时使用清洗剂，由于清洗剂一般为易燃有机化合物，当喷入的清洗剂过多或使用不当时，容易引起瞬时超温或烧坏发动机。

随着化工技术发展，新型高效防护型清洗剂不断涌现，使得恢复性能清洗完全可以在冷转状态实施。20 世纪 80 年代开始研制投入使用的发动机，无论是除盐清洗还是恢复性能清洗，基本都是在冷转状态下进行的，因而增加了清洗工作的安全性。

1. 清洗剂

清洗剂是清洗技术的核心环节。清洗剂通常是有机化合物，含有表面活性剂、有机溶剂、研磨剂及增白剂等成分，一般分为水基型和溶剂型两种。清洗剂选择得好坏直接决定着清洗效果的优劣。选择或研制清洗剂应根据清洗的目的（除盐还是恢复性能）、外界温度高低、发动机气流通道所用材料及清洗类型做综合考虑。

首先应合理选择清洗剂。清洗目的不同，沉积物不同，就需要不同类型特点的清洗剂。选择清洗剂类型时，也会受到外界温度的影响。当外界温度较低（在0～5 ℃或以下）时，一般的清洗剂就容易结冰，所以在低温情况下应该选择冰点较低的清洗剂。欧美国家的发动机一般采取清洗剂加防冰剂的方式防冰，在不同的温度段，其配比不同。某些发动机在低温条件下在采用改变清洗剂配比的同时，还采取对清洗液进行加温（50～70 ℃），以进行防冰清洗。

其次要考虑发动机气流通道内的材料性能。清洗剂首先要达到清洗目的，其次还要求在清洗过程中不能对发动机气流通道内的金属、非金属材料产生腐蚀。任何一种清洗剂都必须经过特定发动机的考验。

2. 维护规范

维护规范是实施航空发动机压气机清洗和防护技术的纲领性文件，是特定机型在理论分析研究与试验基础上总结出来的，它对清洗的时机或周期、使用清洗剂的型号及配比、清洗液的多少、清洗时发动机的状态及实施程序都做了明确的规定。表5.3列出了某型发动机的清洗周期与内容。对发动机实施清洗的程序设定为：冷转→清洗→蒸馏水冲洗→干燥→喷防护剂。只有严格按照维护规范进行操作，才能达到清洗目的。

表5.3　某型发动机的清洗周期与内容

周期	在腐蚀性和含盐性大气中工作后			在污染的大气中工作后	
	除盐清洗	恢复性能清洗	燃气通道防护	恢复性能清洗	燃气通道防护
每日飞行后	×				
飞行中发现功率下降后		×		×	
停放72 h以上			×	×	×
定期检查前		×	×	×	
启封后		×	×	×	×

3. 评估结果

经实际验证，清洗对恢复发动机性能非常有效，尤其对航线分布在沿海地区或多沙尘地区的发动机，效果更显著，且成本低。通过对发动机进气道、压气机叶片及整个核心机气路用一定压力的水（或清洗剂）清洗，一般可降低排气温度 5 ~ 20 ℃，个别发动机可降低排气温度达 40 ℃，发动机功率一般较清洗前的发动机功率提高 2% ~ 5%，个别可提高更多。某型发动机在厂内长期试车中采用清洗程序后，发动机清洗前后参数对比见表5.4。

从表5.4可以看出，发动机排气温度（起飞状态）下降 20 ~ 50 ℃，功率（起飞状态）恢复明显，能够使发动机在清洗后功率提高 4% ~ 7%，清洗效果显著。

表 5.4　发动机清洗前后参数对比

发动机号	清洗前		清洗后		功率恢复比例/%
	功率/kW	发动机排气温度/℃	功率/kW	发动机排气温度/℃	
XXX457	2 669	510	2 818	460	5.6
XXX128	2 496	540	2 679	520	7.3
XXX005	3 120	566	3 302	534	5.8

注：功率恢复比例是指清洗后发动机功率较清洗前提高的百分比

5.3　工程机械的再制造拆解与清洗技术

随着近年来全球化市场的形成和全球范围内的环保意识的增强，我国工程机械制造业面临着来自国内和国外两方面资源节约和环境友好要求的压力，亟待发展再制造技术。一方面，工程机械的更新速度快，有很多设备由于不适应社会经济发展的需要，在尚未达到其设计寿命之时就提前退役；另一方面，工程机械零部件数量多，各零部件的使用寿命不一，在整机报废以后，有相当一部分零部件可以直接回收利用或者进行再加工，这样可以大大提高资源的利用率，降低废旧工程机械对环境造成的危害，同时还能提高企业的经济效益[21]。

5.3.1　工程机械再制造的拆解技术与应用

混凝土机械是工程机械的重要组成部分，其典型代表是混凝土泵车。

混凝土泵车是现代混凝土施工领域中使用比较广泛的设备，它主要用于输送和浇筑混凝土，具有效率高、使用方便的特点。随着我国基础设施建设的快速发展，我国混凝土泵车的社会保有量急剧增加。1998 年以前，我国市场混凝土泵车年销量不足 200 台；1999 ~2012 年，建设施工单位对生产效率越来越重视，同时商品混凝土的大范围使用使混凝土泵车销量迅速增长；2003 ~2012 年混凝土泵车的销售量如图 5.17 所示，“十二五”期间仍保持了 20% 以上的增长速度[22-24]；2017 年，全国混凝土泵车销售量约为 2 000 台，相比“十二五”期间增速达 60% 以上。

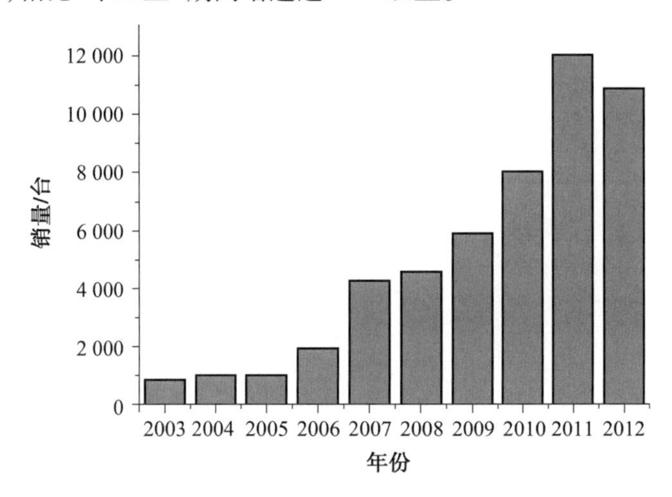

图 5.17 混凝土泵车的销售量(2003 ~2012 年)

要实现对废旧混凝土泵车零部件的再制造，就必须对废旧混凝土泵车进行高效无损的拆解，只有充分合理实施高效无损拆解，才能对废旧混凝土泵车零部件按完好程度和材料的类别进行分类，拆解的零部件才可以重用。拆解方法会直接影响拆解产品的质量，如何采用高效率、低成本、无污染的拆解方法是废旧混凝土泵车再制造的关键问题之一。下面介绍一些废旧混凝土泵车几种典型零部件的拆解方法[21]。

1. 混凝土活塞的拆解方法

混凝土活塞由活塞体、导向环、密封体、活塞头及定位盘等组成，其起导向、密封和输送混凝土的作用，拆解混凝土活塞的方法如下：

①松掉混凝土活塞与主油杆连接螺栓或卡式接头（塞入细钢管旋转混凝土活塞，拆下靠水箱底部的连接杆螺栓），如图 5.18 和图 5.19 所示。

②取出混凝土活塞，如图 5.20 所示。

③拆解活塞头，如图 5.21 所示。

图 5.18　拆下卡式接头螺栓

图 5.19　将接头敲下

④拆除尾部连接杆部分固定螺栓,如图 5.22 所示。

⑤取下尾部连接杆部分。

⑥拆下导向环压板的 4 颗固定螺栓,将压板取下,如图 5.23 所示。

⑦拆除前端盖板的 4 颗固定螺栓,将盖板取下,如图 5.24 所示。

⑧取下导向环与混凝土密封体,如图 5.25 所示。

图 5.20　取下混凝土活塞

图 5.21　拆解活塞头

图 5.22　拆除固定螺栓

图 5.23　拆下导向环压板固定螺栓

图5.24　拆除前端盖板固定螺栓

图5.25　取下导向环与混凝土密封体

2. 废旧混凝土泵车眼镜板、切割环的拆解方法

眼镜板、切割环是S形泵送分配阀的零部件，切割环与眼镜板组成的切换摩擦副起着切割混凝土的作用。拆解眼镜板、切割环的方法如下：

① 拆除料斗上的筛网，如图5.26所示。

② 用内六角扳手通过对角法则拆除出料口螺栓，然后使用铜锤敲下出料口，如图5.27所示。

③ 在出料口处先塞入长钢管，以防出料口落地损坏，如图5.28所示。

④ 拆下大轴承座润滑脂管及脂管接头，如图5.29和图5.30所示。

⑤ 拧下异形螺母定位螺钉，如图5.31所示。

⑥ 用出料口螺栓顶出大轴承座至可取出切割环为止，如图5.32所示。

⑦ 用内六角扳手通过对角法则拆下眼镜板螺栓，如图5.33所示。

⑧ 取出眼镜板，再取出切割环和橡胶弹簧，如图5.34和图5.35所示。

图5.26　拆除料斗上的筛网

图5.27　拆下螺栓并敲下出料口

图 5.28　塞入长钢管

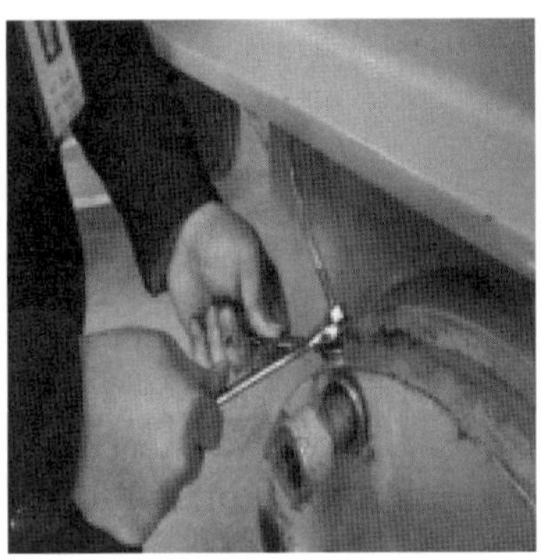

图 5.29　用两把扳手拆解接头

图 5.30　取下脂管接头

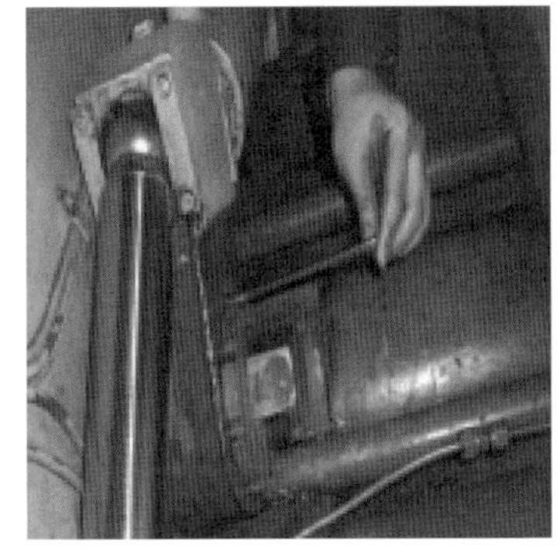

图 5.31　拧下异形螺母定位螺钉

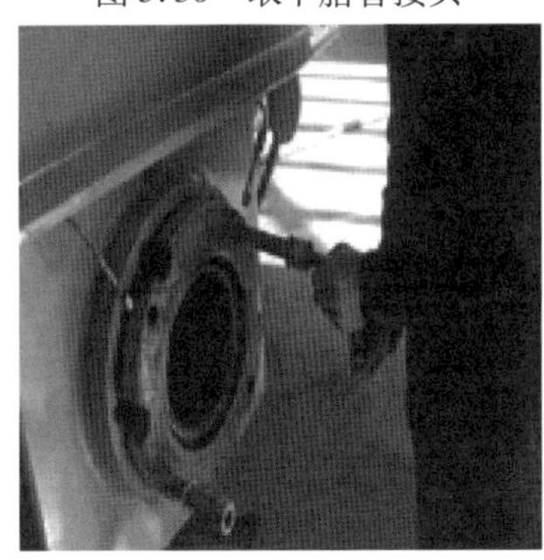

图 5.32　用对角法则顶出大轴承座

图 5.33　拆下眼镜板螺栓

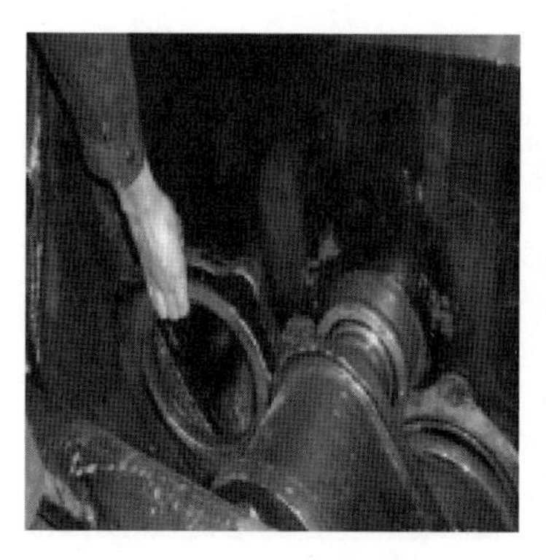

图5.34　取出眼镜板

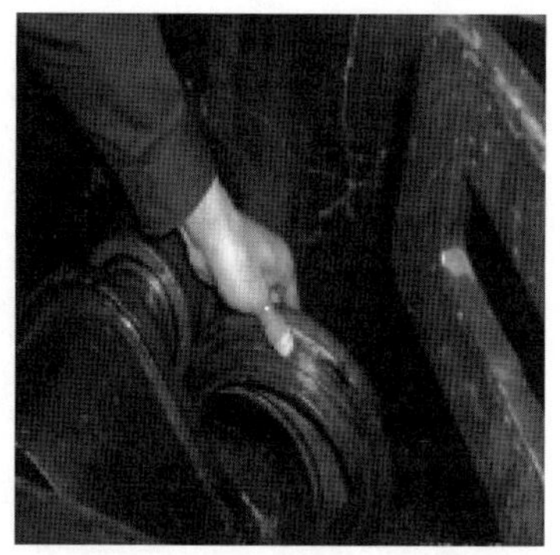

图5.35　取出切割环和橡胶弹簧

3. 搅拌叶片和马达的拆解方法

① 拆下搅拌叶片螺栓,然后可将叶片取出,如图5.36所示。

② 拆解搅拌马达时,先拆下油管,如图5.37所示。

③ 拆解搅拌轴承座两端的润滑脂管及相应的脂管接头,如图5.38和图5.39所示。

④ 用内六角和套筒扳手对角法则拆解搅拌马达座螺钉和轴承座端盖螺钉,如图5.40和图5.41所示。

⑤ 用外卡卡簧拆除左端盖卡簧,拆下右端盖的轴承座,如图5.42和图5.43所示。

⑥用顶推法顶出两端的轴承座,如图5.44所示。

⑦拆下搅拌轴承座,如图5.45所示。

⑧拆下两边的密封盖,取下搅拌轴,如图5.46所示。

⑨拧下轴套定位螺钉,敲出轴承,如图5.47所示。

图5.36　拆下叶片

图5.37　拆下油管

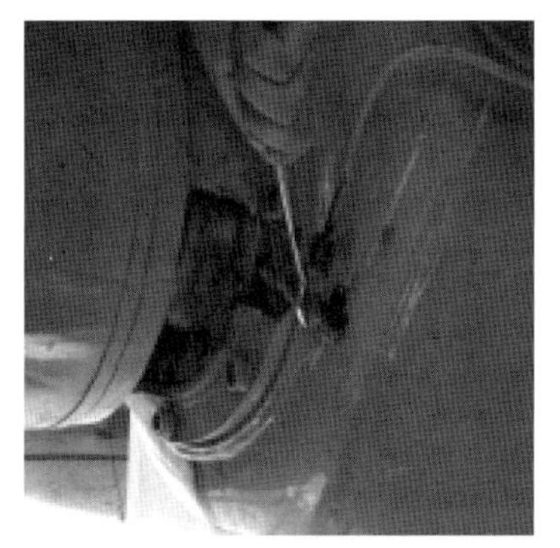
图 5.38　拆下润滑脂管

图 5.39　拆下脂管接头

图 5.40　拆下搅拌马达座螺钉

图 5.41　拆下轴承座端盖螺钉

图 5.42　拆下左端盖卡簧

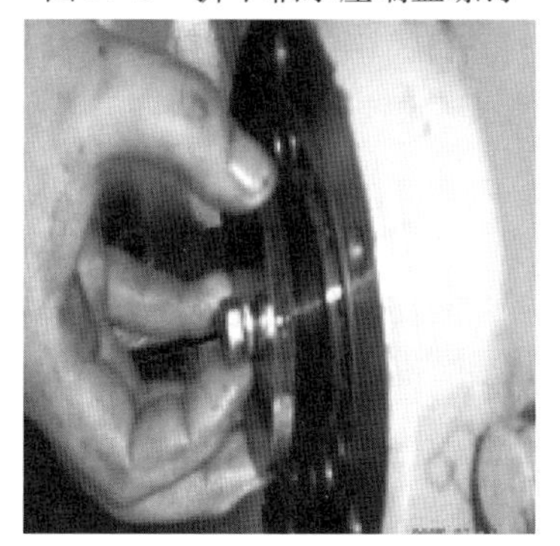
图 5.43　拆下右端盖的轴承座

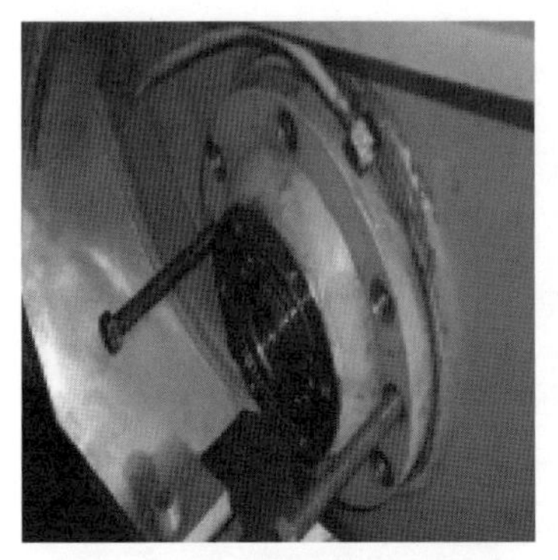

图5.44　用顶推法顶出轴承座

图5.45　拆下搅拌轴承座

图5.46　拆下两边的密封盖

图5.47　拧下轴套定位螺钉

4. S管阀的拆解方法

S管阀主要是控制料斗和混凝土泵中的混凝土流向。拆解S管阀的方法如下：

① 拆下摇摆机构部件，如图5.48所示。

② 拆下摇摆球头挡块，如图5.49所示。

图5.48　拆下摇摆机构部件

图5.49　拆下摇摆球头挡块

③ 取下两个摆缸,如图 5.50 所示。

④ 拆下小轴承座压环,如图 5.51 所示。

⑤ 取下小轴承座组件(小轴承座和端面轴承套),如图 5.52 和图 5.53 所示。

⑥从料斗内吊出 S 管,取下耐磨套,如图 5.54 和图 5.55 所示。

图 5.50 取下两个摆缸

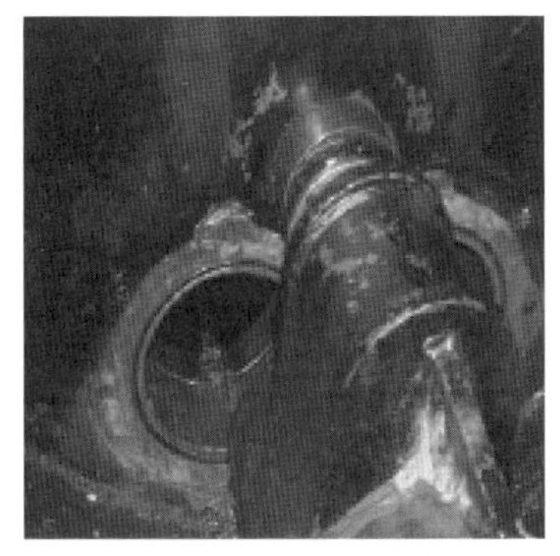

图 5.51 拆下小轴承座压环

图 5.52 取下小轴承座

图 5.53 取下端面轴承套

图 5.54 从料斗内吊出 S 管

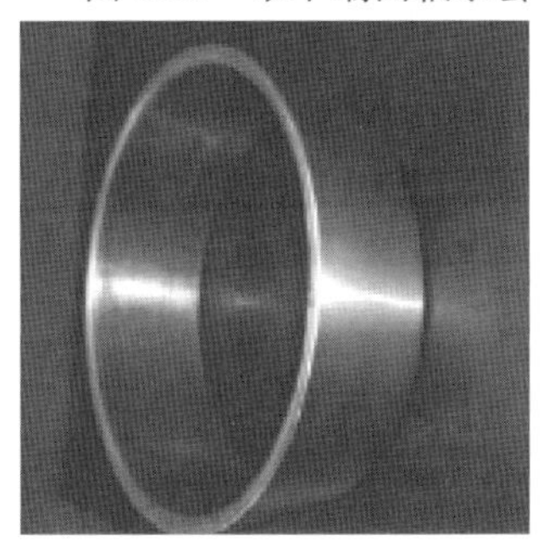

图 5.55 取下 S 管耐磨套

5. 输送缸的拆解方法

输送缸主要是用来输送混凝土。拆解输送缸的方法如下：

①拆下料斗上的递进式分配阀和进油管、输送缸上润滑混凝土活塞的接头及润滑脂管，如图5.56和图5.57所示。

②拆下水箱处的6颗拉杆螺母，如图5.58所示。

③拆下料斗底部的6颗固定螺钉，如图5.59所示。

④用钢丝绳从料斗处下伸，用吊车吊起料斗及输送缸向外慢慢提出，把料斗与输送缸放在合适的场地，并在下面垫上厚木块，如图5.60所示。

⑤旋下拉杆，取出输送缸，敲出过渡套，如图5.61所示。

图5.56　拆下进油润滑脂管

图5.57　拆下润滑脂管及接头

图5.58　拆下6颗拉杆螺母

图5.59　拆下料斗底部的固定螺钉

5.3.2　工程机械零部件再制造清洗技术的应用

工程机械再制造零部件的清洗主要包括拆解前的清洗和拆解后的清洗。前者主要是去除零部件外部沉积的大量油泥、尘埃及泥沙等污染物；后者主要是去除零部件上的油污、积炭、水垢、锈蚀及油漆等污染物。拆解前的清洗一般采用自来水或高压水进行冲洗，适当搭配化学清洗剂。拆解后的清洗主要采用化学和物理的方法。

图 5.60　用吊车将料斗和输送缸向外提出

图 5.61　使用千斤顶将输送缸顶出

工程机械再制造清洗过程主要是使用物理和化学的清洗技术清除零部件表面的积炭、油泥、氧化皮等污物。工程机械再制造清洗技术主要有高压水射流清洗技术、干冰清洗技术、超声波清洗技术、激光清洗技术、水基清洗技术和绿色化学清洗技术等[25]。

再制造的清洗过程在整个再制造过程中占有重要地位，零部件的清洗质量将直接影响再制造产品的质量。目前工程机械再制造产业还停留在初级阶段。该行业的清洗也多数停留在用水泵的泵水冲洗、化学溶剂擦拭和喷丸清洗的阶段，真正使用先进清洗技术的企业非常少。这既浪费资源，又污染环境，对作业人员身体健康也有很大影响，更加制约了工程机械再制造产业的发展。工程机械在使用中产生的污垢特点见表 5.5[26]。

表 5.5　工程机械在使用中产生的污垢特点

污垢	存在位置		主要成分	特性
外部沉积物	零部件外表面		尘埃、油泥	容易清除、难以除净
润滑残留物	与润滑介质接触的各零部件		老化的黏质油、水、盐分、零部件表面腐蚀变质产物	成分复杂、呈垢状，需针对其成分进行清除
碳化沉积物	积炭	燃烧室表面、气门、活塞顶部、活塞环、火花塞	碳质沥青与碳化物；润滑油与焦油；少量的含氧酸、灰分等	大部分是不溶或难溶成分，难以清除
	类漆薄膜	活塞裙部、连杆	碳	强度低，易清除
	沉淀物	壳体壁、曲轴颈、机油泵、滤清器、润滑油道	润滑油、焦油、少量碳质沥青、碳化物及灰分	大部分是不溶或难溶成分，不易清除
水垢	冷却系统		钙盐和镁盐	可溶于酸
锈蚀物质	零部件表面		氧化铁、氧化铝	不溶于水与碱，可溶于酸

国内工程机械行业多数的整机生产厂家较少涉及动力元件、泵阀、电气元件的设计生产,不具备对此类零部件进行再制造的能力,为此,该类零部件的再制造应委托专业再制造厂家进行较为合适。工程机械清洗方案设计的原则如下:①方案设计要力求做到简化流程、减少设备、按需配置并满足安全环保的要求;②拆解前整机清洗可用低压水射流冲洗,拆解后清洗方案需根据零部件类型及污物类型进行选择;③大型零部件的油污、油泥最好用高压水射流设备清洗,若需除漆、除锈则用超高压水射流或高压磨料水射流设备清洗;④过热蒸汽清洗技术清洗高压水射流技术不方便清洗的中小型零部件,可将其作为水射流清洗的后一道工序,清洗未洗净或遗漏的污物;⑤超声波清洗需要另购水基清洗液,为此可用超声波清洗技术清洗过热蒸汽较难清洗的孔洞。汽车起重机零部件污染物类型及清洗方案见表5.6。

表5.6　汽车起重机零部件污染物类型及清洗方案

<table>
<tr><th colspan="2">再制造部件</th><th>污染物类型</th><th>清洗方案</th></tr>
<tr><td rowspan="2">液压件</td><td>液压缸</td><td>油污、油泥、油漆</td><td>中小型液压缸(内外壁):超声波清洗或过热蒸汽清洗</td></tr>
<tr><td>中心回转体</td><td>油污</td><td>大型液压缸(内外壁):高压水射流清洗</td></tr>
<tr><td rowspan="5">结构件</td><td>转台</td><td rowspan="5">油污、油泥、油漆、锈蚀</td><td rowspan="3">超高压水射流清洗或低压磨料水射流清洗</td></tr>
<tr><td>车架</td></tr>
<tr><td>支腿</td></tr>
<tr><td rowspan="2">吊臂</td><td>外壁:超高压水射流清洗或低压磨料水射流清洗</td></tr>
<tr><td>内壁:高压水射流清洗</td></tr>
<tr><td rowspan="5">传动件</td><td>销轴类</td><td>油污、锈蚀</td><td>过热蒸汽清洗</td></tr>
<tr><td>平衡梁</td><td rowspan="2">油污、油泥、油漆</td><td rowspan="2">高压或超高压水射流清洗</td></tr>
<tr><td>车桥及附件</td></tr>
<tr><td>回转支承</td><td>油泥、锈蚀</td><td>超高压水射流清洗或低压磨料水射流清洗</td></tr>
<tr><td>传动轴</td><td>油污、油漆</td><td>高压或超高压水射流清洗</td></tr>
</table>

本章参考文献

[1] 徐滨士. 再制造工程基础及其应用[M]. 哈尔滨：哈尔滨工业大学出版社,2005.

[2] 史佩京,徐滨士,刘世参. 面向可持续发展的车辆发动机再制造工程[C]. 海口：2008 绿色制造论坛,2008.

[3] 王春焱,钟铃. 汽车再制造大部件拆解污染分析及对策[J]. 新兴产业与关键技术,2012,(17)：25-26.

[4] 徐滨士. 再制造技术与应用[M]. 北京:化学工业出版社. 2014.

[5] 高荣军,张会云. 大型飞机液压系统的污染分析及采样点的布置[J]. 科技创业家, 2013(9)：173.

[6] 崔永生. 飞机液压系统污染原因分析及控制[J]. 液压气动与密封, 2009,29 (3)：53-55.

[7] 周雅文,徐宝财,韩富. 中国工业清洗技术应用现状与发展趋势[J]. 中国洗涤用品工业,2010(1)：33-36.

[8] 易举,孙卓. 航空航天零部件工业绿色清洗技术(一)为什么需要环保型绿色清洗[J]. 国防制造技术, 2009(5)：18-20.

[9] 郭辉,王平军. 飞机液压系统固体颗粒污染分析与控制[J]. 机床与液压,2007,35(1)：248-249.

[10] 郑东. 飞机液压系统液压油的颗粒污染与维护[J]. 科技创新与应用, 2013(3)：126.

[11] 宋述稳,张学民. 航空导管清洗与修复新工艺[J]. 机械制造,2006, 44(507)：63-64.

[12] 陈国安,傅香如,范天锦. 高效节能环保液压管件酸洗装置[J]. 液压气动与密封,2013,33(8)：77-78.

[13] Typhoon-Nozzles[EB/OL]. http://nlbcorp. com/wp-content/uploads/2012/07/Typhoon Nozzles. pdf.

[14] 周宏遥. 飞机管件批处理清洗设备设计与仿真[D]. 沈阳:沈阳航空航天大学,2013：15-19.

[15] NIEMCZEWSKI B. Cavitation intensity of water under practical ultrasonic cleaning conditions[J]. Ultrasonics Sonochemistry,2014,21(1)：354-359.

[16] WELLER R N, BRADY J M, BERNIER W E. Efficacy of ultrasonic

cleaning[J]. Journal of Endodontics,1980,6(9): 740-743.
[17] 于海滨,贾明明. 航空发动机清洗技术研究[J]. 设备管理与维修,2016(11): 106-107.
[18] 余相如,朱成绩,荣英侠,等. 航空发动机低压涡轮轴再制造清洗技术研究[J]. 清洗世界,2014,30 (9): 36-37.
[19] 姚巨坤,时小军,崔培枝. 装备再制造工作分析研究[J]. 设备管理与维修,2007(3): 8-10.
[20] 孙护国,于海滨,霍武军,等. 涡轴发动机清洗技术及其发展[C]. 上海: 第十六届全国直升机年会,2000.
[21] 李京京. 面向再制造的废旧混凝土泵车拆解工艺与技术研究[D]. 湘潭: 湖南科技大学,2014.
[22] 文晶. 混凝土泵车支腿的疲劳及剩余寿命预测[D]. 长沙: 长沙理工大学,2013.
[23] 我国混凝土泵车和搅拌运输车的行业现状[EB/OL]. http://www.doc88.com/p-982628597791.html.
[24] 韩学松. 2012 年中国工程机械主要设备保有量[J]. 工程机械与维修,2013 (6): 53-55.
[25] 韩杰,杨士敏,蔡顶春. 工程机械零部件再制造清洗技术研究[J]. 机械工程与自动化,2013(2): 222-224.
[26] 宋明俐,刘龙泉,王东. 工程机械再制造的绿色清洗技术[J]. 工程机械与维修,2015(2): 68-71.

第 6 章　再制造拆解与清洗技术路线图

党的十九大报告把“推进绿色发展，推进资源全面节约和循环利用”放在突出位置。《中国制造 2025》强调“发展循环经济，提高资源回收利用效率，构建绿色制造体系，走生态文明的发展道路”，提出“全面推行绿色制造，大力发展再制造产业，实施高端再制造、智能再制造、在役再制造，推进产品认定，促进再制造产业持续健康发展”。随着《中国制造 2025》重大战略的不断深入推进，装备制造业必将迎来新的一轮快速发展，传统机电产品的自动化、智能化升级改造需求将变得更为迫切。同时，“一带一路”倡议的实施，将大大推动与此相关地区的基础建设水平，包括铁路、公路、石油、海运及通信设施等在内的众多机电产品将迎来爆发式发展，这为我国发展在役再制造、高端再制造和智能再制造提供了广阔的发展空间。国家战略和产业发展使再制造拆解和清洗技术面临新的要求和挑战，未来拆解与清洗技术将逐渐向高效、绿色和智能化的方向发展[1]。本章重点介绍 2030 年前我国再制造拆解与清洗技术的发展规划。

6.1　未来的市场需求及产品

随着材料、制造、信息及控制等多学科技术的不断发展，再制造研究与应用领域将由传统的机械产品逐步向机电一体化产品和信息电子产品扩展，再制造产业发展将由传统的汽车、矿山、工程机械、机床等优先发展领域逐步向医疗设备、IT 装备、航空航天装备、铁路装备、高端机床等复杂、大型和高端装备领域拓展。同时，为适应未来再制造服务业的发展以及在役装备的再制造，再制造模式将由基地再制造向现场再制造发展，与之相适应的是，再制造拆解和清洗技术将面临新的要求和挑战，未来拆解与清洗技术将逐渐向高效、绿色和智能化方向发展。

6.1.1　机械产品拆解与清洗

日益复杂的产品结构、精密的配合要求、多样的材料属性和庞杂的零部件种类，对机械产品拆解过程的路径规划设计、拆解深度、无损率和拆解效率提出了更高的要求。需要发展拆解路径规划分析技术，开发自动化深度拆解装备，发展适用多种污染物清洗的绿色清洗材料和高效物理清洗设备，实现机械产品零部件表面清洗与预处理一体化，有效提高拆解和清洗效率，降低再制造的成本。

6.1.2　电子和机电产品拆解与清洗

目前再制造研究与应用领域主要针对机械产品，未来将进一步拓宽到电子和机电产品，要求再制造拆解技术和设备具有快速识别、检测甚至分类功能，需要研发出针对复杂和精密机电产品的无损拆解技术和具有自动识别功能的智能化拆解装备，提高拆解效率，减少拆解工序；发展高效绿色超声波清洗新材料与装备，以及基于生物技术的新型清洗材料与装备，实现精密电子元器件的高效绿色清洗。

6.1.3　在役装备再制造拆解与清洗

在冶金、发电、核工业和轨道交通等领域，在役装备的再制造潜力巨大，要求根据装备作业环境、使用状态和失效形式，实现在线或运行过程中的快速拆解与清洗处理，发展形成通用在线拆解装备，开发出具有现场作业能力的在线清洗技术与装备，实现在役装备失效零部件的拆解和清洗的在线、快速和无损。

6.2　再制造拆解技术

国内外对拆解的研究主要集中在可拆解性设计、拆解规划(包括拆解的模型、拆解序列算法、序列的优化及智能拆解等)、拆解的评估体系软硬件开发及拆解装备研发等方面，在拆解技术研究和应用方面开展较早，在可拆解性设计理论与方法研究、拆解模型建立与拆解序列优化算法研究方面开展了大量开创性的工作，并针对一些重点行业领域开发了部分自动化的拆解装备。而国内在本领域的研究相对较晚，在可拆解性设计研究，特别是在实际产品设计的应用方面尚处于起步阶段，拆解规划仅限于高校和研究单位开展建模、拆解序列生成与优化等研究，缺少有效的自动化深度、无损拆解技术与装备，导致企业再制造过程中拆解效率低、拆解劳动强度大、无损拆解率低，制约了产业的快速发展。

6.2.1　可拆解性设计技术

1. 挑战

随着中国制造的崛起，未来机械、机电一体化、电子等产品的结构日益复杂,要求在产品设计的初期将可拆解性作为结构设计的指标之一,使产品的连接结构易于拆解,维护方便,并在产品废弃后能够充分有效地回收利用和再制造。对于产品可拆解性设计的挑战与其设计准则要求相一致:一是要求产品拆解具有非破坏性。拆解有两种基本方式:第一种是可逆的,即非破坏性拆解,如螺钉的旋出、快速连接的释放等;第二种方式是不可逆的,即破坏性拆解,如将装备的外壳切割开,或采用挤压的方法将某个部件挤出,会造成一些零部件的损坏。非破坏性拆解设计的关键问题是能否将装备中的零部件完整拆解下来而不损害零部件的材料和零部件的整体性能,以及是否可以方便地更新零部件;而破坏性的拆解仅适用于材料回收。二是要求产品具备模块化设计。模块化是在考虑产品零部件的材料、拆解、维护及回收等诸多因素的影响下,对产品的结构进行模块化划分,使模块成为装备的构成单元,从而减少零部件数量,简化产品结构,有利于装备的更新换代,便于维护和拆解回收。在面向再制造工程的可拆解性设计中,模块化设计原则具有重要的意义,也是巨大的挑战[2]。

2. 目标

可拆解性设计是实现拆解和资源再生利用的首要环节,通过产品可拆解性设计,在产品设计初始阶段将报废后的可拆解性作为设计目标,最终实现产品的高效回收利用与再制造。一方面,将可拆解性设计应用于重点行业领域典型产品的新品设计,实现再制造毛坯的快速和无损拆解,提高再制造的拆解效率,降低拆解成本,减少非破坏性拆解比例。另一方面,在开展旧件再制造过程中,开展再制造产品的可拆解性设计,从材质、结构和再制造工艺角度,综合考虑产品第二个甚至多个服役周期的拆解问题,改善再制造产品在二次再制造甚至多次再制造时的可拆解性。

6.2.2　拆解规划技术

1. 挑战

在拆解规划过程中,拆解信息的提取及拆解模型的建立是研究拆解问题的基础。产品的拆解模型存储和表达了待拆解产品中各零部件的信息及其之间的关系,反映和描述了产品拆解过程的所有相关因素及关系。

建立产品的拆解模型是实现拆解序列规划的前提,拆解序列恰当与否直接影响到再制造产品的成本和资源回收率。目前针对汽车、工程机械等较为成熟的再制造产品领域,面向中小型零部件,开展了初步的再制造可拆解性设计和路径规划设计,但多数尚处于研究阶段,距离工程应用和指导实际再制造生产还有一定的差距。产品拆解建模缺少系统性的理论和方法支持。如何根据产品本身的零部件信息、装配约束信息等特征优化算法,合理高效地构建拆解模型,有待本领域人员进一步研究[3]。随着再制造产品范围和规模的扩大,传统的机械产品进一步向机电复合和高端电子产品过渡,产品的功能和结构趋于复杂化,相应的拆解序列求解也日益复杂。过多的节点导致可行序列数目呈几何级数量递增,难以获得最优序列。如何简化解集空间是拆解序列优化无法避免的重要问题,如何合理地将产品按等级划分为拆解模块是当今研究的一个热点和挑战[3]。拆解序列评价研究应全面系统地给出可拆解性评价指标。目前的研究主要从拆解时间、拆解成本、环境影响程度等方面对拆解序列进行评价,如何使评价更合理是拆解规划问题的重要研究目标。因此,如何合理建立可靠的简化拆解模型,在此基础上获取合理的拆解序列集合并获取最优序列是当前拆解规划技术面临的挑战。

2. 目标

完善产品拆解规划的理论和方法,针对汽车、矿山、工程机械、大型工业装备、铁路装备、医疗及办公设备等不同行业领域的典型高附加值产品,开展拆解规划研究,建立有效和具有普适性的拆解模型,开发行之有效的拆解评估系统,提高拆解规划的效率,降低拆解成本,提高最优化拆解序列的获取概率。

6.2.3 拆解工艺与装备

1. 挑战

传统的拆解方法和过程一定程度上存在效率低、能耗高、费用高及污染高等问题。因此,需要借助清洁生产技术及理念,制定清洁拆解生产方案,实现再制造拆解过程中的“节能、降耗、减污、增效”的目标。清洁拆解方案包括:研究拆解管理与生产过程控制,加强工艺革新和技术改进,实现最佳清洁拆解路线,提高自动化拆解水平,研究在不同再制造方式下废旧产品的拆解深度、拆解模型、拆解序列的生成及智能控制,形成精确化拆解模型,减少拆解过程中的环境污染和能源消耗。此外,还要加强拆解过程中的物料循环利用和废物的回收利用。

2. 目标

在再制造拆解作业过程中,应根据不同的废旧产品,利用机器人等现代自动化技术,开发高效的再制造自动化拆解设备,并在此基础上建立比较完善的废旧产品自动化再制造拆解系统,实现大型机械装备、复杂机电系统和精密智能装备的深度、无损拆解,使拆解效率和无损拆解率显著提高,同时实现拆解过程中有害废弃物的环保处理和有效控制。

6.3 再制造清洗技术

再制造清洗技术可以从多种不同的角度进行分类。通常将利用机械或水力作用清除表面污垢的技术归为物理清洗技术，物理清洗还利用热能、电能、超声振动及光学等作用方式。化学清洗通常是利用化学试剂或其他溶液去除表面污垢，去污的原理是利用相关的化学反应，常见的化学清洗有利用各种无机或有机酸去除金属表面的锈垢、水垢，以及用漂白剂去除物体表面色斑。

化学清洗利用化学药品作用强烈、反应迅速的特点进行清洗，通常以配成水溶液的形式使用，由于液体有流动性好、渗透力强的特点，容易均匀分布到所有的清洗表面，适合清洗形状复杂的零部件。在工业上化学清洗大型设备时可采用封闭循环流动管道形式，避免了将设备解体，且通过对流体成分的检测可了解和控制清洗状况。化学清洗的缺点是清洗液选择不当会对清洗对象基体造成腐蚀损伤，同时造成环境污染和人员伤害。物理清洗在许多情况下采用的是干式清洗，大多不存在废水处理的问题，或排放液体中不存在有害试剂。相比之下，物理清洗对清洗对象基体、环境和人员的负面影响小。但物理清洗的缺点是在清洗结构复杂的零部件内部时，其作用力有时不能均匀到达所有部位，出现“死角”，有时需要把设备解体进行清洗。

由于物理清洗与化学清洗有很好的互补性，在生产和生活实践中往往是把两者结合起来以获得更好的清洗效果。应该指出的是，近年来随着超声波、等离子体、紫外线等高技术清洗的发展，物理清洗在精密工业清洗中已发挥出越来越大的作用，在清洗领域的地位也变得更加重要。各种清洗方法也都向着绿色、环保、污染小的方向发展。

6.3.1 溶液清洗技术

1. 挑战

从环境、经济和效率的角度分析，溶液清洗面临的主要挑战包括三方面：一是降低溶液清洗中有毒、有害化学试剂的使用，改善化学清洗过程中废液的环保处理效果，降低清洗过程对环境的污染；二是开发新的化学合成技术，制备低成本的环境友好型化学试剂，获得可大规模应用的新型无毒、无害、低成本的化学清洗材料；三是通过新型清洗材料的合成，获得具有超强清洗力的高效清洗材料，提高特殊领域再制造毛坯表面的清洗效率和清洗效果。

目前,国外已经开展了新型化学清洗材料研究的相关工作。例如,将室温条件下保持离子状态的熔融盐,即离子液体(ionic liquids)作为清洗介质,用于航空装备、生物医学、半导体等领域零部件的清洗,取得了良好的清洗效果[4]。图6.1所示为不同阳离子构成的金属基离子液体的外观照片。将离子液体应用于毛刷清洗(brush cleaning)过程(图6.2),可以显著提高表面污染物颗粒的清除效率。不锈钢、钛合金、铝合金、镍钴合金等多数金属及其合金都可以使用离子液体进行电化学抛光清洗[5,6]。

图6.1　不同阳离子构成的金属基离子液体的外观照片[4]
(由左至右分别为铜基、钴基、镁基、铁基、镍基以及钒基离子液体)

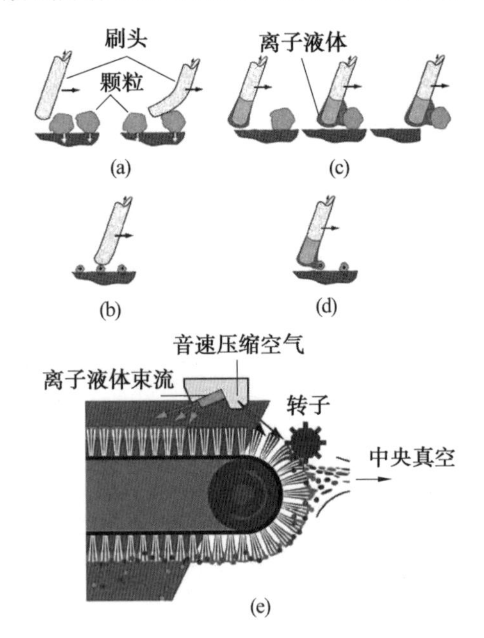

图6.2　离子液体配合毛刷用于污染物颗粒的清洗示意图[5,6]

图6.3所示为离子液体抛光清洗前后获得的钛合金零部件表面形貌，对比可以看出经过离子液体清洗后零部件露出了洁净、光滑、光亮的基体表面[7]。尽管离子液体作为新型清洗材料可以实现半导体、金属、生物材料表面油污、颗粒等污染物的有效去除，但离子液体具有合成过程复杂、成本高、部分具有毒性等缺点，实现离子液体低成本和无毒化是实现其未来大规模应用的重要前提。

图6.3　离子液体抛光清洗前后获得的钛合金零部件表面形貌[7]

除离子液体外，由水、油、表面活性剂构成的微乳液是近年新兴的潜在高效溶液清洗材料之一[8]。图6.4所示为不同油-水-活性剂体系构成的微乳液宏观照片。图6.5所示为石油钻杆表面使用微乳液清洗前后表面重度油污的去除效果。可以看出，经过微乳液清洁处理后，钻管表面油污消失，露出了洁净的基体表面。由于微乳液具有自然形成、吸收/溶解水和油量大、可以改变油污表面润湿性、清洗过程需要机械能小等突出优点，在再制造清洗领域具有广阔的应用前景，特别是将微乳液用于石油、天然气和化工领域工业装备零部件的再制造表面清洗，潜力巨大。

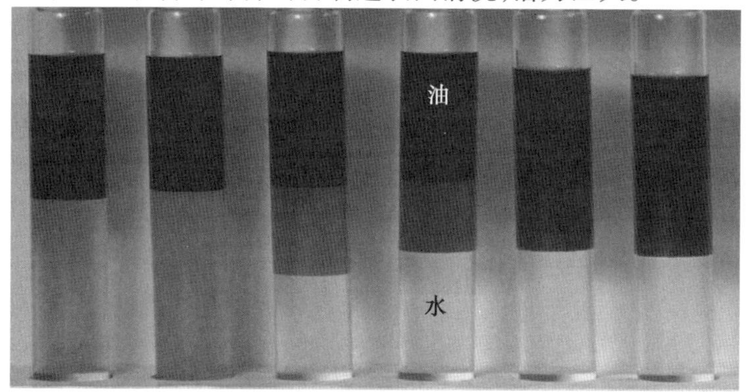

图6.4　不同油-水-活性剂体系构成的微乳液宏观照片[8]

(a) 清洗前

(b) 清洗后

图6.5　石油钻杆表面使用微乳液清洗前后表面重度油污的去除效果[8]

微生物清洗技术也称为生物酶清洗,用于清洗烃类污染物。其基本原理是利用微生物活动将烃类污染物还原为水和二氧化碳。在清洗过程中,微生物不断释放脂肪酶、蛋白酶、淀粉酶等多种生物酶,打断油脂类污染物的烃类分子链,这一过程将烃类分子分解并释放碳源作为微生物的营养物质,从而刺激微生物进一步将油脂消化吸收,随后污染物会被溶液带走并经过过滤装置将大尺寸固体污染物过滤,由于微生物的繁殖速度快,在24 h内单一微生物细胞可以繁殖到 10^{21} 个。因此,微生物清洗过程中可以实现清洗液的循环使用,使清洗过程长期保持持续进行。与传统清洗剂相比,微生物清洗过程无毒,清洗产生的废水无须特别处理,废水经简单处理就能够达到排放标准。酶清洗速度较慢,通常采用浸泡方式,搅拌使酶与零部件表面充分接触达到最佳的清洗效果。图6.6为使用微生物清洗液手工清洗金属零部件的过程[8]。使用微生物清洗液进行清洗后,清洗槽表面吸附的油污类污染物同时被有效去除。

微生物清洗适用的污染物类型包括原油、切割液、机油、润滑油、液压传动液、有机溶剂及润滑脂等,适用的清洗表面材质包括碳钢、不锈钢、镀锌钢、铜、铝、钛、镍、塑料、陶瓷及玻璃等多种材料。同时,由于微生物清洗剂对环境无污染,对人体健康和清洗对象表面无损害,酸碱性接近中性,不溶解、不易挥发、无毒、不可燃,清洗过程温度要求低,清洗废水也没有毒性,从环保角度来看,酶清洗剂比矿物精油以及酸、碱性清洗剂更符合环保

图6.6 使用微生物清洗液手工清洗金属零部件的过程[8]

要求。目前,酶清洗方式主要应用于生物、医药领域,在一些修理厂和废水处理厂也得到了应用,但在机械工业领域还未实现商业化,未来在再制造清洗领域具有广阔的应用前景,特别适用于机械产品零部件表面油污类污染物的清洗。

2. 目标

一方面通过新型清洗试剂的研究,开发环境友好型绿色清洗材料,提高溶液清洗效率,降低清洗材料成本,减少清洗过程中有毒、有害物质的使用;另一方面,通过清洗过程中废液的环保处理技术研究,减少有毒、有害物质的排放。总体上,最大限度地降低溶液清洗过程对人员的伤害,降低对环境的污染,避免其对清洗对象的损伤。

6.3.2 物理清洗技术

1. 挑战

与化学清洗相比,物理清洗对环境和人员的损害更小,对结合力较高的非油污类污染物具有良好的清洗效果。但物理清洗的缺点是在清洗结构复杂的设备内部时,其作用力有时不能均匀地达到所有部位而出现死角。有时需要把设备解体进行清洗,因停工而造成损失。为提供清洗时的动力常需要配备相应的动力设备,这些设备占地规模大、搬运不方便。同时,物理清洗的设备成本通常较高,且清洗效率相对较低。

此外,新兴的再制造领域对物理清洗技术提出了一系列新的要求。多数物理清洗技术对使用的能量和清洗力具有严格要求。图6.7所示为物理清洗过程窗口,当能量或清洗力过小时,例如激光清洗功率小或时间短,

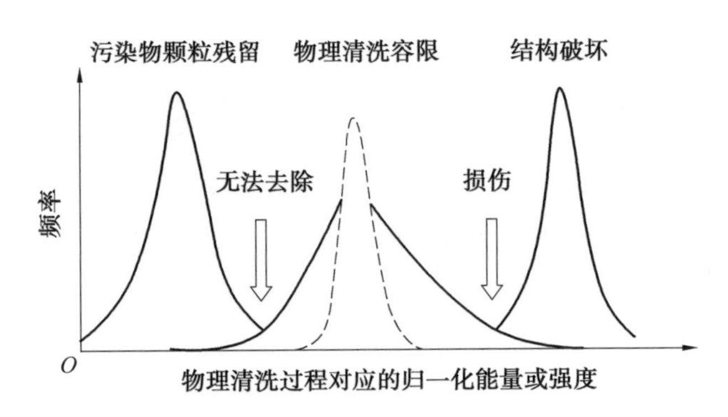

图 6.7　物理清洗过程窗口

(左侧曲线为表面污染物颗粒吸附力,右侧曲线为清洗对象表面完整性力,中间曲线为合适的清洗力)[8]

喷射清洗的压力小,会导致污染物无法有效去除;当能量或清洗力过大时,清洗表面会受到损伤,例如激光功率过大,会造成清洗表面受热损伤,喷射清洗造成表面冲击损伤等。因此必须在实际应用中选择合适的清洗力或能量。随着高端装备和电子产品再制造需求的日益增加,精密零部件和电子产品零部件表面清洗对物理清洗技术提出了新的要求,即在实现高效清洗的同时,不对清洗对象表面产生损伤。另一方面,轨道交通、冶金、电力等行业的老旧和故障装备通常要求快速恢复装备性能,对于这些在役装备的再制造和装备的在线再制造,要求配套的清洗技术具有体积小、便携、能耗低、快速及高效等特点。

近年来,在精密零部件物理清洗技术研究与应用方面,半导体领域研究开发了双流体喷雾清洗技术(dual-fluid spray cleaning)[9]。图 6.8 所示为双流体喷雾清洗过程及喷嘴结构示意图。其原理是通过 G 口和 S 口分别通入气体和液体,并在喷嘴内部进行混合、雾化、加速,通过喷嘴 M 将形成的雾化液体喷射到待清洗的表面,去除半导体材料表面附着的微量纳米级颗粒污染物,同时避免对清洗表面造成损伤。在清洗过程中,通过改变流体或气体的压力和种类,以及喷嘴的直径影响雾化液滴束流的雾化效果和速度,进而影响清洗质量。双流体喷雾清洗技术在半导体行业应用前景巨大,同时,对于电子产品再制造清洗也具有潜在的应用前景,特别是在电子产品再制造清洗应用方面。此外,Shishkin 等[10]研究了以冰颗粒为磨料的喷射清洗(icejet cleaning)对不同材质零部件表面污染物的去除效果,结果表明,使用冰颗粒作为介质,可以有效去除塑料、金属和半导体材料表面

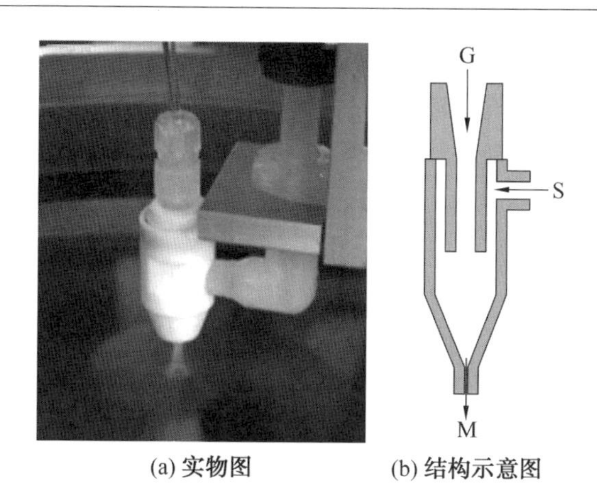

(a) 实物图　　(b) 结构示意图

图 6.8　双流体喷雾清洗过程及喷嘴结构示意图[9]

的各类污染物。冰射流清洗不同材质表面的清洗效果对比如图 6.9 所示。

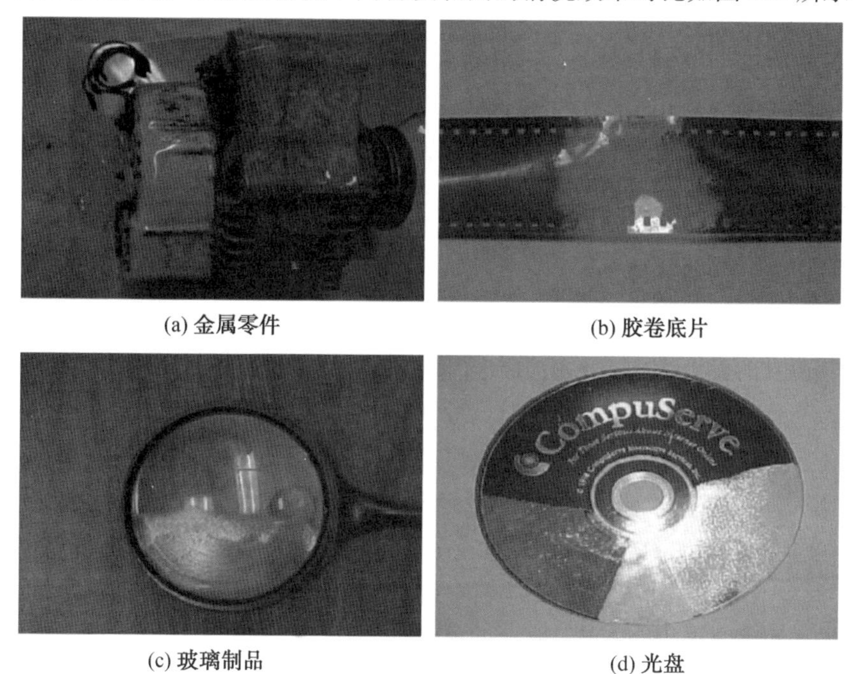

(a) 金属零件　　(b) 胶卷底片

(c) 玻璃制品　　(d) 光盘

图 6.9　冰射流清洗不同材质表面的清洗效果对比[10]

2. 目标

通过激光清洗、绿色磨料喷射清洗、紫外线清洗等物理清洗技术与装备研发,有效降低物理清洗成本,提高清洗效率,实现再制造表面的清洗与表面粗化、活化、净化等预处理过程一体化，提高再制造成形加工质量；结合绿色清洗材料开发以及清洗废弃物环保处理的技术研究，将物理清洗技术和化学清洗技术相融合，开发再制造绿色物理/化学复合清洗设备，实现清洗装备智能化、通过式、便携式设计，实现在役、高端、智能和机电复合装备的高效绿色清洗。

6.4 技术发展趋势与路线图

6.4.1 再制造拆解技术发展趋势

研究再制造可拆解性设计、虚拟拆解技术以及无损、高效的拆解技术与设备，对提高再制造拆解效率与无损拆解率、提高再制造产品寿命和降低再制造成本具有重要意义。目前再制造企业现有的拆解技术与设备基本沿用新品制造过程中的拆解技术与设备，自动化、专用化拆解设备相对较少，从而导致拆解效率低、回收利用率低、操作人员工作量大等现实问题。因此研究再制造拆解技术和设备可以提高拆解效率，降低拆解成本，减少对人工的依赖，实现再制造拆解过程的无损、高效、专用化和自动化。

1. 再制造拆解设计

在产品设计过程中加强再制造可拆解性设计，能够显著提高废旧装备再制造时的拆解效率及无损拆解率。可拆解性设计是在产品设计阶段就考虑产品报废环节的可拆解性，避免了以往的设计只考虑产品生产成本、用材等造成的拆解困难、产生二次污染的严重问题。总体说来可拆解性设计具有以下一些优点：①大大减少了对废弃产品进行回收处理时的工作量；②拆解分离操作变得简单、快捷；③拆下的零部件易于手工或自动处理；④回收材料及其残余废弃物易于分类和后处理。拆解是实现再生资源利用的重要环节，良好的拆解性能可提高产品回收利用率及增加可再使用的零部件数量。

针对目前市场上已经成熟的再制造产品，结合其在现阶段再制造拆解过程中遇到的问题，综合考虑再制造检测、清洗、再制造加工、装配等环节对拆解的要求，从而在产品设计阶段将可拆解性考虑进去，才能最终实现产品的高效回收利用与再制造。

2. 虚拟再制造拆解

虚拟拆解技术是指采用计算机仿真与虚拟现实技术，实现再制造装备的虚拟拆解，为现实的再制造拆解提供可靠的拆解指导。虚拟拆解技术是虚拟制造的重要内容，是实际再制造拆解过程在计算机上的本质实现，需要研究建立虚拟环境及虚拟再制造拆解中的人机协同模型，建立基于真实动感的典型再制造产品虚拟拆解仿真，以及研究数学方法和物理方法相互融合的虚拟拆解技术，实现对再制造拆解中的几何参量、机械参量和物理参量的动态模型拆解。

3. 自动化再制造拆解技术与设备

目前再制造拆解在国内外主要还是借助工具及设备进行的手工拆解，是再制造过程中劳动密集型工序，存在效率低、费用高、周期长等问题，影响了再制造的自动化生产程度。为此，工业先进国家已经开发了部分自动拆解设备。例如，德国的 FAPS 一直在研究废线路板的自动拆解方法，采用与线路板自动装配方式相反的原则进行拆解。先将废线路板放入加热的液体中熔化焊剂，再用一种机械装置，根据构件的形状分检出可用的卡具。在再制造拆解作业过程中，应根据不同的废旧产品，利用机器人等现代自动化技术，开发高效的再制造自动化拆解设备，并在此基础上继而建立比较完善的废旧产品自动化再制造拆解系统。

4. 再制造拆解技术与专用设备

针对某类特殊再制造零部件，分析其拆解原理，在现有拆解技术与设备的基础上，开发相应的专用工具与工装，可大大提高拆解效率，减少拆解带来的零部件损伤，解决部分现有的通用拆解技术与设备无法实现的技术难题。

6.4.2 再制造清洗技术发展趋势

研究快速高效、绿色环保的清洗技术，对保证再制造产品质量、提高再制造产品寿命、降低再制造成本具有重要意义。大多数再制造企业现有的清洗技术还比较粗放，清洗效率低，且能源浪费大、环境污染严重，对操作人员身体有伤害。研究绿色清洗技术和设备的目的在于开发环保清洗材料、高效的清洗设备以及合理的清洗工艺，以提高清洗效率，降低清洗成本，减少对人员、环境和待清洗零部件表面的负面影响，实现再制造清洗过程的绿色、高效和自动化。

1. 绿色再制造清洗技术

研究开发绿色、环保、无污染的再制造清洗技术,包括开发新型化学清洗技术或清洗剂,是未来再制造清洗业的发展方向。

随着新兴清洗技术的出现与发展,传统的化学清洗、燃烧清洗等高污染、高耗能的清洗工艺将逐步被干冰清洗、激光清洗、高温清洗、超声波清洗和高压水射流清洗等绿色环保清洗技术所代替。

2. 复合清洗技术

由于再制造毛坯件表面复杂的污染物情况,单一的清洗技术无法满足再制造加工技术对再制造毛坯件表面清洁度的要求,因此针对再制造毛坯件的清洗工艺将两种或多种清洗技术复合在一起,如将超声波清洗、溶剂清洗、蒸汽清洗与高压水冲洗复合在一起,可大大提高零部件表面的清洗效果;另外,单一的清洗技术可能带来粉尘或其他污染,如将高压水射流清洗与喷砂清洗复合为高压水磨料射流清洗,既解决了沙粒带来的粉尘污染,又解决了单纯的高压水射流清洗效率低的问题。

3. 自动化清洗技术与设备

目前部分再制造清洗依然为人工清洗的方式,存在劳动强度大、效率低、效果差等问题,影响了再制造的自动化生产程度。因此针对某类再制造毛坯件,可开发自动清洗设备。例如,对于高压水射流清洗,可根据再制造毛坯件的外形,设计相应的自动化清洗机,毛坯件进入清洗机后,通过在不同位置安装不同入射角度的射流装置,调整射流压力来实现自动化清洗,这一方面降低了人工成本,提高了清洗效率和清洗效果,另一方面也可大大减少人工清洗带来的资源浪费和环境污染。

6.4.3　再制造拆解与清洗技术发展路线图

图6.10所示为面向2030年的再制造拆解与清洗技术路线图[1]。未来几年我国的再制造清洗技术面临着很多挑战,要通过相关研究寻求绿色清洗新材料,开展相关装备的设计,提高清洗效率,降低清洗成本,减少清洗过程中有毒物质和化学试剂的使用,避免在清洗设备工作过程中对操作人员造成伤害(振动、噪声、粉尘污染等),实现再制造清洗过程的绿色、高效与自动化。

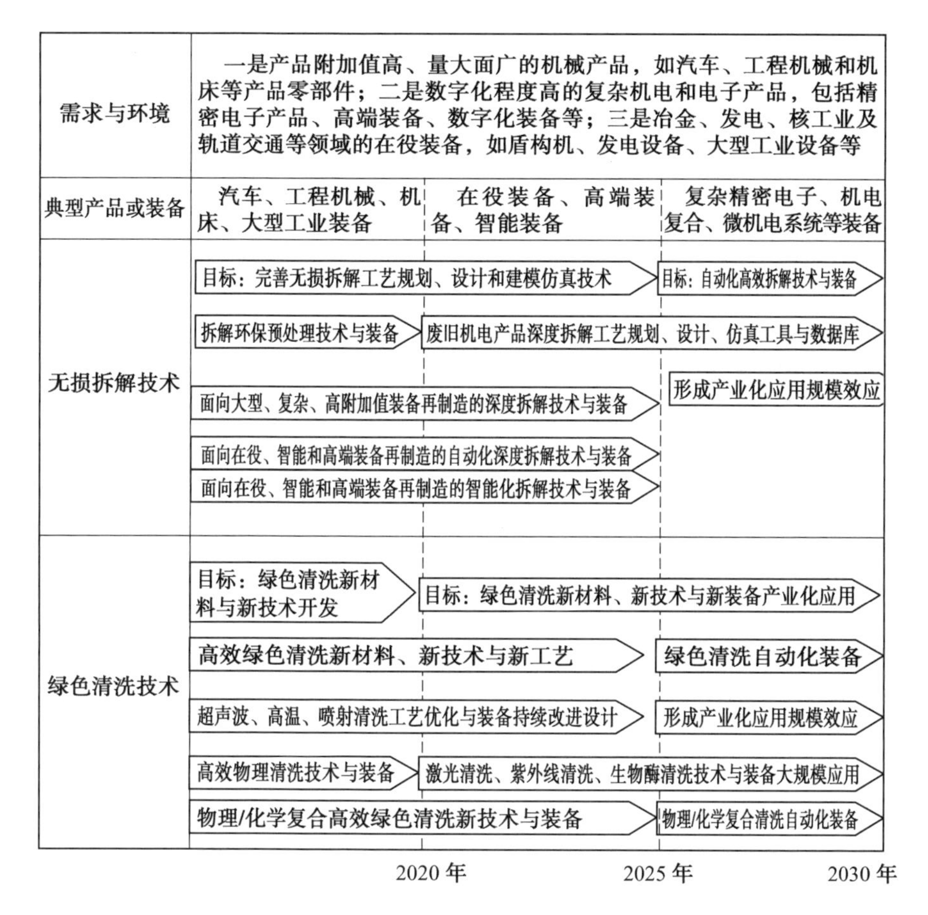

图6.10 面向2030年的再制造拆解与清洗技术路线图[1]

本章参考文献

[1] 中国机械工程学会再制造工程分会. 再制造技术路线图[M]. 北京：中国科学技术出版社,2016.

[2] 刘志峰,万举勇,刘光复. 再制造中的若干问题探讨[C]//徐滨士. 机电装备再制造工程学术研讨会论文集. 济南：中国工程机械学会维修工程分会,2004：70-74.

[3] 王伟琳. 产品零部件拆卸工艺规划及评价[D]. 哈尔滨:哈尔滨工程大学,2011.

[4] PRATTH D,ROSE A J,STAIGER C L,et al. Synthesis and characteriza-

tion of ionic liquids containing copper, manganese, or zinc coordination cations[J]. Dalton Transactions, 2011, 40 (43): 11396.

[5] BEYERSDORFF T, SCHUBERT T. Ionic liquids as antistatic additives in cleaning solutions—the wandres process, IoLiTec Ionic Liquids Technologies GmbH, Heilbronn, Germany, 2012. www. aails. com/is_ia_wp. asp.

[6] Ingomat-cleaner CF 05-Micro-Cleaning of Flat Surfaces, Product Information, Wandres Micro-Cleaning GmbH, Buchenbach, Germany, 2012. www. wandres. com.

[7] STARKEY P. IONMET-new ionic liquid solvent technology to transform metal finishing[J]. Soldering & Surface Mount Technology, 2007, 19(3). https://doi. org/10. 1108/ssmt. 2007. 21919cab. 001.

[8] KOHLI R, MITTAL K L. Developments in surface contamination and cleaning(volume 6)[M]. Waltham: William Andrew, 2013.

[9] MITTAL K L. Surface contamination and cleaning(volume 1)[M]. Zeist: VSP BV, 2003.

[10] SHISHKIN D V, GESKIN E S, GOLDENBERG B. Practical applications of icejet technology in surface processing[J]. Surface Contamination and Cleaning, 2003(1): 193-212.

附　　录

附录1　再制造　机械产品拆解技术规范

(GB/T 32810—2016)

前言

本标准按照GB/T 1.1—2009给出的规则起草。

本标准由全国绿色制造技术标准化技术委员会(SAC/TC337)提出并归口。

本标准起草单位:装备再制造技术国防科技重点实验室、中国重汽集团济南复强动力有限公司、上海出入境检验检疫局、中机生产力促进中心、合肥工业大学、机械产品再制造国家工程研究中心、中国标准化研究院、中国人民解放军第6465工厂、江苏徐州工程机械研究院、中联重科股份有限公司、松原大多油田配套产业有限公司。

本标准主要起草人:徐滨士、张伟、周新远、史佩京、罗建明、刘欢、郑汉东、于鹤龙、李恩重、王文宇、桑凡、吴益文、奚道云、孙婷婷、刘渤海、朱胜、王海斗、梁秀兵、董世运、魏世丞、乔玉林、王秀腾、韩红兵、蹤雪梅、倪川皓、杨永利。

1　范围

本标准规定了再制造机械产品拆解过程的一般要求、安全与环保要求、常用的再制造拆解方法和典型连接件的拆解方法。

本标准适用于机械产品再制造拆解。

2　规范性引用文件

下列文件对于本文件的应用是必不可少的。凡是注日期的引用文件,仅注日期的版本适用于本文件。凡是不注日期的引用文件,其最新版本(包括所有的修改单)适用于本文件。

GB 12348　工业企业厂界环境噪声排放标准

GB 18597　危险废物储存污染控制标准

GB 18599　一般工业固体废物储存、处置场污染控制标准

GB/T 28619　再制造　术语

3　术语和定义

GB/T 28619 界定的术语和定义适用于本文件。

4　拆解分类

按拆解损伤程度分为破坏性拆解、部分破坏性拆解和无损拆解。

5　一般要求

5.1　拆解前要求

5.1.1　对拆解对象进行登记,在醒目位置标识信息标签。

5.1.2　将拆解对象合理存放,避免存放不当造成产品锈蚀、变形等损伤。

5.1.3　应进行必要的清洗和初步检测,检查产品的密封和破损情况。

5.1.4　应查阅有关图样资料了解拆解对象的结构和装配关系,根据零部件连接形式和规格尺寸设计或选用合适的拆解方法和工具。

5.1.5　测量被拆零部件间的装配间隙及其与有关部件的相对位置,并做好标记和记录。

5.1.6　对拆解人员应进行相应的技能培训。

5.1.7　对存在危险的拆解操作,应制定专用方案。

5.2　拆解过程要求

5.2.1　对能确保再制造产品使用性能的部件可不全部拆解,应进行必要的试验或诊断,保证无隐蔽缺陷。

5.2.2　在拆解紧密结合面时,宜采用振动或者顶出的方式进行拆解,避免损伤结合面。

5.2.3　对螺栓断裂、结合面咬合等难以拆解的零部件拆解时应避免损伤其他零部件。

5.2.4　对精密或结构复杂的部件,应画出再制造装配图或拆解时做好标记。

5.2.5　对轴孔装配件应优先采用拆与装所用的力相同原则。

5.2.6　避免破坏性拆解,保证零部件可再利用性以及材料可回收利用性。如必须进行破坏性拆解,应采取保护高价值零部件的原则。

5.2.7　对含有危险品的拆解对象应根据危险品拆解方案执行。

5.3　拆解后要求

5.3.1　对拆解后的零部件进行状态标识,将直接使用件、可再制造件和弃用件分类存放,并记录相关信息。

5.3.2　对拆解后的偶合件和非互换件应分组存放并做好标记。

5.3.3 对包含有害物质的部件应标明有害物质的种类。

5.3.4 拆解后的危险废物应按类别分别收集、储存、设置危险废物警示标志并交由具有相应资质的机构进行处理。

5.3.5 拆解后废弃物的存储应按照 GB 18597 和 GB 18599 要求执行。

6 安全与环保要求

6.1 拆解场地应设有通风、除尘、防渗等设施。

6.2 宜采用环保型拆解处理设备和工具,避免对人体和环境的影响。

6.3 拆解产生的有害固态、气态、液态废弃物应进行分类收集,按国家相关法律、法规、标准的规定处置。

6.4 拆解噪声应满足 GB 12348 相关要求。

6.5 拆解人员应进行必要的劳动防护。

7 常用的再制造拆解方法

拆解方法主要包括击卸法、拉拔法、顶压法、温差法、破坏法及加热渗油法。在拆解中应根据实际情况选用,具体可参照附录 A。

注:对于特殊(如规定扭矩)的紧固件,应使用振动冲击型扳手、套筒扳手进行拆解;利用现有技术无法处理的可以选择暂存或者弃用。

8 典型连接件的拆解方法

典型连接件主要包括螺纹连接件、键连接件、静止连接件、销连接件、过盈连接件、不可拆连接件和柔性连接件,拆解方法可参照附录 B。

附录 A(资料性附录) 常用的再制造拆解方法

表 A.1 给出了常用的再制造拆解方法。

表 A.1 常用的再制造拆解方法

拆解方法	拆解原理	特 点	适用范围
击卸法	利用敲击或撞击产生的冲击能量将零部件拆解分离	使用工具简单、操作灵活方便、适用范围广	容易产生锈蚀的零部件,如万向传动十字轴、转向摇臂、轴承等
拉拔法	利用通用或专用工具与零部件相互作用产生的静拉力拆卸零部件	拆解件不受冲击力、零部件不易损坏	拆解精度要求较高或无法敲击的零部件
顶压法	利用手压机、油压机等工具进行的一种静力拆解方法	施力均匀缓慢,力的大小和方向容易控制,不易损坏零部件	拆卸形状简单的过盈配合件

续表 A.1

拆解方法	拆解原理	特　点	适用范围
温差法	利用材料热胀冷缩的性能,使配合件在温差条件下失去过盈量,实现拆解	需要专用加热或冷却设备和工具,对温度控制要求较高	尺寸较大、配合过盈量较大及精度较高的配合件,如电机轴承、液压压力机套筒等
破坏法	采用车、锯、錾、钻、割等方法对固定连接件进行物理分离	拆解方式多样,拆解效果存在不确定性	使用其他方法无法拆解的零部件,如焊接件、铆接件或互相咬死件等
加热渗油法	将油液渗入零部件结合面,增加润滑,实现拆解	不易擦伤零部件的配合表面	需经常拆解或有锈蚀的零部件,如齿轮联轴节、止推盘等零部件

附录 B(资料性附录)　典型连接件的拆解方法

表 B.1 给出了典型连接件的拆解方法。

表 B.1　典型连接件的拆解方法

连接类型		拆解方法
螺纹连接	断头螺钉	断头螺钉在机体表面以上时,可在螺钉上钻孔,打入多角淬火钢杆后拧出;断头螺钉在机体表面以下时,可在断头端中心钻孔,拧入反向螺钉后旋出;当断头螺钉较粗时,也可沿螺钉圆周剔出
	打滑内六角螺钉	当内六角螺钉磨圆后出现打滑现象时,可将孔径比螺钉头外径稍小的六方螺母焊接到内六角螺钉头上,用扳手拧出
	锈死螺纹	用煤油浸润后拆解,或把螺钉向拧紧方向拧动,再旋松,如此反复逐步拧出
	成组螺纹	拆解顺序为先四周后中间,沿对角线方向轮换拆解,同时应避免应力集中到最后的螺钉上损坏零部件
	过盈配合螺纹	可将带内螺纹的零部件加热,使其直径增大后再旋出
键连接	平键连接	若键已损坏,可用扁錾将键錾出。当键在槽中配合过紧,可在键上钻孔、攻螺纹,然后用螺钉顶出
	楔键连接	需注意拆解方向,用冲子从键较薄的一端向外冲出。若斜键上带有钩头,可用钩子拉出

续表 B.1

连接类型	拆解方法
静止连接	可利用拉出器拆解,也可用局部加热或冷却的方法拆解
销连接	可用直径比销钉稍小的冲子将销钉冲出。当销钉弯曲时,可用直径比销钉稍小的钻头钻掉销钉。圆柱定位销可用尖嘴钳拔出
过盈连接	首先检查有无定位销、螺钉等附加定位或固定装置,然后视零部件配合的松紧程度由松至紧,依次用锥、棒、拉出器、压力机等工具或设备拆解。过盈量过大时可加热包容件或冷却被包容件后迅速压出
不可拆连接	焊接件或铆接件可用锯割、扁錾切割、气割等方式破坏拆解
柔性连接	对柔性管连接按照螺纹连接的方法进行拆解,对钢丝连接可用剪切工具进行剪切拆解。如软轴轴套与轴头之间没有锈蚀,宜按螺纹连接的方式拆解,如发生锈蚀可用液压剪对软轴进行剪切处理

附录2 再制造 机械产品清洗技术规范

(GB/T 32809—2016)

前言

本标准按照 GB/T 1.1—2009 给出的规则起草。

本标准由全国绿色制造技术标准化技术委员会(SAC/TC 337)提出并归口。

本标准起草单位:中国重汽集团济南复强动力有限公司、装备再制造技术国防科技重点实验室、合肥工业大学、中机生产力促进中心、上海出入境检验检疫局、机械产品再制造国家工程研究中心、中国标准化研究院、江苏徐州工程机械研究院、中联重科股份有限公司、松原大多油田配套产业有限公司。

本标准主要起草人:王德前、徐滨士、于鹤龙、张伟、史佩京、罗建明、刘欢、周新远、李恩重、郑汉东、王文宇、桑凡、刘渤海、奚道云、孙婷婷、吴益文、朱胜、王海斗、梁秀兵、董世运、魏世丞、乔玉林、高东峰、赵斌、张剑敏、王守泽。

1　范围

本标准规定了机械产品再制造清洗分类、总体要求、一般要求、常用再制造清洗方法。

本标准适用于机械产品再制造的清洗。

2　规范性引用文件

下列文件对于本文件的应用是必不可少的。凡是注日期的引用文件，仅注日期的版本适用于本文件。凡是不注日期的引用文件，其最新版本(包括所有的修改单)适用于本文件。

GB/T 8923.1　涂覆涂料前钢材表面处理　表面清洁度的目视评定　第1部分:未涂覆过的钢材表面和全面清除原有涂层后的钢材表面的除锈等级和处理等级

GB/T 8923.2　涂覆涂料前钢材表面处理　表面清洁度的目视评定　第2部分:已涂覆过的钢材表面局部清除原有涂层后的处理等级

GB/T 28619　再制造　术语

3　术语和定义

GB/T 28619 界定的术语和定义适用于本文件。

4　清洗分类

4.1　按再制造工艺过程分为拆解前清洗、拆解后清洗、再制造加工过程清洗、装配前清洗、表面涂装前清洗、试验检测后清洗等。

4.2　按清洗对象分为零部件清洗、部件清洗和总成清洗。

4.3　按表面污染物类型分为油污清洗、积炭清洗、水垢清洗、涂装物清洗、杂质清洗、锈蚀清洗和其他污染物清洗。

4.4　按清洗技术原理分为物理清洗、化学清洗和电化学清洗。

4.5　按清洗的自动化程度分为手工清洗、自动化清洗和半自动化清洗。

4.6　按清洗技术手段可分为热能清洗、超声波清洗、振动研磨清洗、抛丸清洗、喷砂清洗、干冰清洗、高压水射流清洗、激光清洗、紫外线清洗、溶液清洗等。

5　总体要求

5.1　针对清洗对象及其表面污染物的特点，结合后续再制造加工工艺要求，制定合理的清洗方案和工艺指导书，保证清洗的经济性、环保性和安全性，避免对清洗对象、操作人员和外部环境产生损害。

5.2　再制造毛坯清洗应不影响后续的再制造评估检测、加工、装配和涂装，以及再制造后产品的质量和性能。

6　一般要求

6.1　清洁度要求

6.1.1　对于拆解前清洗,应确保再制造毛坯外部积存的尘土、油污、泥沙等脏物基本去除,便于后续拆解,并避免将尘土、油污等污染物带入厂房工序内部。

6.1.2　对于再制造加工前清洗,应满足后续的再制造加工工艺要求。

6.1.3　对于装配前清洗,应满足后续装配工艺要求。

6.1.4　对于表面涂装前清洗,应满足 GB/T 8923.1、GB/T 8923.2 等表面清洁度要求。

6.2　毛坯表面状态与组织结构要求

6.2.1　应根据再制造毛坯类型、清洗方法和再制造加工工艺合理控制毛坯表面腐蚀状态和表面粗糙度。对于应用热喷涂等再制造加工工艺的再制造毛坯,在满足后续加工要求的条件下,可放宽毛坯表面粗糙度要求。

6.2.2　清洗过程应避免造成再制造毛坯清洗表面的组织结构变化、应力变形和表面损伤,以免影响后续再制造加工和装配要求。

6.2.3　清洗过程中,应采取必要的防护措施,防止对非清洗表面造成损伤、破坏和腐蚀,避免硬质颗粒和腐蚀介质进入再制造毛坯内腔或不需要清洗的配合表面。

6.2.4　清洗完毕后,要采取措施防止零部件存放或运输过程中的污染、腐蚀等损伤。

6.3　场地、劳动安全与环保要求

6.3.1　清洗场地应根据不同清洗工艺要求设有必要的通风、降噪、除尘、防渗等设施。

6.3.2　应对清洗操作人员进行必要的劳动保护,防止产生伤害。

6.3.3　应优先选用环保的清洗工艺、设备、材料和方法。

6.3.4　对清洗产生的各种有害固态、气态、液态废弃物进行分类收集。

7　常用再制造清洗方法

常用再制造清洗方法参见附录 A。

附录 A(资料性附录)　常用再制造清洗方法

表 A.1 给出了常用再制造清洗方法。

表 A.1　常用再制造清洗方法

序号	名称	基本原理	适用污染物
1	手工清洗	使用吹风机、金属刷、金属轮、刮刀、手电钻、砂纸、织物和布料等对再制造毛坯表面污染物进行手工去除,通常作为实施其他清洗方法的辅助手段	灰尘、油污、氧化层、涂装物(油漆、塑胶、橡胶)等
2	溶液清洗	利用“相似相溶”原理,使用有机溶剂将油污、油漆等再制造毛坯表面污染物溶解并去除,属于化学清洗。常用的有机溶剂包括汽油、煤油、乙醇、丙酮、二甲苯和各种卤代烃等	灰尘、油污、涂装物(油漆、塑胶)
3	酸洗	利用酸溶液去除再制造毛坯表面油污、氧化皮和锈蚀物的方法,属于化学清洗。常用酸有硫酸、盐酸、磷酸、硝酸、铬酸、氢氟酸和各类有机酸等	氧化层、锈蚀、水垢等
4	碱洗	利用碱溶液软化、松动、乳化及分散再制造毛坯表面污染物,通常在碱液内添加表面活性剂以增加清洗效果,属于化学清洗	油污、硅酸盐垢等
5	饱和蒸汽清洗	通过高温高压作用下的饱和蒸汽,将再制造毛坯表面的油污等污染物溶解,并使其汽化、蒸发,属于物理清洗	油污等
6	超声波清洗	利用超声波在液体中的空化作用、加速作用及直进流作用对再制造毛坯表面污染物进行分散、乳化、剥离以实现清洗,常与清洗剂配合使用,通常属于化学清洗范畴	灰尘、油污、颗粒、磨屑、涂装物(油漆、塑胶)等
7	喷砂清洗	以压缩空气为动力将磨料(石英砂、棕刚玉、金属砂、坚果壳等)以高速喷射到再制造毛坯表面,利用高速运动的磨料的冲击和切削作用,使再制造毛坯表面氧化皮、锈蚀等清除,并产生一定表面粗糙度,属于物理清洗	氧化皮、锈蚀、涂装物(油漆、塑胶)等
8	干冰清洗	以压缩空气为动力将干冰颗粒加速,利用高速运动的固体干冰颗粒的动量变化、升华等能量转换,使再制造毛坯表面污染物冷冻、凝结、脆化、剥离,且随气流同时清除,属于物理清洗	油污、涂装物(油漆、塑胶)等

续表 A.1

序号	名称	基本原理	适用污染物
9	抛丸清洗	利用抛丸机中的抛投叶轮在高速旋转时产生的离心力将磨料以高速射向再制造毛坯表面,产生打击和磨削作用,除去氧化皮和锈蚀等污染物,并产生一定表面粗糙度,属于物理清洗	氧化皮、锈蚀、涂装物(油漆、塑胶)等
10	高压水射流清洗	利用高压泵打出高压水,经过一定管路后到达高压喷嘴,将高压低速水流转换为高压高速水射流,水射流以较高的冲击动能连续作用在再制造毛坯表面,使污染物脱落清除,属于物理清洗	水垢、氧化层、油污、涂装物(油漆、塑胶)等
11	高温分解清洗	高温分解主要利用高温分解炉加热再制造毛坯,使表面油漆和油道内积存的各种油污受热分解,分解的油气需经处理后排入大气。经高温分解处理后的再制造毛坯需进行表面清理,属于物理清洗	油污等
12	激光清洗	采用高能激光束照射再制造毛坯表面,使表面的油污、氧化层或涂层发生瞬间蒸发或剥离,属于物理清洗	氧化层、油污等
13	紫外线清洗	紫外线清洗技术是利用有机化合物的光敏氧化作用达到去除黏附在再制造毛坯表面的有机物质,经过光清洗后的材料表面可以达到“原子清洁度”。紫外线清洗技术也称紫外线-臭氧并用清洗法(UV-O_3 法),属于绿色化学清洗	积炭、有机污染物等
14	振动研磨清洗	利用螺旋翻滚流动和三次元振动原理,使再制造毛坯表面与研磨石及研磨助剂相互研磨,从而去除再制造毛坯表面毛刺、氧化皮、油污等,适用大批量中小尺寸零部件的抛光研磨清洗,属于物理清洗	氧化层、锈蚀、涂装物(油漆、塑胶、橡胶)等

名词索引